高校土木工程专业卓越工程师教育培养计划系列教材

深基坑支护设计与施工新技术

年廷凯　孙　旻　主编

中国建筑工业出版社

图书在版编目（CIP）数据

深基坑支护设计与施工新技术/年廷凯，孙旻主编．—北京：中国建筑工业出版社，2016.11（2021.3重印）
高校土木工程专业卓越工程师教育培养计划系列教材
ISBN 978-7-112-20119-8

Ⅰ.①深… Ⅱ.①年… ②孙… Ⅲ.①深基坑支护-施工设计-高等学校-教材②深基坑支护-工程施工-高等学校-教材 Ⅳ.①TU46

中国版本图书馆CIP数据核字（2016）第285372号

本书是高等学校土木工程专业卓越工程师教育培养计划系列教材之一，书中系统介绍了深基坑支护设计方法与施工新技术。全书共分11章，主要内容包括：深基坑支护设计国内外现状，挡土结构土压力计算，桩墙式挡土结构设计计算，土钉支护设计与施工，土层锚杆设计与施工，基坑降水与土方开挖，地下连续墙施工技术，逆作法施工技术，深基坑信息化施工技术，高层建筑深基坑支护工程实例，深基坑支护与施工新技术展望等内容。

本书可作为土木工程专业（含建筑工程、桥梁工程、地下工程、道路与铁道工程四个方向）卓越工程师教育培养计划相关院校本科生教材，以及土木工程专业本科生、研究生参考教材；亦可供城市地下空间工程、矿井建设工程、交通工程、水利工程等有关专业的师生、设计与施工技术人员和感兴趣的读者学习、参考。

责任编辑：李天虹
责任校对：李欣慰　焦　乐

高校土木工程专业卓越工程师教育培养计划系列教材
深基坑支护设计与施工新技术
年廷凯　孙　旻　主编

*

中国建筑工业出版社出版、发行（北京海淀三里河路9号）
各地新华书店、建筑书店经销
霸州市顺浩图文科技发展有限公司制版
北京建筑工业印刷厂印刷

*

开本：787×1092毫米　1/16　印张：13¾　字数：333千字
2016年11月第一版　2021年3月第四次印刷
定价：**46.00**元
ISBN 978-7-112-20119-8
（29602）

高校土木工程专业卓越工程师教育培养计划系列教材
编写委员会

陈兴华　中国建筑第八工程局工程研究院

肖成志　河北工业大学

何建军　中国建筑第八工程局工程研究院

张建涛　大连理工大学

张明媛　大连理工大学

何　政　大连理工大学

李宪国　中国建筑第八工程局工程研究院

吴智敏　大连理工大学

张婷婷　大连理工大学

罗云标　天津大学

武亚军　上海大学

周光毅　中国建筑第八工程局工程研究院

范新海　中国建筑第八工程局工程研究院

郑德凤　辽宁师范大学

武震林　大连理工大学

姚守俨　中国建筑第八工程局工程研究院

姜韶华　大连理工大学

赵　璐　大连理工大学

徐云峰　中国建筑第八工程局工程研究院

郭志鑫　中国建筑第八工程局工程研究院

徐博瀚　大连理工大学

殷福新　大连理工大学

崔　瑶　大连理工大学

韩玉辉　中国建筑第八工程局工程研究院

葛　杰　中国建筑第八工程局工程研究院

前　言

本书作为高等学校土木工程专业卓越工程师教育培养计划系列教材之一，编写时汲取了国内外有关深基坑支护设计方法与施工技术的最新进展，坚持内容体系的科学性、系统性和先进性。该系列教材旨在满足土木工程专业的特色培养，以土木工程专业工程师培养为重点，以土木工程执业的基本资质为导向，借鉴国外优秀工程师培养的先进经验，探索并形成具有“工文交融”特色的卓越工程师培养模式。以“工程教育”为重点，建立“工程”与“管理”、“工程”与“技术”相融通的课程体系，树立“现代工程师”的人才培养观念。通过专业知识的学习，学生们应基础扎实、视野开阔、发展潜力大、创新意识强、工程素养突出、综合素质优秀，掌握土木工程的专门知识和关键技术。

本教材是以国内外基坑支护发展为背景，以国内现有规范为原则，以当今国内支护结构的施工技术为基础所编写的一本相对完整的图书。本教材借鉴了国内外大量的研究成果和施工技术，是将理论教学内容与实际工程相结合，以理论为指导，以实践为目的，努力使学生将理论知识转化为施工技术，达到学有所用的目的。同时，本教材作为国内少数介绍“深基坑支护技术”的图书之一，对各建筑单位的施工技术也具有指导和借鉴的意义，也将有力推动我国“深基坑支护技术”的研究与发展，从而减少现场施工对场地等条件的要求，提高建筑功能和结构性能，实现“四节一环保”的绿色发展要求，促进我国建筑业的整体发展。

由于国内深基坑支护结构体系在计算与功能方面尚不完善，我国尚未出版相对全面的教材，不能为初学者提供相对权威的依据。因此，本教材致力于从全方位、多角度阐述国内基坑支护结构的内容和施工方法。教材编写组主要成员以我校土木工程学院与中建八局工程研究院专家为主，兼顾国内工科院校从事基坑工程设计与研究的优秀青年教师为核心组成的，所有成员长期工作在教学科研或工程实践第一线，主讲土木工程专业课程，教学经验丰富，深受学生的喜爱。教材编写前积累了多年的教学和实践经验，编写组成员对本教材的编写做了大量的前期工作，收集、研读了国内外相关的教材与文献，力图取其长，用其精。

本教材根据“深基坑支护设计与施工新技术”的教学大纲编写而成，将研究＋工程技术型教学模式体现在教材中，内容涵盖深基坑支护设计方法、最新进展、信息化施工技术、工程案例等。同时，紧密结合工程实际，在多个章节加入“工程实例及分析”内容，使学生充分认识到课程在实际工程中的重要地位。

本书主要内容包括：深基坑支护设计国内外现状，挡土结构土压力计算，桩墙式挡土结构设计计算，土钉支护设计与施工，土层锚杆设计与施工，基坑降水与土石方开挖，地下连续墙设计与施工，逆作法施工技术，深基坑信息化施工技术，高层建筑深基坑支护工程实例，深基坑支护与施工新技术展望等。本书具备以下特点：

1. 内容全面，编排合理。本教材从最简单的深基坑支护结构的概念出发，涵盖了必要的基础知识。注重理论基础和实例分析，重点突出，结构严谨。具有系统性、一致性和可扩展性。国内尚无合适的教材，本教材适应了部分本科生课程的实践化趋势。

2. 结构合理，循序渐进。本教材作为应届本科生走向建筑岗位的首要选择，内容由浅入深，详略得当，可为初学者打下良好基础，为进一步研究深基坑支护结构的性能与施工技术提供理论依据。

3. 适应国情，通俗易懂。近20年来，深基坑支护结构在我国得到了长足的发展，研究更加深入，但另一方面人们意识到深基坑支护结构的潜力还有待进一步发掘，本书的出版能进一步推动深基坑支护结构与施工技术在我国的研究与发展，使该项技术得到进一步提升，逐步实现建筑行业的绿色施工标准。在重要概念的引入时，尽可能做到简明扼要、自然浅显。

4. 主编教师团队从事建筑基坑与边坡工程的设计、施工多年，在高校和研究院任职，有踏实的理论基础与现场实践能力，还有丰富的教学经验。

5. 本教材配备了思考题，题型丰富，题量适度，使学生学有所思、学有所想，避免传统式灌入式教学，可供学生自学和相关科技工作者阅读；同时，结合软件优化设计，有助于学生更好的理解深基坑支护结构设计概念，加深学生对大型设计软件的认识和使用。

本书由年廷凯、孙旻主编，肖成志、徐云峰、武亚军副主编，冉岸绿、方兴杰、李玉歧、郑德凤、王子寒等参加编写。具体分工如下：前言、第1章、第6章第2节由大连理工大学年廷凯编写；第2章、第3章由河北工业大学肖成志编写，河北工业大学王子寒参与部分章节编写；第4章由上海大学李玉歧编写；第5章由上海大学武亚军编写；第6章第1节由辽宁师范大学郑德凤编写；第7章由中国建筑第八工程局工程研究院方兴杰编写；第8章、第9章由中国建筑第八工程局工程研究院徐云峰编写；第10章第1节、第11章第4节由中国建筑第八工程局工程研究院孙旻编写；第10章和第11章剩余章节由中国建筑第八工程局工程研究院冉岸绿编写；最后由年廷凯、孙旻统稿。

本书能够顺利出版，感谢大连理工大学教育教学改革基金（MS201536、JG2015025）和教材出版基金（JC2016023），以及辽宁省本科教育教学改革基金项目（201650）、住建部土建类高等教育教学改革项目土木工程专业卓越计划专项（2013036）的资助，特别感谢中国建筑第八工程局工程研究院的领导和专家、中国建筑工业出版社的领导和责任编辑的大力支持。对于书中所引用文献的众多作者（列出的和未列出的）表示诚挚的谢意！

由于编者水平所限，加之编写时间仓促，书中难免有不当之处，敬请读者批评指正。

编　者

2016年10月

目　录

第1章 深基坑支护概述

本章学习要点：

了解深基坑支护工程现状和本书主要内容，掌握深基坑支护结构分类及其适用条件以及深基坑支护设计原则与工作流程。

1.1 深基坑支护工程现状

随着大规模的基础设施建设，城市的可利用土地资源日趋紧张，向高空和地下争取建设空间成为城市建设和改造的必然趋势。因此，高层建筑的高度记录不断刷新，地下空间的开发规模和开挖深度逐渐增加，与之相伴的深基坑支护问题也日益凸显。

深基坑通常指深度超过5m（含5m），地质条件、周围环境及地下管线特别复杂的基坑工程。基坑的开挖卸荷过程，通常会引起坑底土体向上的竖直位移和坑壁土体的水平位移，造成基坑周围的地层移动；随着基坑开挖深度增加，水土压力以及地面超载的作用，将会促使基坑围护结构外侧的土体推动围护结构向基坑内侧移动，基坑周围土体产生塑性变形，造成基坑底部向上隆起以及基坑外围地表沉降。因此，需要根据实际情况采取合适的基坑支护技术对基坑侧壁进行支挡、加固或保护，以满足地下工程的施工要求，且维持基坑周边环境的稳定。具体来说，基坑支护要求确保坑壁稳定，邻近建筑物、构筑物和管线安全，有利于挖土和地下空间构造，并且支护结构施工方便、经济合理。

深基坑支护工程一般包括支护结构选型、支护结构设计、支护结构监测和支护结构施工等方面的主要内容。其中，支护结构可分为围护结构结合内支撑系统的被动式支护形式和围护结构结合拉锚结构的主动支护形式，深基坑工程中常用的围护结构类型详见图1-1。目前在国内，开挖深度在5m以内的基坑通常采用土钉墙支护技术，开挖深度在8m以上的基坑主要采用钻孔灌注桩、地下连续墙、钢筋混凝土支撑结构或者钢管支撑结构等支护技术。具体支护形式的确定，则需要综合考虑场地的工程地质和水文地质条件、基坑开挖深度和降排水要求、周边环境因素和荷载作用、支护结构使用期限和地下室施工要求等因素，因地制宜，确保安全经济。表1-1列出了不同地域的深基坑工程通常面临的不同设计和施工难点，因此需要有针对性的选用合适的支护形式。针对确定的支护结构形式，支护结构的设计方法目前可采用的主要为极限平衡法、弹性地基梁法和有限元法。其中，极限平衡法因计算分析简便而被广泛采用，但采用该方法需要进行较多假设且在计算过程中忽略变形和时间效应，计算结果常与实际情况相差很大。有限元法能够模拟分析实际工程，但是数值模拟结果中安全系数的有效确定问题仍待解决；另外，有限元求解的复杂性、收敛性和计算耗时等问题也限制了该方法在工程实践中的应用推广。弹性地基梁法充分考虑支护结构的平衡条件以及土体与结构的变形协调条件，计算参数较少，计算结果相对合理。深基坑支护工程涉及土体与围护结构之间动态的相互作用问题，单独依靠经验

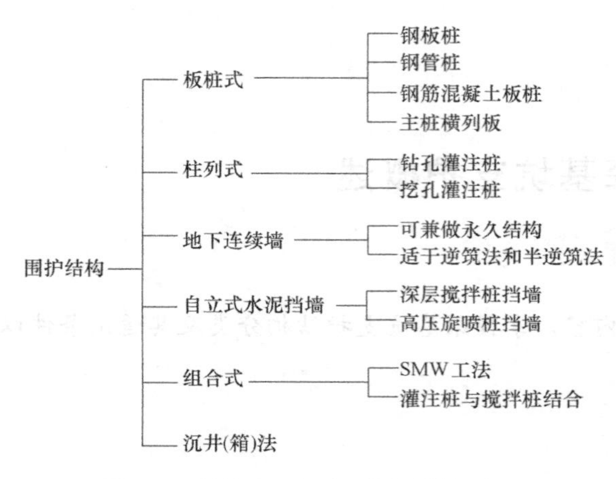

图 1-1　深基坑工程常用围护结构类型
（刘建航和侯学渊，1997）

估计和理论分析难以预测基坑潜在的变形破坏，也难以完成安全经济的基坑支护设计。因此，系统开展支护结构监测有助于完善支护结构理论设计，并且能够及时发现问题，采取必要措施防止工程事故发生。目前，深基坑支护工程中现场监测的主要项目及相应的测试方法详见表 1-2。支护结构施工阶段，基坑的开挖方式会直接影响支护结构的内力和变形，进而影响基坑的稳定与安全，因此，需要根据实际情况制定详细周密的施工方案，严格按照支护结构的设计工况进行土方开挖，遵循开槽支撑、先撑后挖、分层开挖和严禁超挖的准则。

采用不同支护方式的典型深基坑工程（余志成和施文华，1997）　　表 1-1

深基坑工程名称	支护形式
北京新亚综合楼工程	土钉墙支护
北京京城大厦	H 型钢桩土层锚杆
北京方庄芳城园	悬臂式双排桩(刚架)支护
北京华侨公寓地下车库	桩墙合一、地下室逆作法
上海广播电视塔	钢板桩
上海虹桥友谊商城	水泥搅拌桩与钻孔灌注桩组合支护
上海金茂大厦	地下连续墙
上海国际贸易中心大厦	加肋式地下连续墙
上海环球世界商业大厦	SMW 工法
上海电视演播大楼	支护基坑周围底层注浆加固
广东南海市瑞安花园	高压旋喷桩与灌注桩组合支护
烟台芝新大厦	灌注桩、土层锚杆、岩层锚杆、锚钉组合支护

监测项目和测试方法（李钟，2001）　　表 1-2

监测项目	测试方法
地表、围护结构及深层土体分层沉降	水准仪及分层沉降标
地表、围护结构及深层土体水平位移	经纬仪及测斜仪
建(构)筑物的沉降及水平位移	水准仪及经纬仪
建(构)筑物的裂缝开展情况	观察及测量
建(构)筑物的倾斜测量	经纬仪
孔隙水压力	孔压传感器
地下水位	地下水位观察孔
支撑轴力及锚固力	钢筋应力计或应变仪
围护结构上土压力	土压力计

土木工程领域新课题的产生与发展通常都是工程实践与理论研究紧密结合并且不断相互促进的产物。深基坑支护工程的进步与发展，具体表现为日益复杂的深基坑问题迫切需要发展新型支护结构，新型支护结构的应用推广则需要改进或革新相应的理论设计方法，最终通过大量的工程实践深入认识新型支护结构的支护机理，进而完善新型支护结构的设

计理论，更好的指导和开展基坑支护。此外，深基坑支护工程的进步与发展也体现为支护结构选型和设计理念的转变，即由造价高、施工空间狭窄、施工工期长、高能耗、环境污染严重的传统技术（如钻孔灌注桩、地下连续墙、钢筋混凝凝土支撑结构和钢管支撑结构等）向造价低、施工空间大、施工工期短、绿色环保节能、资源可重复利用的新型技术（如水泥搅拌桩及SMW工法、旋喷搅拌加劲桩支护技术和预应力鱼腹梁钢结构支撑技术等）的转变。

目前，深基坑支护工程在支护技术和设计理论方面虽已取得很大的发展，但仍然存在诸多有待研究和解决的问题，主要包括深基坑的时空效应和变形控制问题。实测资料表明深基坑支护结构向基坑内侧的水平位移呈现“中间大两边小”的特征，其空间效应将会导致基于平面应变假设的支护结构设计方法脱离实际，最终影响基坑分布开挖尺寸和开挖时间的定量计算。此外，基坑开挖转角部分所出现的应力集中现象，以及软土蠕变特性导致的基坑支护结构变形随着无支撑时间的延长而增加的“时间效应”，在目前的支护结构设计中均未能给予考虑。对于高层建筑和市政管线密集区域附近的深基坑工程，支护结构设计应该同时满足强度要求和正常使用要求，因此采用强度设计理论时需要对基坑的变形进行控制，以确保基坑在施工过程中自身和周围建筑物的安全稳定。例如，上海地铁基坑工程根据不同的环境保护要求将基坑的变形控制分为三个等级，详见表1-3。

上海市地铁基坑等级标准（上海市规范，2010）　　表1-3

基坑等级	地面最大沉降量及围护墙水平位移控制要求	环境保护要求
一级	1. 地面最大沉降量≤0.1%H 2. 围护墙最大水平位移≤0.14%H 3. K_s≥2.2	基坑周边以外0.7H范围内存有地铁、共同沟、煤气管、大型压力总水管等重要建筑或设施，必须确保安全
二级	1. 地面最大沉降量≤0.2%H 2. 围护墙最大水平位移≤0.3%H 3. K_s≥2.0	离基坑周边H～2H范围内有重要管线或大型的在使用的建(构)筑物
三级	1. 地面最大沉降量≤0.5%H 2. 围护墙最大水平位移≤0.7%H 3. K_s≥1.5	离基坑周围2H范围内没有重要或较重要的管线、建(构)筑物

注：H为基坑开挖深度；K_s为抗隆起安全系数，按圆弧滑动公式计算。

深基坑支护工程作为岩土工程的重要领域，其复杂的水文地质条件、多样的支护结构形式和多变的支护结构受力状态，在增加支护结构设计难度的同时，也为支护技术的发展与革新提供了广阔的空间。目前，深基坑支护技术的发展与革新主要集中于以下几个方面：（1）支护结构设计理念的革新，通过改变传统的静态设计理念，逐步建立以施工监测为主导的信息反馈动态设计体系；（2）推广考虑变形控制的工程设计方法，充分考虑支护结构体系变形的空间和时间效应；（3）研究新型支护结构设计方法，使其能够计算分析受力结构与止水结构相结合，临时支护结构与永久支护结构相结合，基坑开挖方式与支护结构形式相结合的组合支护形式；（4）深基坑支护结构的优化设计，避免因设计缺陷或施工失误造成工程事故和因支护结构选型与设计保守造成资源浪费；（5）信息监测与信息化施工技术的发展，根据实际监测结果动态调整支护结构的设计和施工方案，确保基坑工程的安全稳定。

1.2 深基坑支护结构分类

支护结构一般由挡土（挡水）结构和支撑系统（保持墙稳定的系统）两部分组成，简称挡土墙系统。而挡土部分因工程地质、水文地质情况不同又分为透水部分及止水部分，透水部分的挡土结构需在基坑内外设排水降水井，以降低地下水位；止水部分挡土结构防水抗渗，不使基坑外地下水进入坑内，如作防水帷幕、地下连续墙等，只在坑内设降水井。各种墙和支撑系统的适用性见表 1-4。

各种挡土结构和支撑系统的适用性 **表 1-4**

挡土结构类型	最适合的条件	缺　点
钢板桩	容易打入黏土、砂土和砂粘混合物	在软弱土中可能产生较大位移。不能穿过障碍物和坚硬土层。要求有效降水
桩板墙	超固结黏土、具黏性的砂土和能适当降水的砂土	挡板无法设置在坑底以下。要求有效降水。在软弱土中可能产生较大位移
钻孔桩/墩	比较硬的黏性土层和岩层，要求无打桩振动和噪声场合	要求有效降水。桩间土可能塌落
地下连续墙	要求控制水平位移的地下水位以下的软黏土和松砂。要求无打桩振动和噪声场合	单纯作为支护结构费用高。在坚硬土层中用泥浆槽沟法施工时速度慢和困难
支持系统	最适合的条件	缺　点
横杆支撑	比较窄的开挖	在软弱土中可能产生较大墙位移
斜撑和反压	比较宽而浅的开挖	在软弱土中可能产生较大墙位移
锚杆式	需要控制位移的任何开挖宽度和深度	要求在锚能达到的范围内有适合锚的岩土层。锚固力的竖向分量对墙有影响
锚定式(锚座)	在开挖工程中只能单层放置，因而适合不太深的开挖。这种结构主要用于岸边填筑物和边坡填筑物中	在深开挖工程中墙的中下部位移可能比较大

1.2.1 深开挖挡土结构类型

目前深开挖挡土结构常用以下四种类型：

(1) 钢板桩（H 型钢或工字钢桩加横插板挡土）

将带锁口或钳口的热轧型钢用板桩锤或振动打桩设备打入土中并相互连接起来形成钢板桩墙，如图 1-2 (*a*) 所示。钢板桩的强度重量比高，可重复使用，广泛用于容易打入的黏土、砂土和砂黏土中挡土和挡水，在坚硬地层容易打坏。

(2) 桩板式墙

将工字型钢以 2～3m 间距打入地层中，然后随着开挖在工字钢后翼面插入 50～100mm 厚的木板形成桩板墙，如图 1-2 (*b*) 所示。亦可只挖至工字钢前翼面，焊上螺栓，装上接触板，用螺母紧固，这种施工方法简单，而且墙外土的水平位移较小，因此较流行。桩板墙适合于超固结黏土、黏土质砂以及能充分降水的砂层中。

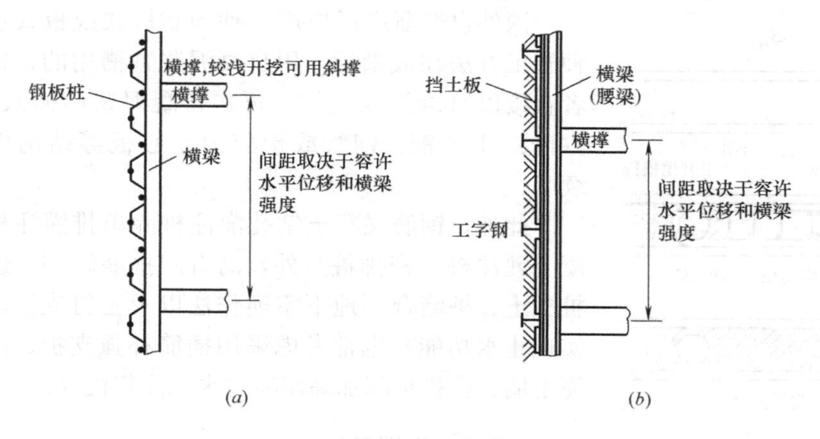

图 1-2 钢板桩墙和桩板墙平面图

(*a*) 钢板桩墙；(*b*) 桩板式墙

(3) 钻孔灌注桩

以一定间距排列的大直径钻孔灌注桩（或双排桩）形成的挡土结构，如图 1-3（*a*）所示。桩顶可用混凝土梁联系起来，可采用后拉式或内撑式支撑系统。这种结构利用桩间土拱作用挡土。这种挡土结构近年来在我国用得越来越多，其主要优点是墙刚度大，施工简单，可插入坚硬土层和岩石中，而且没有打桩振动和噪声。缺点是不能挡水，桩间土可能坍落等。

以较密间距打设或插入预钻孔中的工字型钢桩（不带挡板）同钻孔桩一样，也是利用桩间土拱作用挡土，如图 1-3（*b*）所示。

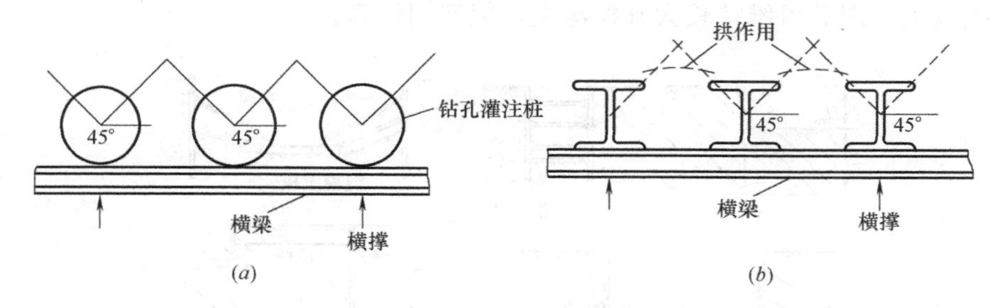

图 1-3 钻孔灌注桩墙和工字钢桩墙平面图

(*a*) 钻孔灌注桩；(*b*) 工字桩

(4) 地下连续墙

在地面上沿着开挖工程周边（如地下结构的边墙等），用特制挖槽机械，在泥浆护壁情况下开挖一定长度沟槽（一个单元槽段），然后用吊车将钢筋笼吊放沟槽内，再用导管向充满泥浆的沟槽中浇注混凝土，逐段施工，最后形成连续的地下墙，其施工程序如图 1-4 所示。墙的厚度一般 50～100cm，槽段长 7m 左右，深度可达 50m 以上，最深已达 100m。这种结构具有挡土、截水、防渗兼作主体承重结构多种功能，限制墙外地面沉降和土的水平位移效果好。因此，在建筑物地下室、地下油库、地下街道、地下停车场、地下铁道、蓄水池、污水处理场以及各种挡土、水防渗墙等工程中均可使用。连续墙单纯作为深开挖的支护结构则费用昂贵，故很少如此使用。

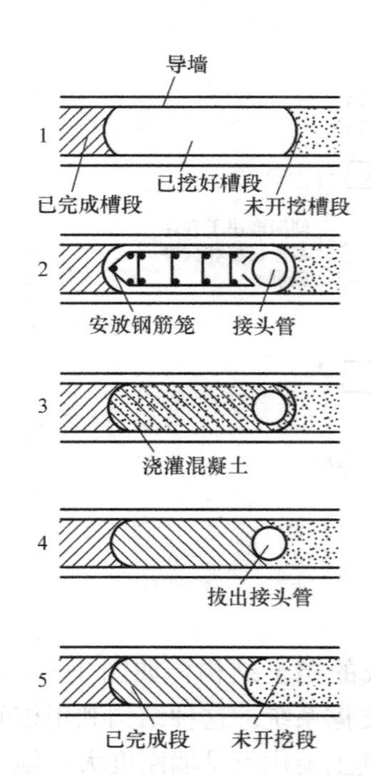

图 1-4　钢筋混凝土地下连续墙施工顺序

国外也逐渐广泛应用一种预制桩式或板式连续墙。这种施工方法在成槽后，用自凝泥浆置槽用的护壁泥浆，或者直接以自凝泥浆成槽。再在自凝泥浆内插入预制管桩、方桩、H 型钢、钢管或预应力空心板等结构件，形成连续墙。

此外，钢筋混凝土钻孔灌注桩除单排灌注桩（疏排混凝土灌注桩、密排桩）外，尚有双排灌注桩、连拱式灌注桩挡土、桩墙合一地下室逆作法以及土钉支护法等。为了实现止水功能，也常考虑采用插筋补强支护、深层搅拌水泥土墙、密排桩间加高压喷射水泥注浆桩等。

1.2.2　支撑系统

深开挖挡土结构物的支撑类型较多，主要支撑系统如图 1-5 所示。按支撑与否及支撑方式，挡土墙支撑系统可划分为以下几种类型：

（1）悬臂式挡土墙

悬臂式挡土墙，墙上没有内撑或锚杆完全靠足够的入土深度来保持墙的稳定，见图 1-5（*a*）。对钢板桩来说，由于刚度小，容易产生较大水平变位，对荷载和土质变化特别敏感，一般只适合深 3～4m 的临时开挖工程。砂土中钢板桩插入挖土线以下深度可参考表 1-5。钢筋混凝土钻孔桩和地下连续墙也可采用悬臂式，由于刚度大，因而可维持较大开挖深度，但费用较高。

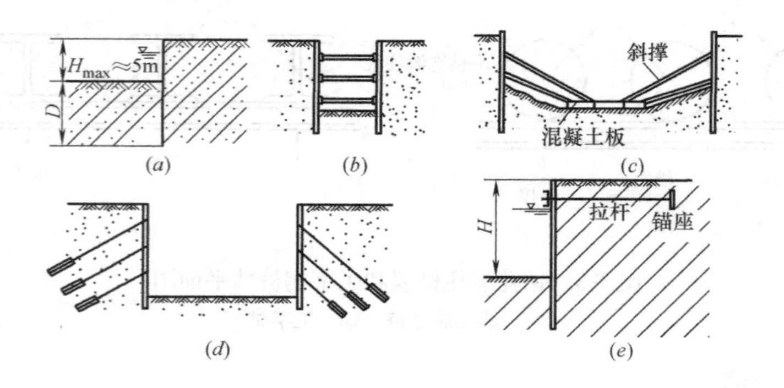

图 1-5　深开挖挡土结构物的支撑类型

（*a*）悬臂式；（*b*）横撑式；（*c*）斜撑式；（*d*）锚杆式；（*e*）锚定式

悬臂式钢板桩的入土深度　　**表 1-5**

SPT(*N* 值)	相对密度(D_r)	入土深度(*H* 墙高)
0～4	极松	2.0*H*
5～10	松	1.5*H*
11～30	中密	1.25*H*
31～50	密实	1.0*H*
＞50	极密	0.75*H*

(2) 内撑式挡土墙

内撑式系统由撑杆和腰梁等组成。有横撑（平横）和斜撑两种，分别如图 1-5（*b*）和（*c*）所示。横撑主要用于开挖断面较小的线性建筑，如地铁和地下管道等工程，但也可用于“窄沟法”施工墙柱的宽度较大的深开挖工程。斜撑用于开挖深度不大而断面尺寸较宽的场合，施工时可配合斜撑在边脚压重，斜撑的后座可采用混凝土板或短工字钢桩。

(3) 锚杆挡土墙

锚杆挡土墙是深大开挖最常采用的支撑方式，如图 1-5（*d*）所示。锚杆的作用和内撑杆一样，只不过一个是从内向外推墙，一个是从后拉墙，使墙保持稳定。锚杆适用于在墙外一定范围内具有适合锚固的地层条件和各种墙。主要优点在于，预应力锚杆增强了承载能力和刚度，使水平变位和墙外沉降得到控制，且提供了自由开挖空间；缺点是锚杆力的竖向分量有可能使墙向下移动并产生弯曲，因而要求较好的墙基支承条件。

施工顺序如图 1-6 所示，先沿墙挖比较窄的沟槽，供施工机械下第一层锚，然后进行内部开挖，再下第二层锚杆，直到开挖标高。每个锚杆经验收试验后一般可锁定在75%～80%以上设计荷载，而对永久锚杆或严格限制墙后沉降场合，可锁定在 100%设计荷载。

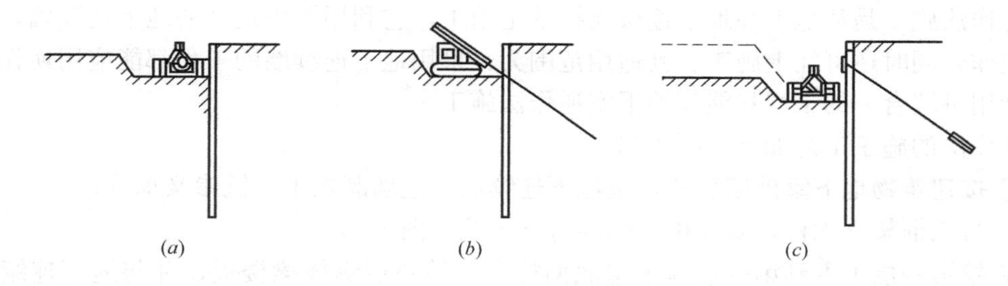

图 1-6 锚杆墙施工顺序

（*a*）设置墙以后挖槽；（*b*）设第一层锚杆；（*c*）内部开挖，准备设第二层锚杆

(4) 锚定板桩墙

单层锚杆或多层锚杆的第一层可用锚定块代替，见图 1-5（*e*），这种墙常称为锚定板桩墙。锚定块可以是混凝土块、短桩、叉桩或连续构件，锚定板桩墙主要用于岸边挡土结构中。此外，在桥墩深开挖工程中也广泛采用压缩环（环形、矩形）以保持墙稳定。

(5) 环梁支撑法

环梁支护体系，分外接圆式（见图 1-7）和内接圆式（见图 1-8），还有椭圆式环梁及复合式环梁支护。环形支护是将基坑支护桩上设置一道或几道环梁，把土压力传到圆形环梁，使受弯拉力转化为压力，以发挥混凝土受压的特性。该方法适用于四周有地下连续墙、密排挡土桩等情况。

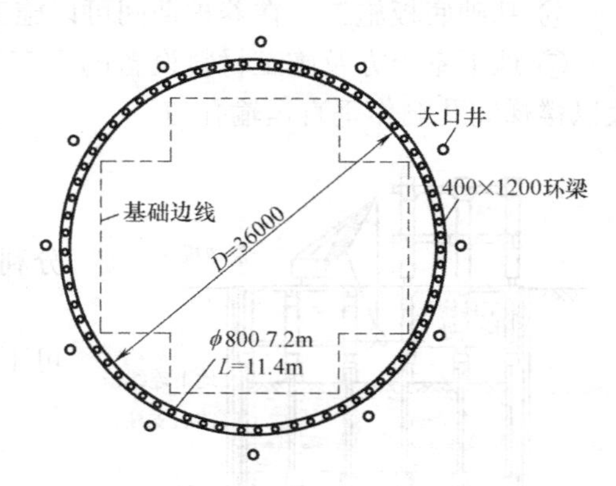

图 1-7 基坑平面示意图

环梁支撑法的特点是：①由于环梁支撑，增加基坑稳定，减少位移；②解决软土地区不

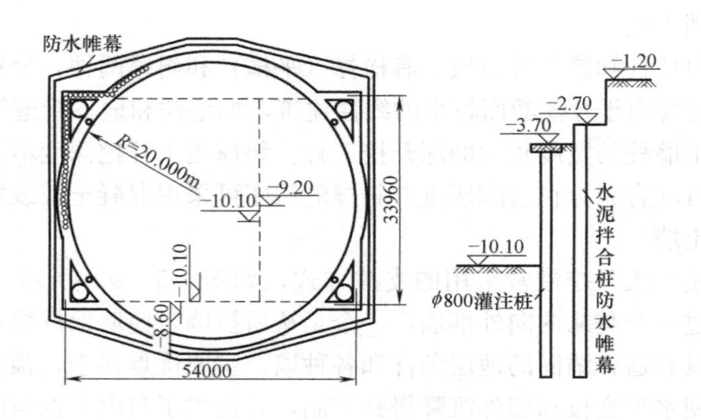

图 1-8　交叉式环梁支护结构

宜用锚杆、抗剪强度低的问题；③用支撑体系，机械施工困难，且费用高；④环形支护能提高机械挖土效率，加速土方施工。

（6）逆作法施工

逆作法施工是从地上往地下逐层支撑挖土施工，它利用预先筑好的地下连续墙，从上往下逆作，同时还可往上施工。其适用范围为：采用地下连续墙的工程都能应用逆作法施工，能用桩墙合一的工程只能作地下室逆作法施工。

逆作法的施工工艺如下（图 1-9）：

① 按建筑物地下室外墙位置，筑地下连续墙，这墙既挡土、抗渗又承重；

② 打入框架支承柱，灌注桩或作临时支承柱（图 1-9）；

③ 挖第一层土方到第一层地下室底面标高，筑该层纵横梁楼板，并与地下连续墙联结交圈，地下第一层楼板即为墙的水平支撑系统；

④ 挖第二层土方到第二层地下室底标高，筑第二层梁板，作为第二道水平支撑系统，如此往下施工；

⑤ 完成地下一层楼板后即可施工上部 1～3 层的梁、柱、板结构，同时交叉进行地下二层土方作业；

⑥ 基础底板施工，在养护期间可以施工上部 4～6 层柱、梁、板结构；

⑦ 地下室土方及施工材料设备的垂直运输，应集中在一处或几处进行垂直运输；一般以楼梯间孔洞作垂直运输孔道。

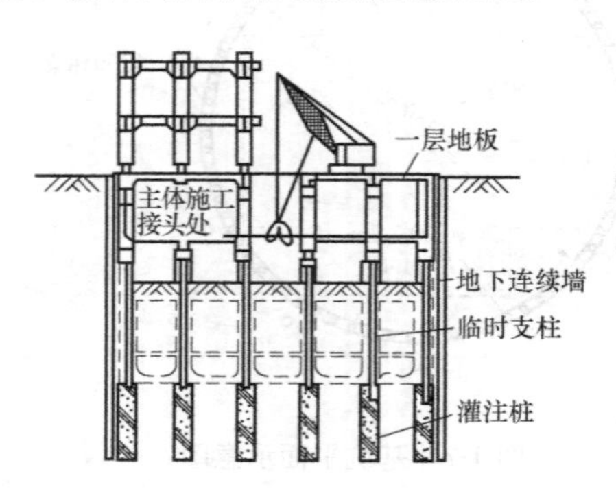

图 1-9　逆作法施工工艺

逆作法的主要特点：

① 最大特点是可以地下、地上同时施工，充分利用空间、时间，缩短施工期；

② 利用地下室工程的梁板作为挡土墙的支撑，可不作内支撑或锚杆拉结；

③ 节省工期，加快施工速度；

④ 用地下连续墙逆作法施工，充分利用地下工程结构作为临时支护结构，节约了临时支护的大量投资；

⑤ 充分利用了地下连续墙的挡土、防渗及承

重功能；

⑥ 逆作法施工需架设栈桥，行驶塔吊，增加设备及一次性投资。

1.3 深基坑支护设计原则与工作流程

深基坑支护设计要保证基坑四周土体和支护结构本身的稳定，则要求支护结构本身要有足够的强度和刚度，同时要求支护结构与被支护土体有足够的稳定性，以保证支护结构的安全使用；同时设计中还要做到支护结构选型新颖、受力合理、经济实用和对环境破坏小等。因此，设计时应考虑支护结构各种可能的破坏形式，进行合理分析和校核，并采取适当的措施。如内撑墙通常由于基坑隆起或支撑系统超载而破坏，由软黏土应力过大和砂土管涌而引起的基坑隆起可通过增加挡墙插入深度加以限制。锚杆墙可能沿着系统外部或内部潜在破坏面产生整体破坏，因此应进行整体稳定性校核。墙可能破坏形式如图 1-10 所示，其中 (*a*) ～ (*c*) 是滑动类破坏；(*d*) 是倾覆破坏，可能是由于锚杆长度不足即未超过墙后潜在破坏面，或锚固力不足而引起的；(*e*) 是由于锚杆力的竖向分量作用使墙沉入或刺入软弱墙基土中；锚杆也可能拉断，如图 1-10 (*f*) 所示；墙也可能屈服，见图 1-10 (*g*)。

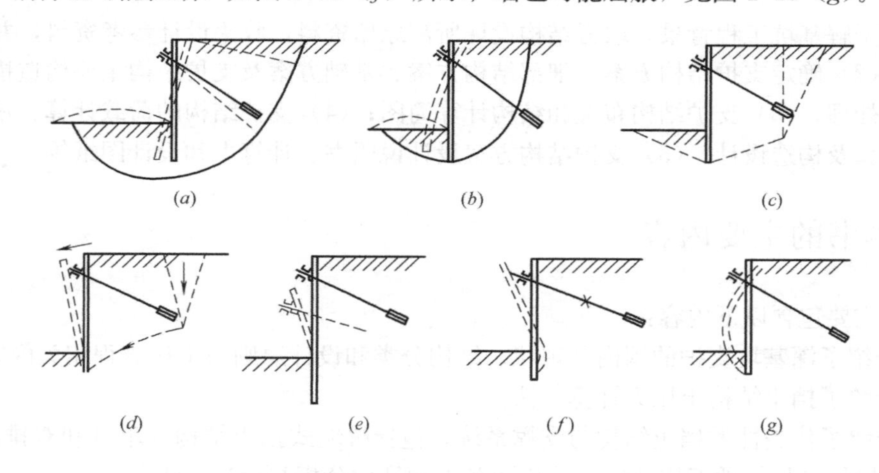

图 1-10　锚杆墙的破坏形式

(*a*) 斜坡破坏；(*b*) 墙脚破坏；(*c*) 楔形破坏；(*d*) 倾覆破坏；
(*e*) 墙插入破坏；(*f*) 锚杆破坏；(*g*) 墙体破坏

1.3.1 基坑支护结构安全正常使用的设计基本原则

(1) 支护结构不产生滑移；(2) 支护结构不倾覆；(3) 支护结构有足够的强度；(4) 支护结构有足够的刚度；(5) 支护结构基础满足地基承载力要求；(6) 满足基坑规范要求的同时，支护结构应与环境相协调，减少对环境的破坏；(7) 永久性支护结构需进行耐久性设计，并给出使用过程中相应的维修措施；(8) 满足支护结构的施工要求。

1.3.2 基坑支护结构分析与设计的主要内容

(1) 选择支挡结构与支撑系统以及降水系统；(2) 验算坑底稳定性；(3) 计算土压

力；（4）估计或根据力矩平衡原理计算支挡结构入土深度；（5）计算结构最大弯矩，选择适当刚度截面；（6）计算支撑系统的轴向力，进行支撑系统分析与设计；（7）限制支挡结构侧向位移和支护后地面沉降等。

1.3.3 基坑支护结构分析与设计的主要方法

（1）常规方法：由于结构-土之间相互作用的复杂性，内撑式和锚杆式墙一般按经验方法进行设计，详见有关国家标准或地方规范。这类方法能够考虑由于施工难度和环境因素所引起的一些问题。

（2）数值方法：地下连续墙和连续钢板桩近似于平面应变问题，可用有限元等数值方法分析。这种分析方法能提供有关土压力、结构弯矩和剪力，以及土和结构的位移信息，特别是能对墙变位和墙后地面沉降做出较好估计，这是常规方法难以做到的。Potts 和 Zdravkovic（2010）详细介绍了各类挡土结构、挖/填方边坡、深桩基础的有限元分析方法。

1.3.4 深基坑支护设计的一般工作流程

（1）了解基坑工程背景，取得结构设计所需原始资料，收集设计参考资料，并制定工作计划；（2）确定支护结构方案、细部结构方案、基础方案及支护结构主要构造措施及特殊部位的处理；（3）支护结构布置和结构计算简图；（4）支护结构的荷载计算、承载力和稳定性计算及构造设计；（5）支护结构方案设计说明书、计算书和设计图纸等。

1.4 本书的主要内容

本书主要包含以下内容：

1. 介绍了深基坑支护的国内外现状、结构分类和设计原则与工作流程相关内容。

2. 介绍了挡土结构土压力计算方法。

3. 介绍了代表性的挡土结构与支撑系统，包括桩墙式挡土结构（单排和双排桩）、土钉支护、锚杆支护、地下连续墙等，详述各支护结构分析与设计方法。

4. 介绍了基坑降水与土石方开挖、基坑整体与局部稳定分析。

5. 介绍了深基坑逆作法施工技术、信息化施工技术。

6. 介绍了高层建筑深基坑支护设计与施工实例，并展望未来深基坑支护与施工新技术。

1.5 本书的学习重点

本书的学习重点如下：

1. 了解深基坑支护现状，熟悉深基坑支护结构分类。

2. 掌握深基坑支护结构的设计方法和工作流程。

3. 掌握挡土结构土压力计算方法。

4. 熟悉桩墙式挡土结构（单排和双排桩）、土钉支护、锚杆支护、地下连续墙各支护结构分析与设计方法。

5. 熟悉基坑降水设计、基坑整体与局部稳定分析。
6. 熟悉深基坑逆作法施工技术、信息化施工技术。
7. 了解未来深基坑支护与施工新技术发展方向。

思考题：

1. 深基坑支护结构分类有哪几种，适用性条件如何？
2. 深基坑支护结构的设计方法和工作流程如何？

第 2 章　挡土结构土压力计算

本章学习要点：

本章基于挡土结构物及其土压力概念的详细介绍，重点讨论了静止土压力、主动土压力和被动土压力的计算方法，并对经典的朗肯土压力理论和库仑土压力理论及其适用范围进行了分析。重点掌握不同条件下土压力计算。

2.1　土压力及计算公式

土压力通常是指挡土墙后填土因自重或外荷载作用对墙背产生的侧压力。由于土压力是挡土墙的主要外荷载，因此，设计挡土结构时首先要确定土压力的性质、大小、方向和作用点。实践证明，土压力的计算是比较复杂的问题，它除了与土的性质有关外，还和挡土结构水平位移方向、支护结构的刚度、挡土墙类型等因素有关。本节将在介绍挡土结构物及其土压力概念的基础上，着重讨论静止土压力、主动土压力和被动土压力的计算方法，并对经典的朗肯土压力和库仑土压力理论进行分析。

2.1.1　挡土墙上的土压力

在影响土压力的大小及分布规律的一系列因素中，墙体位移条件是最主要的因素。根据墙体的位移情况和墙后土体所处的应力状态，土压力分为以下三种：

（1）静止土压力

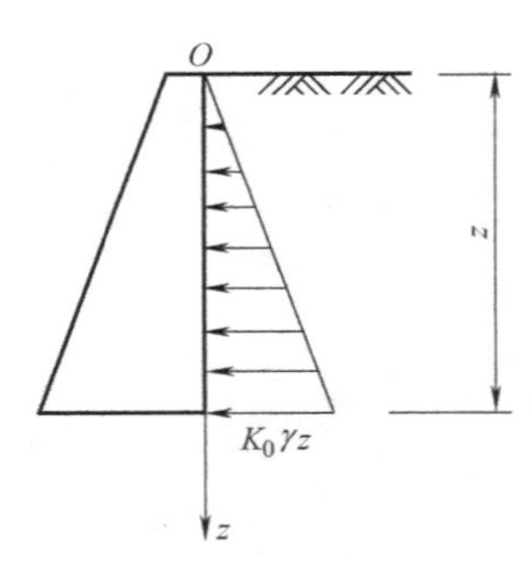

图 2-1　挡土墙静止土压力

挡土墙在土压力作用下没有发生位移，墙后土体处于弹性平衡状态，此时墙背所受的土压力称为静止土压力 E_0（图 2-1）。

（2）主动土压力

当挡土墙在土压力作用下向前移动或转动，土体处于滑动极限平衡状态时，作用于墙背上的土压力称为主动土压力 E_a（图 2-2a）。

（3）被动土压力

当墙在外力作用下向后移动或转动，墙后土体在墙的作用下处于向上滑动极限平衡状态时，土体作用于墙背上的土压力称为被动土压力 E_p（图 2-2b）。

众所周知，水平向无限延伸的均质地基土任意深度处的侧向自重应力为 $\sigma_{cx}=K_0\gamma z$，其中 K_0 为静止侧压力系数，γz 为深度 z 处土的竖向自重应力。如果土体中挡土墙不发生任何位移，作用在该挡土墙上的土压力就是土的侧向自重应力，也就是静止土压力。当挡土墙在土体或其他荷载作用下向前移动或转动时，作用在挡土墙上的土压力会减小，此时土压力大于主动土压力；当挡土墙的位移足够大而使墙后土体达到极限平衡状态，产生图 2-2（*a*）所示破坏面时，土压力即成为主动土压力。当挡土墙在外荷载作用下向墙后土体移动或转动时，作用在挡土墙上的土压力会增大，此时土压力小于被动土压力；当挡土墙位移足够大而使墙后土体达到极限平衡状态，产生如图 2-2（*b*）所示破坏面时，作用在挡土墙上的土压力即成为被动土压力。墙身位移大小与土压力关系如图 2-2（*c*）所示。

2.1.2 静止土压力

挡土墙静止土压力为土体的水平自重应力，完全按自重应力算法计算。静止土压力沿墙高为三角形分布，单位长度挡土墙上作用静止土压力大小为（kN/m）

$$E_0=\frac{1}{2}K_0\gamma H^2 \tag{2-1}$$

式中 H——挡土墙高度（m）；

γ——土的重度（kN/m³）；

K_0——由实测确定，如无实测资料，可用弹性理论公式 $K_0=\mu/(1-\mu)$ 确定，或按 $K_0=1-\sin\varphi'$ 来估算，μ 为土的泊松比，φ' 为土的有效内摩擦角。

E_0的作用点距墙底 $H/3$ 处。

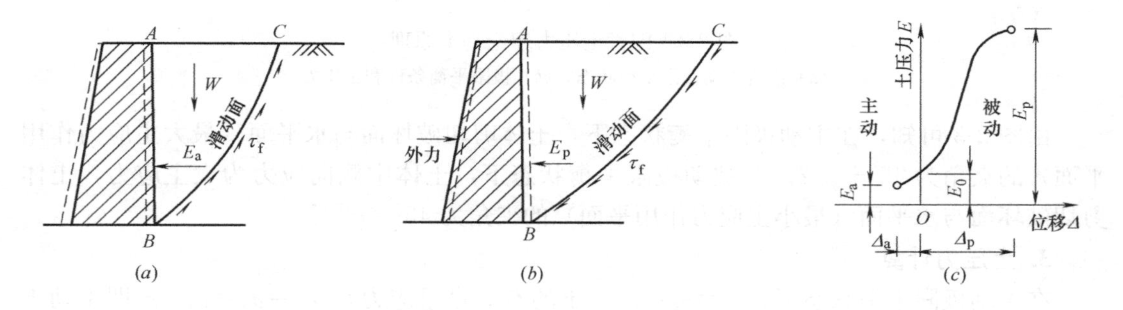

图 2-2 产生主动土压力和被动土压力的情况及墙身位移与土压力的关系

（*a*）主动土压力；（*b*）被动土压力；（*c*）墙身位移与土压力的关系

2.1.3 朗肯（Rankine）土压力理论

1. 基本假设

朗肯土压力理论（Rankine，1869）的基本思路是，从弹性半空间体的应力状态出发，根据土的极限平衡理论，导出土压力强度计算公式，其基本假设为：

（1）墙后填土为均质、各向同性的；

（2）填土表面为水平面；

（3）墙和填土为无限长；

（4）墙背是竖直光滑的。

2. 朗肯土压力的计算原理

在挡土墙静止时，土体处于弹性平衡状态，土体只受重力作用，大主应力为 σ_z，小主应力为 σ_x，在土体与墙背的接触面上的土体单元的应力圆为Ⅰ（图 2-3），处于抗剪强度曲线下方。当挡土墙在土压力作用下向前移动时，土体单元的侧向约束减小，σ_x减小，但大主应力仍为σ_z，土体产生向下滑动的趋势；在土体向下将滑未滑处于主动极限平衡状态时，土体侧压力变为主动土压力强度σ_a，应力圆为Ⅱ，与抗剪强度线相切。当挡土墙在外力作用下发生向后的位移时，墙推动土体产生向上滑动的趋势，土体侧压力由σ_x增加，最后克服土体的自重，使侧压力大于竖向压力，侧压力为大主应力，竖向自重应力σ_z仍不变，但为小主应力；当土体向上将滑未滑处于被动极限平衡状态时，应力圆为Ⅲ，与抗剪强度曲线相切，侧压力即为被动土压力强度σ_p。

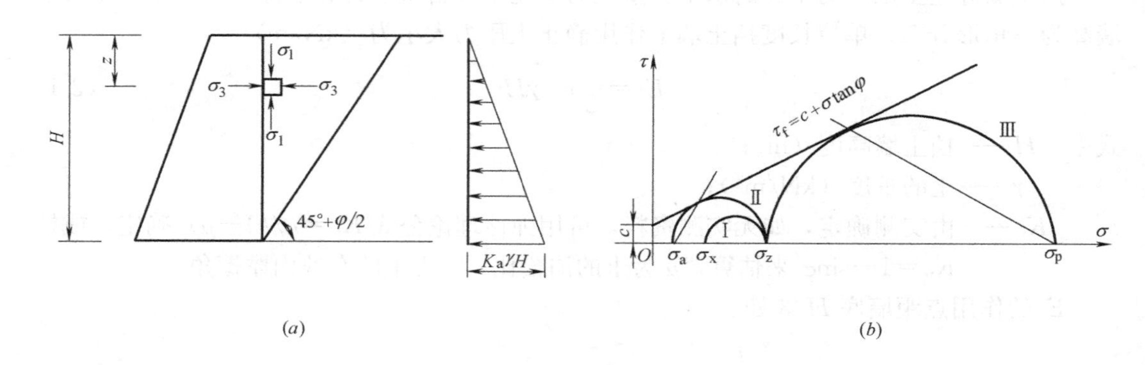

图 2-3　朗肯土压力理论基本原理

（a）朗肯主动极限平衡状态；（b）极限平衡条件和土压力

由图 2-3 可知，在主动极限平衡状态下，土体剪切破坏面与水平面（最大主应力作用平面）的夹角为$45°+\varphi/2$。在被动极限平衡状态下，土体中侧向应力为大主应力，土体剪切破坏面与水平面（最小主应力作用平面）的夹角为$45°-\varphi/2$。

3. 土压力计算

在主动极限平衡状态下，$\sigma_1=\sigma_z=\gamma z$（土的有效自重应力），$\sigma_3=\sigma_x=\sigma_a$，$\sigma_a$即主动土压力强度。由土的极限平衡条件

$$\sigma_3=\sigma_1\tan^2\left(45°-\frac{\varphi}{2}\right)-2c\cdot\tan\left(45°-\frac{\varphi}{2}\right)$$

$$\text{得 }\sigma_a=\gamma z\tan^2\left(45°-\frac{\varphi}{2}\right)-2c\cdot\tan\left(45°-\frac{\varphi}{2}\right)\tag{2-2}$$

$$\text{或写成 }\sigma_a=\gamma zK_a-2c\sqrt{K_a}\tag{2-3}$$

式中　$K_a=\tan^2(45°-\varphi/2)$——主动土压力系数。

这就是黏性土的主动土压力强度计算公式。

对于无黏性土，式（2-3）中的$c=0$，则

$$\sigma_a=\gamma zK_a\tag{2-4}$$

主动土压力沿挡土墙高呈线性分布，单位墙体上作用的主动土压力为主动土压力强度的合力：

$$E_a=\frac{1}{2}\gamma H^2K_a\tag{2-5}$$

合力作用点在距墙底$H/3$处（图 2-4b）。这时滑动面与最大主应力作用面（水平面）

之间的夹角为

$$\alpha=45^{\circ}+\varphi/2 \tag{2-6}$$

对于黏性土，c 不为零。若按式（2-3）计算，墙顶附近某一深度内土压力为负值即为拉力，这是不可能的，应把这部分略去。土压力产生负值的深度 z_0 称为临界深度，可由式（2-3）令 $\sigma_a=0$ 求得，即

$$z_0=\frac{2c}{\gamma\sqrt{K_a}} \tag{2-7}$$

实际作用在挡土墙墙背上的土压力为三角形 abc，其合力为

$$E_a=\frac{1}{2}\gamma H^2K_a-2cH\sqrt{K_a}+\frac{2c^2}{\gamma} \tag{2-8}$$

它的作用点通过三角形 abc 的形心，在距墙底 $(H-z_0)/3$ 处（图 2-4c）。

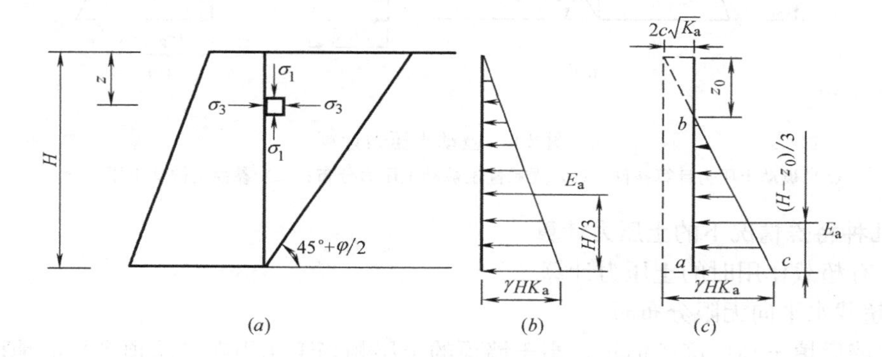

图 2-4　主动土压力计算

(a) 主动土压力计算条件；(b) 无黏性土主动土压力分布；(c) 黏性土主动土压力分布

4. 被动土压力计算

在被动朗肯极限平衡状态下，$\sigma_1=\sigma_p$，$\sigma_3=\sigma_z=\gamma z$，即，

$$\sigma_p=\gamma z\tan^2\left(45^{\circ}+\frac{\varphi}{2}\right)+2c\tan\left(45^{\circ}+\frac{\varphi}{2}\right) \tag{2-9}$$

或写成 $\sigma_p=\gamma zK_p+2c\sqrt{K_p}$ (2-10)

式中　$K_p=\tan^2(45^{\circ}+\varphi/2)$ ——被动土压力系数。

这就是黏性土的被动土压力强度计算公式。

黏性土的被动土压力沿挡土墙呈梯形分布（图 2-5c），单位长度墙体上作用被动土压力大小为

$$E_p=\frac{1}{2}\gamma H^2K_p+2cH\sqrt{K_p} \tag{2-11}$$

其作用点位于梯形形心，即距墙底 $\frac{H}{6}\frac{\gamma HK_p+6c\sqrt{K_p}}{\gamma HK_p+2c\sqrt{K_p}}$ 处。

无黏性土，$c=0$，于是，被动土压力强度沿墙高呈三角形分布，单位长度墙体上作用的被动土压力大小为

$$E_p=\frac{1}{2}\gamma H^2K_p \tag{2-12}$$

合力作用点通过三角形的形心，作用在距墙底 $H/3$ 高度处（图 2-5*b*）。这时，滑动面与最大主应力作用面（竖直面）之间的夹角为

$$\alpha=45^{\circ}+\varphi/2$$

而与水平面成

$$\alpha'=45^{\circ}-\varphi/2 \tag{2-13}$$

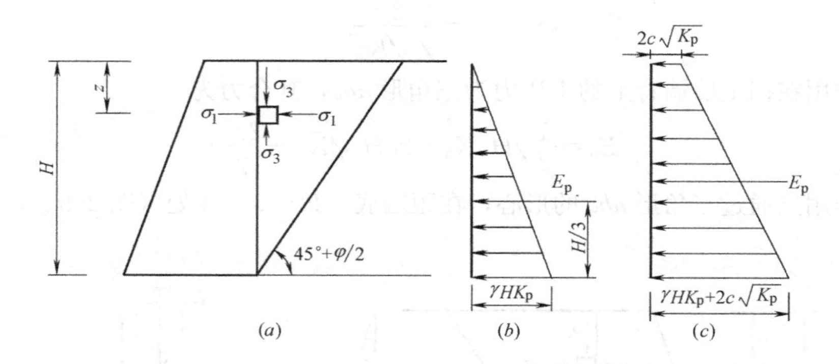

图 2-5 被动土压力计算

（*a*）被动土压力计算条件；（*b*）无黏性土被动土压力分布；（*c*）黏性土被动土压力分布

5. 几种特殊情况下的土压力计算

（1）有超载作用时的土压力计算

1）超载水平向无限分布时

当挡墙后填土高度高于墙顶，高于墙顶的土层相当于作用在与墙顶齐平的地面上的均布荷载 q，或由于其他作用，在填土表面形成超载 q，当超载自墙背开始分布时，则墙顶以下任意深度 z 处土的有效竖向应力为 $\gamma z+q$。以黏性土为例，主动土压力强度和被动土压力强度可按以下两式计算：

$$\sigma_a=(\gamma z+q)K_a-2c\sqrt{K_a} \tag{2-14}$$

$$\sigma_p=(\gamma z+q)K_p+2c\sqrt{K_p} \tag{2-15}$$

对于无黏性土，$c=0$，土压力分布如图 2-6（*a*）所示。

有时分布超载距墙背有一定距离如图 2-6（*b*）所示。这时，土压力可以近似计算如下：自均布荷载开始作用点作 Oa 和 Ob，分别与水平面成 φ 和 $\theta=45^{\circ}+\varphi/2$。认为超载在 a 点以下才开始对墙背土压力产生影响，b 点以下则完全受均布荷载的影响。此时挡土墙土压力为多边形 $ABCED$ 的面积（图 2-6*b*）。

2）局部作用均布超载时

当墙顶土面上建有建筑物或道路时，在墙顶地面上形成局部均布荷载，如图 2-6（*c*）所示。这些局部超载对土压力产生的影响可认为是图 2-6（*c*）中矩形 $DEGF$，其沿墙高的分布深度范围为 ab，Oa 和 $O'b$ 均与地面成 $45^{\circ}+\varphi/2$，挡土墙土压力为多边形 $ABCFGED$ 的面积。

（2）成层填土及墙后填土有地下水

当墙后填土分层时，属于某一层的点必须采用该层土的土性参数和土压力系数计算。例如，墙后填土分 2 层，均为无黏性土，土层分界面上的点如果属于上层（点 D），主动

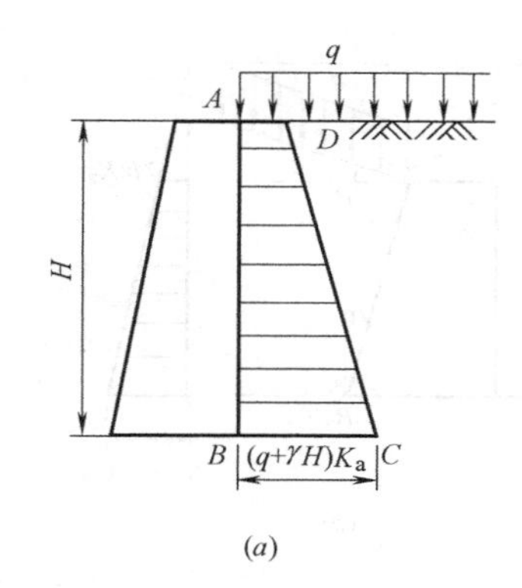

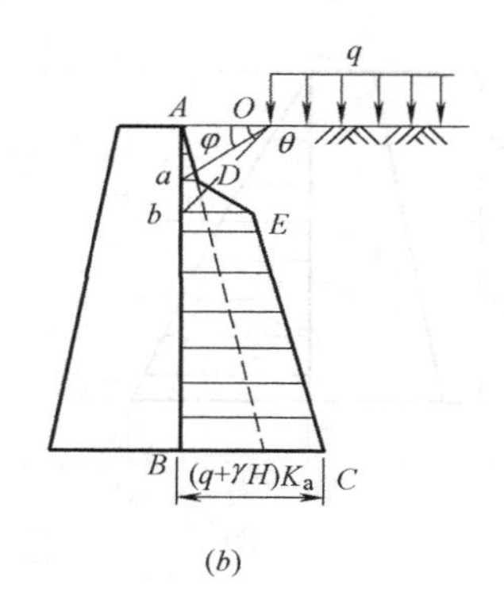

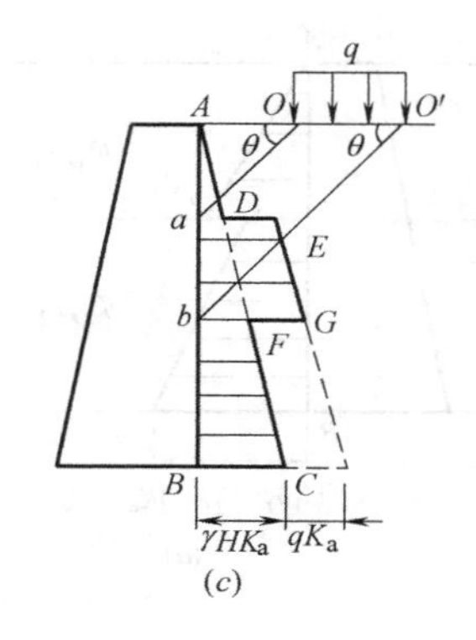

图 2-6　超载对土压力的影响（无黏性土）

（*a*）无限均布超载的影响；（*b*）距挡土墙一定距离均布超载的影响；（*c*）局部超载的影响

土压力强度为 $\gamma_1 h_1 K_{a1}$；若属于下层（点 E），主动土压力强度为 $\gamma_1 h_1 K_{a2}$，土压力分布如图 2-7（*a*）所示。

土层中含地下水时，竖向应力按有效应力计算，而水压力各个方向数值相等，墙背上作用的压力为土压力与水压力之和。例如，当墙后填土为无黏性土时，主动土压力与水压力强度之和为

$$\sigma_z K_a + \sigma_w = K_a\left(\sum_{i=1}^{n}\gamma_i h_i + \sum_{j=1}^{m}\gamma'_j h_j\right) + \sum_{j=1}^{m}\gamma_w h_j \tag{2-16}$$

式中　n、m——地下水位以上和以下土层层数（m）；

γ_i、γ'_j——地下水位以上各层土重度和地下水位以下各层土有效重度（kN/m^3）；

γ_w——水的重度（kN/m^3）；

h_i、h_j——地下水位上、下各层土的厚度（m）。

（3）墙背倾斜和墙后填土表面倾斜时

如果墙后填土具有超载且填土表面倾斜，墙背也不是竖直的，如图 2-7（*c*）所示。将超载 q 换算为假想填土，高度为 $h=q/\gamma$，假想填土面与墙背 AB 的延长线交于 A' 点，以 $A'B$ 为假想墙背计算土压力，假想墙高为 $h'+H$，其中

$$h' = h\frac{\cos\beta\cos\alpha}{\cos(\alpha-\beta)} \tag{2-17}$$

这样即可以 $A'B$ 为假想墙背按无超载时近似计算土压力，如图 2-7（*c*）所示。

2.1.4　库仑土压力理论

1. 基本假设

库仑（Coulomb，1773）土压力理论也称为滑楔土压力理论，基本思路认为墙后土体处于极限平衡状态并形成一滑动楔体，从楔体静力平衡条件推求挡土墙土压力，其基本假设为：

（1）挡土墙是刚性的，墙后填土是均质的无黏性土；

（2）当挡土墙墙身向前或向后移动达到产生主动或被动土压力条件时，墙后填土形成的滑动楔体沿通过墙踵的一个平面滑动；

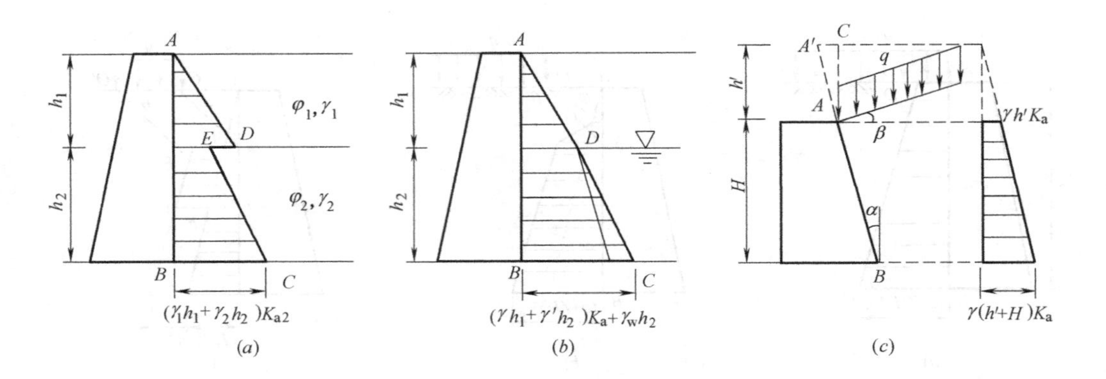

图 2-7　几种特殊情况下土压力的计算

(*a*) 成层土的土压力计算；(*b*) 有地下水时土压力计算；(*c*) 墙后填土面倾斜时土压力计算

(3) 滑动楔体为刚体。

2. 主动土压力计算

当挡土墙在墙后填土作用下向前移动达到产生主动土压力条件时，墙后填土形成一个滑动楔体，如图 2-8 (*a*) 中△*ABC*，此滑动楔体沿通过墙踵的 *BC* 平面滑动。取极限平衡状态下的滑动楔体△*ABC* 作为隔离体进行分析，作用在△*ABC* 上的作用力有：

(1) 楔体△*ABC* 自重 *W*，其大小、方向已知；(2) 滑动面 *BC* 对楔体△*ABC* 的反力 *R*，与滑动面 *BC* 的法线 N_1夹角为土的内摩擦角 φ，反力 *R* 位于法线 N_1的下方；(3) 墙背对楔体△*ABC* 的反力 *E*，与墙背的法线 N_2的夹角为 δ，反力 *E* 位于 N_2的下方。δ 为墙背与土之间的摩擦角，即土的外摩擦角。作用在挡土墙上的主动土压力与 *E* 大小相等、方向相反。

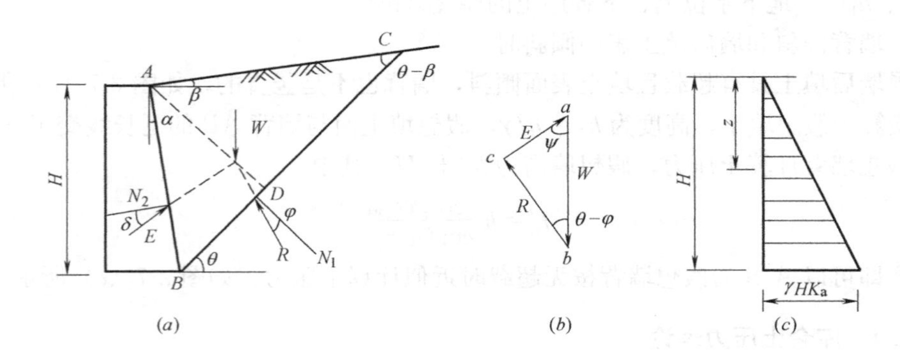

图 2-8　库仑主动土压力计算图

(*a*) 滑动楔体所受的作用力；(*b*) 力矢三角形；(*c*) 主动土压力分布图

以上三个作用在楔体△*ABC* 的力在楔体处于极限平衡时形成平衡力系。由于 *W* 大小、方向均已知，*R*、*E* 虽大小未知，但方向已知，因此可绘出封闭力矢三角形，如图 2-8 (*b*) 所示。根据正弦定律有

$$\frac{E}{W}=\frac{\sin(\theta-\varphi)}{\sin[180°-(\theta-\varphi+\Psi)]}=\frac{\sin(\theta-\varphi)}{\sin(\theta-\varphi+\Psi)} \qquad (2\text{-}18)$$

$$或写成\ E=W\frac{\sin(\theta-\varphi)}{\sin(\theta-\varphi+\Psi)} \tag{2-19}$$

式中，$\Psi=90°-\alpha-\delta$（图 2-8*b*）。

这里的滑动面 BC 是任意假定的，不一定是真正的滑动面，E 也随 θ 角变化而不同。墙后土体破坏时，必沿抗力最小的滑动面滑动，相应的土压力即为最大土压力。通过求极值的方法，求出产生最大土压力时的滑动面 BC 的破坏角 θ_{cr}，得库仑主动土压力计算表达式

$$E_a=\frac{1}{2}\gamma H^2\frac{\cos^2(\varphi-\alpha)}{\cos^2\alpha\cos(\alpha+\delta)\left[1+\sqrt{\dfrac{\sin(\varphi+\delta)\sin(\varphi-\beta)}{\cos(\alpha+\delta)\cos(\alpha-\beta)}}\right]^2}=\frac{1}{2}\gamma H^2K_a \tag{2-20}$$

式中　K_a——库仑主动土压力系数，按下式计算，也可查表 2-1 确定；

$$K_a=\frac{\cos^2(\varphi-\alpha)}{\cos^2\alpha\cos(\alpha+\delta)\left[1+\sqrt{\dfrac{\sin(\varphi+\delta)\sin(\varphi-\beta)}{\cos(\alpha+\delta)\cos(\alpha-\beta)}}\right]^2} \tag{2-21}$$

H——挡土墙高度（m）；

γ——墙后填土的重度（kN/m^3）；

β——墙后填土表面的倾斜角（°）；

α——墙背的倾斜角（°），俯斜时为正，仰斜时为负；

δ——土对墙背的摩擦角，一般称为土的外摩擦角。

如果挡土墙满足朗肯土压力理论假设，即墙背垂直（$\alpha=0$）、光滑（$\delta=0$）、填土面水平（$\beta=0$），且无超载（填土与挡土墙顶平齐）时，式（2-20）可简化为

$$E_a=\frac{1}{2}\gamma H^2\tan^2\left(45°-\frac{\varphi}{2}\right) \tag{2-22}$$

库仑主动土压力强度沿墙高的分布计算公式为

$$\sigma_a=\gamma zK_a \tag{2-23}$$

可见，库仑主动土压力强度沿墙高呈三角形分布，土压力作用点通过距墙底 1/3 墙高处，如图 2-8（*c*）所示。

库仑主动土压力系数　　**表 2-1**

δ	α	β \ φ	15°	20°	25°	30°	35°	40°	45°	50°
0°	0°	0°	0.589	0.490	0.406	0.333	0.271	0.217	0.172	0.132
		10°	0.704	0.569	0.462	0.374	0.300	0.238	0.186	0.142
		20°		0.883	0.573	0.441	0.344	0.267	0.204	0.154
		30°				0.750	0.436	0.318	0.235	0.172
	10°	0°	0.652	0.560	0.478	0.407	0.343	0.288	0.238	0.194
		10°	0.784	0.655	0.550	0.461	0.383	0.318	0.261	0.211
		20°		1.015	0.685	0.548	0.444	0.360	0.291	0.231
		30°				0.925	0.566	0.433	0.337	0.262
	20°	0°	0.736	0.648	0.569	0.498	0.434	0.375	0.322	0.274
		10°	0.896	0.768	0.663	0.572	0.492	0.421	0.358	0.302
		20°		1.205	2.834	0.688	0.576	0.484	0.405	0.337
		30°				1.169	0.740	0.586	0.474	0.385

续表

δ	α	β \ φ	15°	20°	25°	30°	35°	40°	45°	50°
0°	−10°	0°	0.540	0.433	0.344	0.270	0.209	0.158	0.117	0.083
		10°	0.644	0.500	0.389	0.301	0.229	0.171	0.125	0.088
		20°		0.785	0.482	0.353	0.261	0.190	0.136	0.094
		30°				0.614	0.331	0.226	0.155	0.104
	−20°	0°	0.497	0.380	0.287	0.212	0.153	0.106	0.070	0.043
		10°	0.595	0.439	0.323	0.234	0.166	0.114	0.074	0.045
		20°		0.707	0.401	0.274	0.188	0.125	0.080	0.047
		30°				0.498	0.239	0.147	0.090	0.051
10°	0°	0°	0.533	0.447	0.373	0.309	0.253	0.204	0.163	0.127
		10°	0.664	0.531	0.431	0.350	0.282	0.225	0.177	0.136
		20°		0.897	0.549	0.420	0.326	0.254	0.195	0.148
		30°				0.762	0.423	0.306	0.226	0.166
	10°	0°	0.603	0.520	0.448	0.384	0.326	0.275	0.230	0.189
		10°	0.759	0.626	0.524	0.440	0.369	0.307	0.253	0.206
		20°		1.064	0.674	0.534	0.432	0.351	0.284	0.227
		30°				0.969	0.564	0.427	0.332	0.258
	20°	0°	0.659	0.615	0.543	0.478	0.419	0.365	0.316	0.271
		10°	0.890	0.752	0.646	0.558	0.482	0.414	0.354	0.300
		20°		1.308	0.844	0.687	0.537	0.481	0.403	0.337
		30°				1.268	0.758	0.594	0.478	0.388
	−10°	0°	0.477	0.385	0.309	0.245	0.191	0.146	0.106	0.078
		10°	0.590	0.455	0.354	0.275	0.211	0.159	0.116	0.082
		20°		0.773	0.450	0.328	0.242	0.177	0.127	0.088
		30°				0.605	0.313	0.212	0.146	0.098
	−20°	0°	0.427	0.330	0.252	0.188	0.137	0.096	0.064	0.039
		10°	0.529	0.388	0.286	0.209	0.149	0.103	0.068	0.041
		20°		0.675	0.364	0.248	0.170	0.114	0.073	0.044
		30°				0.475	0.220	0.135	0.082	0.047
15°	0°	0°	0.518	0.434	0.363	0.301	0.248	0.201	0.160	0.125
		10°	0.656	0.522	0.423	0.343	0.277	0.222	0.174	0.135
		20°		0.914	0.546	0.415	0.323	0.251	0.194	0.147
		30°				0.777	0.422	0.305	0.225	0.165
	10°	0°	0.592	0.511	0.441	0.378	0.323	0.273	0.228	0.189
		10°	0.760	0.623	0.520	0.437	0.366	0.305	0.252	0.206
		20°		1.103	0.679	0.535	0.432	0.351	0.284	0.228
		30°				1.005	0.571	0.430	0.334	0.260
	20°	0°	0.690	0.611	0.540	0.476	0.419	0.366	0.317	0.273
		10°	0.904	0.757	0.649	0.560	0.484	0.416	0.357	0.303
		20°		1.383	0.862	0.697	0.579	0.486	0.408	0.341
		30°				1.341	0.778	0.606	0.487	0.395
	−10°	0°	0.458	0.371	0.298	0.237	0.186	0.142	0.106	0.076
		10°	0.576	0.422	0.344	0.267	0.205	0.155	0.114	0.081
		20°		0.776	0.441	0.320	0.237	0.174	0.125	0.087
		30°				0.607	0.308	0.209	0.143	0.097
	−20°	0°	0.405	0.314	0.240	0.180	0.132	0.093	0.062	0.038
		10°	0.509	0.372	0.275	0.201	0.144	0.100	0.066	0.040
		20°		0.667	0.352	0.239	0.164	0.110	0.071	0.042
		30°				0.470	0.214	0.131	0.080	0.046

续表

δ	α	β \ φ	15°	20°	25°	30°	35°	40°	45°	50°
20°	0°	0°			0.357	0.297	0.245	0.199	0.160	0.125
		10°			0.419	0.340	0.275	0.220	0.174	0.135
		20°			0.547	0.414	0.322	0.251	0.193	0.147
		30°				0.798	0.425	0.306	0.225	0.166
	10°	0°			0.438	0.377	0.322	0.273	0.229	0.190
		10°			0.521	0.438	0.367	0.306	0.254	0.208
		20°			0.690	0.540	0.436	0.354	0.286	0.230
		30°				1.051	0.582	0.437	0.338	0.264
	20°	0°			0.543	0.479	0.422	0.370	0.321	0.277
		10°			0.659	0.568	0.490	0.423	0.363	0.309
		20°			0.891	0.715	0.592	0.496	0.417	0.349
		30°				1.434	0.807	0.624	0.501	0.406
	−10°	0°			0.291	0.232	0.182	0.140	0.105	0.076
		10°			0.337	0.262	0.202	0.153	0.113	0.080
		20°			0.437	0.316	0.233	0.171	0.124	0.086
		30°				0.614	0.306	0.207	0.142	0.096
	−20°	0°			0.231	0.174	0.128	0.090	0.061	0.038
		10°			0.266	0.195	0.140	0.097	0.064	0.039
		20°			0.344	0.233	0.160	0.108	0.069	0.042
		30°				0.468	0.210	0.129	0.079	0.045

3. 被动土压力计算

当挡土墙受外力向填土方向移动直至墙后土体达到被动极限平衡状态，产生沿平面 BC 向上滑动的三角形楔体ΔABC（图 2-9）时，墙背上的土压力为被动土压力，以 E_p表示。平面 BC 以下土体对楔体ΔABC 的反力 R 和墙背对楔体ΔABC 的反力 E_p都作用在各自作用平面法线的上方。由于此时被动土压力是抵抗挡土墙滑动的因素，因此，得到最小被动土压力 E_p的滑动面为最危险滑动面。与求库仑主动土压力方法类似，可以得到库仑被动土压力合力的计算公式

$$E_p=\frac{1}{2}\gamma H^2 K_p \tag{2-24}$$

式中　K_p——被动土压力系数，按下式计算

$$K_p=\frac{\cos^2(\varphi+\alpha)}{\cos^2\alpha\cos(\alpha-\delta)\left[1-\sqrt{\dfrac{\sin(\varphi+\delta)\sin(\varphi+\beta)}{\cos(\alpha-\delta)\cos(\alpha-\beta)}}\right]^2} \tag{2-25}$$

其余符号同式（2-20）。

库仑被动土压力强度计算公式为

$$\sigma_p=\gamma z K_p \tag{2-26}$$

被动土压力沿墙高也呈三角形直线分布，如图 2-9（c）所示。

朗肯土压力理论的被动土压力计算公式也只是库仑土压力理论的被动土压力计算公式的特例。所以，朗肯土压力理论实际上是库仑土压力理论的一个特例。

4. 关于朗肯理论与库仑理论的讨论

朗肯土压力理论根据土的抗剪强度理论，按弹性半空间土的应力状态和极限平衡条

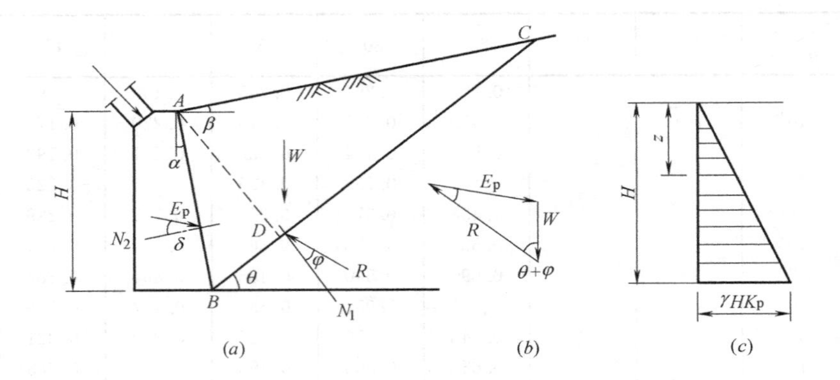

图 2-9 库仑被动土压力计算图

(a) 滑动楔体所受的作用力；(b) 力矢三角形；(c) 被动土压力分布图

件，分析确定土压力，概念明确，对黏性土和无黏性土都能计算。但计算结果与实际有出入。采用朗肯理论计算主动土压力偏大，被动土压力偏小，结果偏保守。另外，朗肯土压力理论使用范围也受到限制。

库仑土压力理论尤其是广义库仑理论使用范围较广。但库仑理论假定墙后填土滑动面是通过墙踵的一个平面，而实际上破坏面为一曲面。计算结果也存在误差，而且被动土压力计算误差比主动土压力计算误差还大。

2.2 特定地面荷载下（均布、集中等）土压力分布与计算

2.2.1 挡土结构土压力选取

深基坑工程的支护结构和常规挡土墙的主要区别为：

(1) 常规挡土墙修建时先筑墙后填土；而基坑支护是先做好支护的围护墙，后开挖，其土压力从静止土压力再产生主动、被动土压力；

(2) 挡土墙墙后填土通常为无黏性土，或将黏性土视为散体，但它与基坑开挖的土是大不一样的，基坑开挖的土一般有杂填土、黏土、粉土、砂土等，它们是经过多年自然压实的土，其黏聚力明显不同；

(3) 库仑和朗肯理论是按平面问题计算的，而深基坑是个空间问题。

但支护结构围护墙是垂直的，同时墙背后土层表面为水平面，基本上与朗肯理论相符，因此在支护结构设计计算时一般采用朗肯理论。

《建筑基坑支护技术规程》JGJ 120—2012 给出了水平荷载标准值（主动土压力标准值）及水平抗力标准值（被动土压力标准值）。

1. 计算作用在支护结构上的水平荷载时，应考虑下列因素：

(1) 基坑内外土的自重（包括地下水）；

(2) 基坑周边既有和在建的建（构）筑物荷载；

(3) 基坑周边施工材料和设备荷载；

（4）基坑周边道路车辆荷载；

（5）冻胀、温度变化及其他因素产生的作用。

2. 作用在支护结构上的土压力应按下列规定确定：

（1）支护结构外侧的主动土压力强度标准值 p_{ak}、支护结构内侧的被动土压力强度标准值 p_{pk} 宜按下列公式计算（图 2-10）：

1）对地下水位以上或水土合算的土层

$$p_{ak}=\sigma_{ak}K_{a,i}-2c_i\sqrt{K_{a,i}} \tag{2-27}$$

$$p_{pk}=\sigma_{pk}K_{p,i}+2c_i\sqrt{K_{p,i}} \tag{2-28}$$

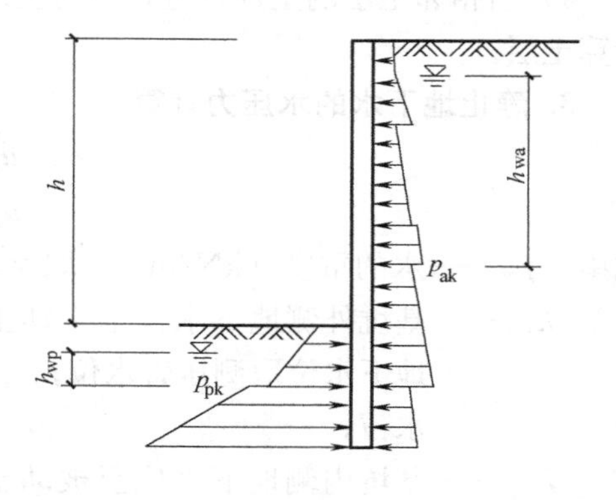

图 2-10　支护结构上土压力计算

式中　p_{ak}——支护结构外侧，第 i 层土中计算点的主动土压力强度标准值（kPa）；当 $p_{ak}<0$ 时，应取 $p_{ak}=0$；

σ_{ak}、σ_{pk}——分别为支护结构外侧、内侧计算点的土中竖向应力标准值（kPa），按式（2-33）、式（2-34）计算；

$K_{a,i}$、$K_{p,i}$——分别为第 i 层土的主动土压力系数和被动土压力系数，且 $K_{a,i}=\tan^2\left(45°-\frac{\varphi_i}{2}\right)$，$K_{p,i}=\tan^2\left(45°+\frac{\varphi_i}{2}\right)$；

c_i，φ_i——为第 i 层土的黏聚力（kPa）和内摩擦角（°）；

p_{pk}——支护结构内侧，第 i 层土中计算点的被动土压力强度标准值（kPa）。

2）对于水土分算的土层

$$p_{ak}=(\sigma_{ak}-u_a)K_{a,i}-2c_i\sqrt{K_{a,i}}+u_a \tag{2-29}$$

$$p_{pk}=(\sigma_{pk}-u_p)K_{p,i}+2c_i\sqrt{K_{p,i}}+u_p \tag{2-30}$$

式中　u_a、u_p——分别为支护结构外侧、内侧计算点的水压力（kPa）；对静止地下水，按式（2-31）、式（2-32）取值，当采用悬挂式截水帷幕时，应考虑地下水从帷幕底向基坑内的渗流对水压力的影响。

（2）在土压力影响范围内，存在相邻建筑物地下墙体等稳定界面时，可采用库仑土压力理论计算界面内有限滑动土楔体产生的主动土压力，此时，同一土层的土压力可采用沿深度线性分布形式，支护结构与土的摩擦角宜取为零。

（3）需要严格限制支护结构的水平位移时，支护结构外侧的土压力宜取静止土压力。

（4）有可靠经验时，可采用支护结构与土相互作用的方法计算土压力。

（5）对成层土，土压力计算时的各土层计算厚度应符合下列规定：

1）当土层厚度较均匀、层面坡度较缓时，宜取邻近勘察孔的各土层厚度，或同一计算剖面内各土层厚度的平均值；

2）当同一计算剖面内各勘察孔的土层厚度分布不均时，应取最不利勘察孔的各土层厚度；

3）对复杂地层且距勘探孔较远时，应通过综合分析土层变化趋势后确定土层计算厚度；

4）当相邻土层的土性接近，且对土压力的影响可忽略不计或有利时，可归并为同一计算土层。

3. 静止地下水的水压力计算

$$u_a=\gamma_w h_{wa} \tag{2-31}$$

$$u_p=\gamma_w h_{wp} \tag{2-32}$$

式中 γ_w——水的重度（kN/m³），取 $\gamma_w=10\text{kN/m}^3$；

h_{wa}——基坑外侧地下水位至主动土压力强度计算点的垂直距离（m）；对承压水，地下水位取测压管水位；当有多个含水层时，应取计算点所在含水层的地下水位；

h_{wp}——基坑内侧地下水位至被动土压力强度计算点的垂直距离（m）；对承压水，地下水位取测压管水位。

4. 土中竖向应力标准值应按下式计算

$$\sigma_{ak}=\sigma_{ac}+\sum\Delta\sigma_{k,j} \tag{2-33}$$

$$\sigma_{pk}=\sigma_{pc} \tag{2-34}$$

式中 σ_{ac}——支护结构外侧计算点，由土的自重产生的竖向总应力（kPa）；

σ_{pc}——支护结构内侧计算点，由土的自重产生的竖向总应力（kPa）；

$\Delta\sigma_{k,j}$——支护结构外侧第 j 个附加荷载作用下计算点的土中附加竖向应力标准值（kPa）。

5. 超载作用下的附加竖向应力标准值

（1）均布附加荷载作用下（如图 2-11 所示）

$$\Delta\sigma_k=q_0 \tag{2-35}$$

式中 q_0——均布附加荷载标准值（kPa）。

（2）局部附加荷载作用下

1）对条形基础下的附加荷载（如图 2-12 所示）

当 $d+a/\tan\theta\leqslant z_a\leqslant d+(3a+b)/\tan\theta$ 时：

$$\Delta\sigma_k=\frac{p_0 b}{b+2a} \tag{2-36}$$

式中 p_0——基础底面附加压力标准值（kPa）；

d——基础埋置深度（m）；

b——基础宽度（m）；

a——支护结构外边缘至基础的水平距离（m）；

θ——附加荷载的扩散角（°），宜取 $\theta=45°$；

z_a——支护结构顶面至土中附加竖向应力计算点的竖向距离，当 $z_a<d+a/\tan\theta$ 或 $z_a>d+(3a+b)/\tan\theta$ 时，取 $\Delta\sigma_k=0$。

2）对矩形基础下的附加荷载（如图 2-12 所示）

当 $d+a/\tan\theta\leqslant z_a\leqslant d+(3a+b)/\tan\theta$ 时：

$$\Delta\sigma_k=\frac{p_0 bl}{(b+2a)(l+2a)} \tag{2-37}$$

式中 b——与基坑边垂直方向上的基础尺寸（m）；

l——与基坑边平行方向上的基础尺寸（m）。

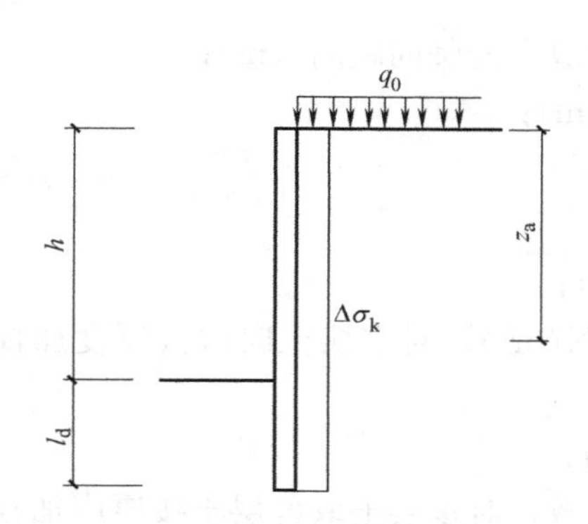

图 2-11 均布竖向附加荷载作用下的土中附加竖向应力计算

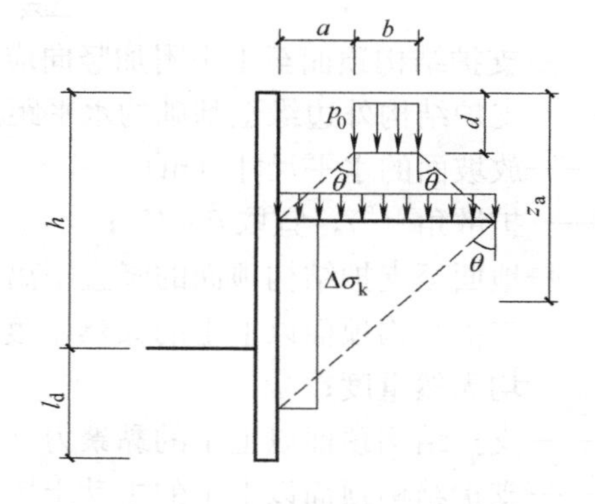

图 2-12 条形或矩形基础

当 $z_a<d+a/\tan\theta$ 或 $z_a>d+(3a+b)/\tan\theta$ 时，取 $\Delta\sigma_k=0$。

3）对作用在地面的条形、矩形附加荷载，按前两条计算土中附加竖向应力标准值 $\Delta\sigma_k$ 时，应取 $d=0$（如图 2-13 所示）。

（3）当支护结构顶面低于地面，其上方采用放坡或土钉墙时，支护结构顶面以上土体对支护结构的作用宜按库仑土压力理论计算，也可将其视作附加荷载并按下列公式计算土中附加竖向应力标准值（如图 2-14 所示）。

1）当 $a/\tan\theta\leqslant z_a\leqslant(a+b_1)/\tan\theta$ 时：

$$\Delta\sigma_k=\frac{\gamma h_1}{b_1}(z_a-a)+\frac{E_{ak1}(a+b_1-z_a)}{K_a b_1{}^2} \tag{2-38}$$

$$E_{ak1}=\frac{1}{2}\gamma h_1^2 K_a-2ch_1\sqrt{K_a}+\frac{2c^2}{\gamma} \tag{2-39}$$

2）当 $z_a>(a+b_1)/\tan\theta$ 时：

$$\Delta\sigma_k=\gamma h_1 \tag{2-40}$$

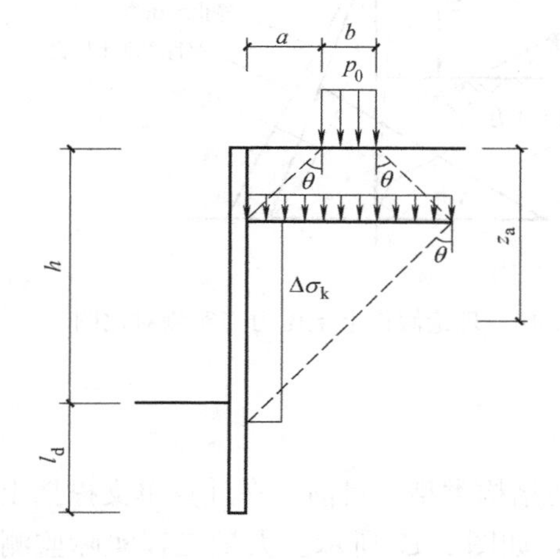

图 2-13 作用在地面的条形或矩形附加荷载图

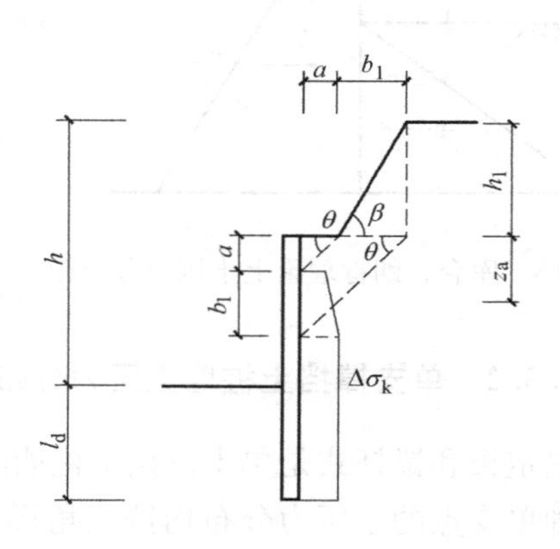

图 2-14 放坡或土钉墙时土中附加竖向应力计算

3）当 $z_a < a/\tan\theta$ 时：

$$\Delta\sigma_k = 0 \tag{2-41}$$

式中 z_a——支护结构顶面至土中附加竖向应力计算点的竖向距离（m）；

a——支护结构外边缘至基础的水平距离（m）；

b_1——放坡面的水平尺寸（m）；

θ——扩散角（°），宜取 $\theta=45°$；

h_1——地面至支护结构顶面的竖直距离（m）；

γ——支护结构顶面以上土的天然重度（kN/m^3），对多层土时取按厚度加权的平均天然重度；

c——支护结构顶面以上土的黏聚力（kPa）；

K_a——支护结构顶面以上土的主动土压力系数，对多层土取各层土按厚度加权的平均值；

E_{ak1}——支护结构顶面以上土体所产生的单位宽度主动土压力标准值（kN/m）。

2.3 不同挡土结构条件下土压力分布

挡土结构上土压力计算不仅与土压力理论密切相关，而且还与作用在挡土结构上的土压力分布形式有关。大量实践证明，支撑形式变化和土质条件的改变，会直接影响挡土结构上土压力的分布特征，而且当前基于若干理论假定的计算值与实测值尚有差距。

2.3.1 悬臂式挡土结构上土压力分布

基坑悬臂式挡土结构，其静止土压力计算通常采用库仑或朗肯土压力，其压力分布均为三角形，如图 2-15 所示。基于二者计算结果与实测的静止土压力与朗肯主动、被动土压力对比图如图 2-16 所示。

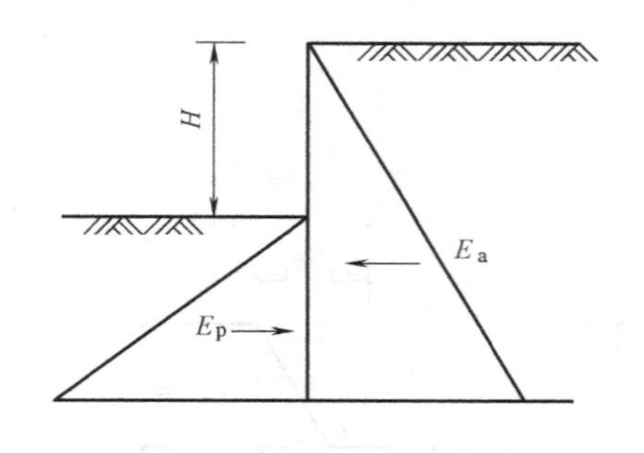

图 2-15 库仑、朗肯理论上土压力分布图

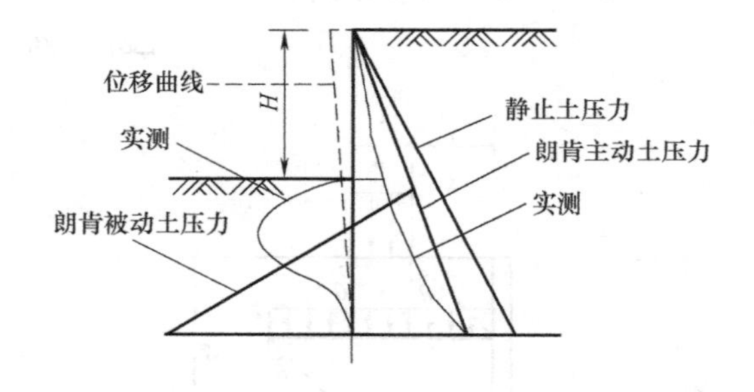

图 2-16 理论假设上土压力与实测对比图

2.3.2 单支撑挡土桩墙土压力分布

锚定板和锚杆式是单支撑挡土桩墙的两种主要结构类型。目前，在计算单支撑挡土桩墙两种单支点的土压力分布均按三角形分布计算，如图 2-17 所示。大量工程实际监测数据表明，单支撑挡土桩墙结构上土压力按三角形分布是可行的。

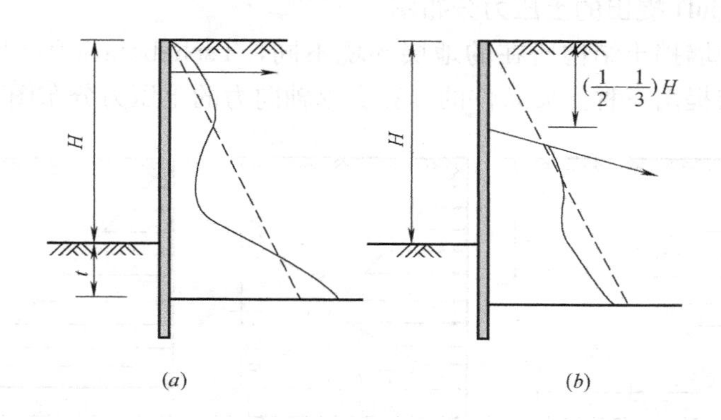

图 2-17　单支撑挡土桩墙的压力分布

（a）单支点锚定板桩墙；（b）单支点锚杆挡墙

2.3.3　多支撑挡土桩墙土压力分布

1. Terzaghi-Peck 提出的修正土压力分布

多支撑挡土桩墙结构土压力分布形式与土体的性质密切相关，Terzaghi 和 Peck 基于大量的地铁工程的基坑挡土结构支撑受力实测资料，以包络图为基础，分别针对砂土、中等软黏土，以及硬黏土提出以 1/2 分担法将支撑轴力转化为土压力，并对土压力分布图进行了修正，如图 2-18 所示。

对于图 2-18（a）中，系数 K_A：

$$K_A=\tan^2\left(45^\circ-\frac{\varphi}{2}\right)$$

或者

$$K_A=1-m\frac{4s_u}{\gamma H}$$

式中　s_u——土体的不排水抗剪强度（kPa）；

m——系数，通常取 $m=1$。

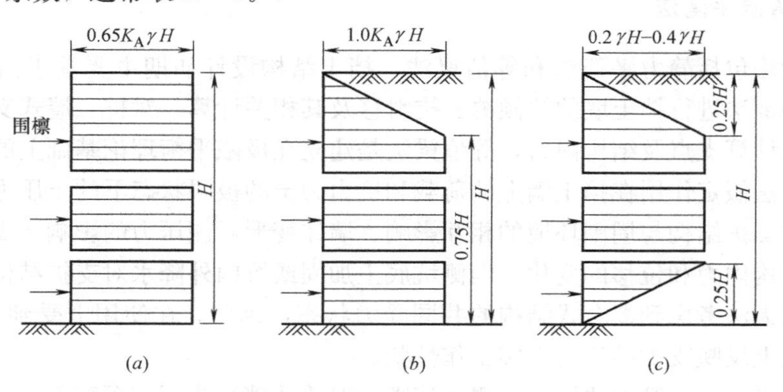

图 2-18　Terzaghi-Peck 土压力分布修正

（a）砂土；（b）中等软黏土；（c）硬黏土

2. Tschebotarioff 提出的土压力分布图

基于多支撑桩墙挡土结构所在的地层环境不同，Tschebotarioff（1951）针对软硬程度不同的黏土地层提出三种土质条件的计算支撑轴向力的土压力分布图，如图 2-19 所示。

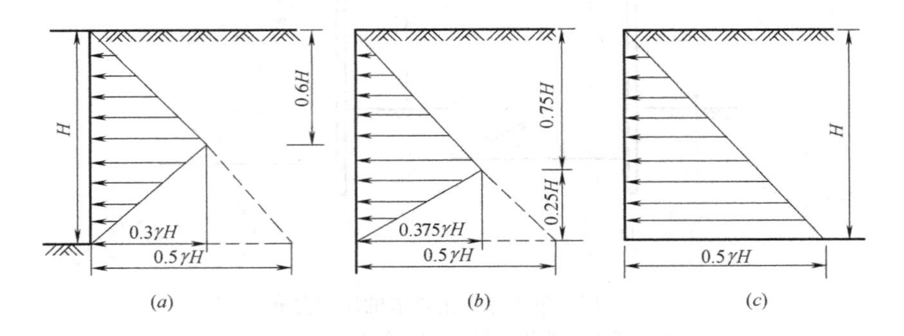

图 2-19 Tschebotarioff 按土质条件计算轴向力的土压力分布图

（a）硬黏土地层；（b）中等硬黏土地层；（c）软黏土地层

由图 2-19 可知，针对黏土地层的上述三种土压力分布图均呈三角形分布，计算时图中主动土压力系数 K_A 取 0.5。对硬黏土和中等硬度的黏土地层，考虑基坑底部抗剪作用，其下部（0.25～0.4）H 范围内土压力呈直线减小或梯形分布，软黏土仍为三角形分布。

2.4 复杂条件下挡土结构计算模型和数值分析方法

确定挡土结构形式后，正确的选择计算模型进行设计计算是至关重要的。目前，支护结构设计计算理论以极限平衡法、弹性支点法和有限元法为主。有限元法是一种非常有用的方法，通过合理正确地设置模型参数，可以精确地预测围护墙的变形、坑底隆起和墙后地表沉降及周围地层移动等。但实际中由于土体的本构关系复杂，土体的参数难于确定，运算复杂，工程运用上受到一定限制。而极限平衡法和弹性支点法计算简单，参数易于得到。因此，目前应用上主要以这两种方法为主。

2.4.1 极限平衡法

极限平衡法包括静力平衡法和等值梁法。挡土结构设计初期主要基于挡土墙设计理论，按静力平衡法进行挡土墙的抗倾覆、抗滑移及其相关计算。对桩、墙式支护结构，则是按等值梁法计算支点及结构内力，等值梁法是建立在极限平衡理论基础上的一种结构分析方法。该方法假定作用在挡土墙上的荷载和抗力为土的极限状态下的土压力。由于上述方法没有考虑支护结构与周围环境的相互影响、墙体变形对侧压力的影响、支锚结构设置过程中墙体结构内力和位移的变化、内侧坑底土加固或坑内外降水对支护结构内力和位移的影响，以及无法考虑到复合式结构的共同受力状态，因此，在使用上受到了较大限制，也无法从理论上反映支护结构的真实工作性状。

由于极限平衡法计算方法简单，概念清晰，对普通挡墙或开挖深度不大的支护计算相对成熟。在《建筑地基基础设计规范》GB 50007—2011 及《建筑基坑支护技术规程》JGJ 120—2012 中明确指出：对于悬臂式及单支点支挡结构嵌固深度应按极限平衡法确定，并用于臂式及单支点支挡结构的内力计算。

1. 静力平衡法

如图 2-20 所示为静力平衡法就用于悬臂式板桩结构的计算简图，该方法具有计算简单的优点，但却未能考虑支护结构与周围环境的相互影响。

该方法基本原理是假定在填土侧开挖面以上受主动土压力。在主动土压力作用下，墙体趋于旋转，从而在墙的前侧发生被动土压力。随着板桩的入土深度的变化，作用在板桩两侧的土压力分布也随之发生变化，当作用在板桩两侧的土压力相等时，板桩处于平衡状态，此时所对应的板桩的入土深度即是保证板桩稳定的最小入土深度。根据板桩的静力平衡条件可以求出该深度，进而计算截面弯矩和剪力。

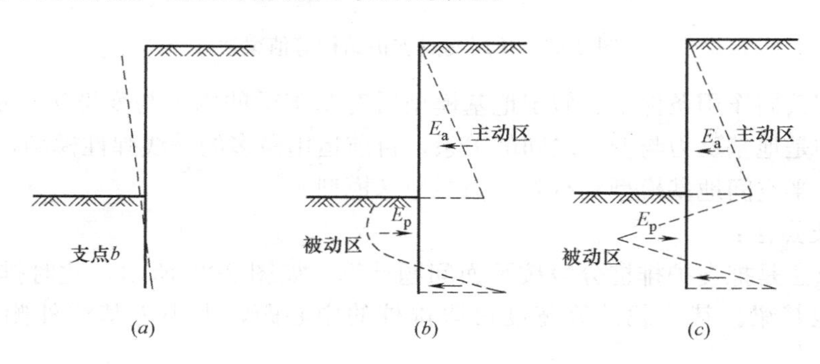

图 2-20 悬臂桩简化示意图

(*a*) 桩墙位移图；(*b*) 土压力分布图；(*c*) 悬臂板桩计算示意图

2. 等值梁法

等值梁法的基本原理见图 2-21。图中 AB 梁一端固定一端简支，弯矩图的正负弯矩在 C 点转折，若将 AB 梁在 C 点切断，并在 C 点加一自由支承形成 AC 梁，则 AC 梁上的弯矩将保持不变，即称 AC 梁为 AB 梁上 AC 段上的等值梁。

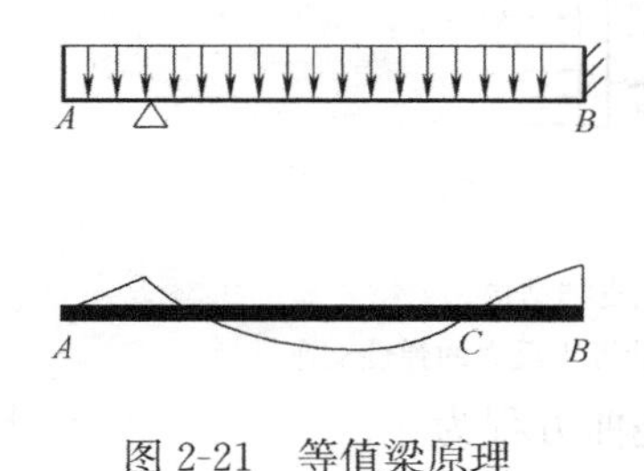

图 2-21 等值梁原理

对有单层支点的支护结构，当底端为固定端时，其弯矩包络图将有一反弯点 C，C 点的弯矩为零，如图 2-22。对于这样的结构，求解时将有三个未知量，即支点力 T、嵌固深度及由于 C 点下负弯矩产生的 E_p，而可以运用的静力平衡方程只有两个，为此，借用等值梁法，将 C 点视为一自由支座，并在该点将挡土结构划分为两段假想梁，上部为简支梁，下部为一次超静定梁。

采用等值梁法的关键是确定弯矩为零的点的位置，即反弯点位置。《建筑基坑支护技术规程》JGJ 120—2012 规定，单层支点支护结构的反弯点位置位于基坑底面以下水平荷载标准值与水平抗力标准值相等的位置，即净土压力为零的位置，并根据此计算支护结构的支点力、嵌固深度，按静力平衡条件计算截面弯矩和剪力。

2.4.2 弹性支点法

弹性支点法是在弹性地基梁分析方法基础上形成的一种方法，弹性地基梁的分析是考

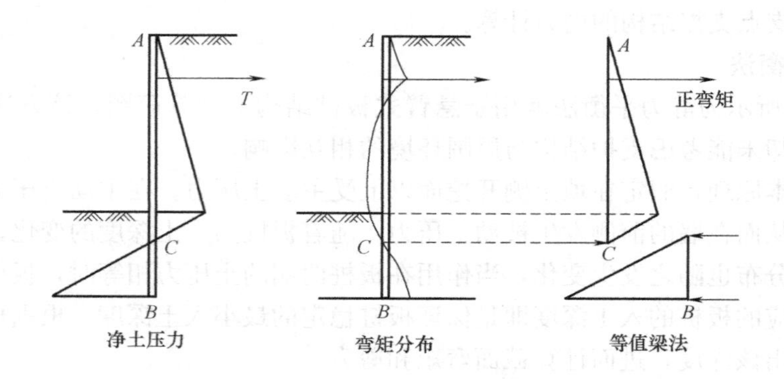

图 2-22　单层支点支护结构等值梁法

虑地基与基础共同作用条件下、假定地基模型后对基础梁的内力与变形进行的分析计算。地基模型指的是地基反力与变形之间的关系，目前运用最多的是线弹性模型，即文克尔地基模型、弹性半空间地基模型和有限压缩层地基模型。

1. 弹性支点法：

弹性支点法是把支护排桩分段按平面问题计算，如图 2-23 所示，此时排桩竖向计算条视为弹性地基梁。其荷载计算宽度可取排桩的中心距，大小为基坑外侧水平荷载标准值。

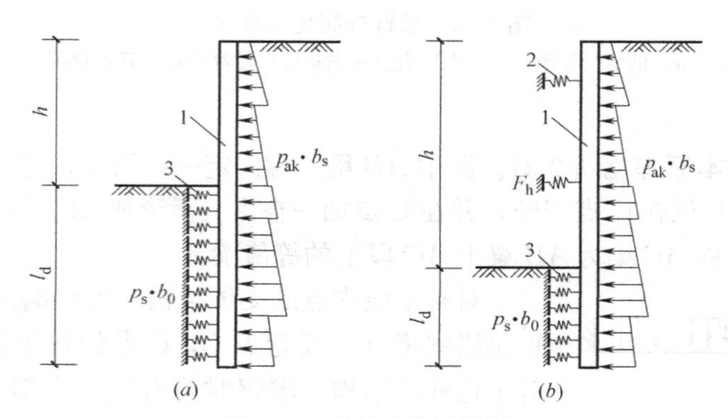

图 2-23　弹性支点法计算

(a) 悬臂式支挡结构；(b) 锚拉式支挡或支撑式支挡结构

1—挡土结构；2—由支杆或支撑简化而成的弹性支座；3—计算土反力的弹性支座

排桩插入土中的坑内侧视为弹性地基，则排桩的基本挠曲方程为

$$EI\frac{d^4y}{dx^4}-p_{aik}b_s=0,0\leqslant z\leqslant h_n \tag{2-42}$$

$$EI\frac{d^4y}{dx^4}+mb_0(z-h_n)y-p_{aik}b_s=0,z\leqslant h_n \tag{2-43}$$

式中　EI——排桩计算宽度抗弯刚度；

m——地基土水平抗力系数的比例系数（kN/m^4）；

b_0——抗力计算宽度（m）；

z——排桩顶点至计算点的距离（m）；

h_n——第 n 工况基坑开挖深度（m）；

y——计算点水平变形（m）；

b_s——荷载计算宽度（m），排桩可取中心距。

采用平面杆系结构弹性支点法时还应符合下列规定：

（1）主动土压力强度标准值可按 2.2.1 节计算；

（2）土反力可按式（2-44）或式（2-45）确定；

（3）挡土结构采用排桩时，作用在单根支护桩上的主动土压力计算宽度应取排桩间距，土反力计算宽度（b_0）应按式（2-48）～式（2-51）计算（如图 2-24）。

2. 作用在挡土构件上的分布土反力符合下列规定：

（1）分布土反力按下式计算：

$$p_s = k_s v + p_{s0} \tag{2-44}$$

式中 p_s——分布土反力（kPa）；

k_s——土的水平反力系数（kN/m^3），按式（2-46）取值；

v——挡土构件在分布土反力计算点使土体压缩的水平位移值（m）；

p_{s0}——初始分布土反力（kPa）；挡土构件嵌固段上的基坑内侧初始分布土反力可按式（2-27）或式（2-29）计算，但应将公式中的 p_{ak} 用 p_{s0} 代替、σ_{ak} 用 σ_{pk} 代替、u_a 用 u_p 代替，且不计（$2c\sqrt{K_{a,i}}$）项。

（2）挡土构件嵌固段上的基坑内侧土反力应符合下列条件，当不符合时，应增加挡土构件的嵌固长度或取 $P_{sk}=E_{pk}$ 时的分布土反力。

$$P_{sk} \leqslant E_{pk} \tag{2-45}$$

式中 P_{sk}——挡土构件嵌固段上的基坑内侧土反力标准值（kN），通过式（2-44）计算的分布土反力得出；

E_{pk}——挡土构件嵌固段上的被动土压力标准值（kN），通过式（2-8）或式（2-10）计算的被动土压力强度标准值得出。

3. 基坑内侧土的水平反力系数可按下式计算：

$$k_s = m(z-h) \tag{2-46}$$

式中 m——土的水平反力系数的比例系数（kN/m^4），按式（2-47）确定；

z——计算点距地面的深度（m）；

h——计算工况下的基坑开挖深度（m）。

土的水平反力系数的比例系数宜按桩的水平荷载试验及地区经验取值，缺少试验和经验时，可按下列经验公式计算：

$$m = \frac{0.2\varphi^2 - \varphi + c}{v_b} \tag{2-47}$$

式中 m——土的水平反力系数的比例系数（kN/m^4）；

c、φ——土的黏聚力（kPa）和内摩擦角（°）；对多层土，按不同土层分别取值；

v_b——挡土构件在坑底处的水平位移量（mm），当此处的水平位移不大于 10mm 时，可取 $v_b = 10$ mm。

4. 排桩的土反力计算宽度应按下列公式计算（如图 2-24 所示）：

对圆形桩

当 $d \leqslant 1$m 时 $$b_0 = 0.9(1.5d + 0.5) \tag{2-48}$$

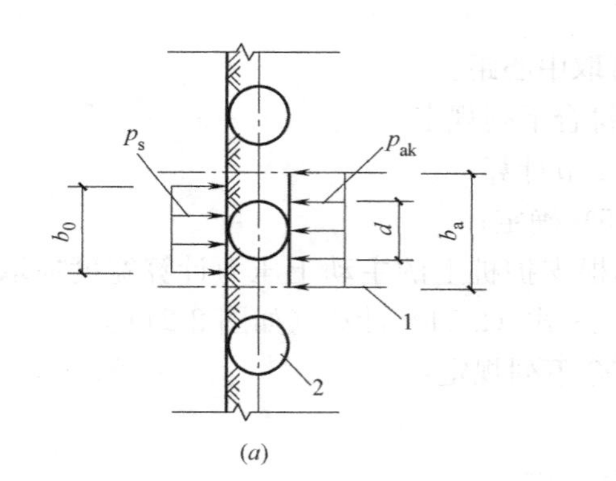

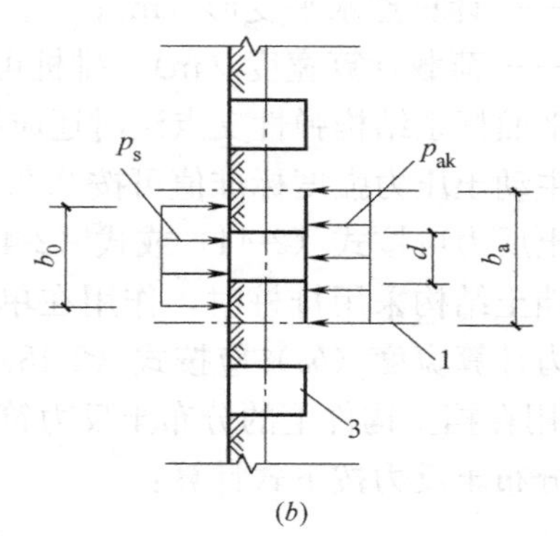

图 2-24　排桩计算宽度

(a) 圆形截面排桩计算宽度；(b) 矩形或工字形截面排桩计算宽度

当 $d>1\text{m}$ 时　　$b_0=0.9(d+1)$　　(2-49)

对矩形桩或工字形桩

当 $b\leqslant 1\text{m}$ 时　　$b_0=1.5b+0.5$　　(2-50)

当 $b>1\text{m}$ 时　　$b_0=b+1$　　(2-51)

式中　b_0——单根支护桩上的土反力计算宽度（m），当按上述四个公式计算的 b_0 大于排桩间距时，b_0 取排桩间距；

d——桩的直径（m）；

b——矩形桩或工字形桩的宽度（m）。

5. 锚杆和内支撑对挡土结构的作用力应按下式确定：

$$F_h=k_R(v_R-v_{R0})+P_h \tag{2-52}$$

式中　F_h——挡土结构计算宽度内的弹性支点水平反力（kN）；

k_R——挡土结构计算宽度内弹性支点刚度系数（kN/m）；采用锚杆时可按式(2-53)确定，采用内支撑时可按式（2-55）确定；

v_R——挡土构件在支点处的水平位移值（m）；

v_{R0}——设置锚杆或内支撑时，支点的初始水平位移值（m）；

P_h——挡土结构计算宽度内的法向预加力（kN）；采用锚杆或竖向斜撑时，取 $P_h=P\cos\alpha b_a/s$；采用水平对撑时，取 $P_h=Pb_a/s$；对不预加轴向压力的支撑，取 $P_h=0$；采用锚杆时，宜取 $P=(0.75\sim0.9)N_k$，采用支撑时，宜取 $P=(0.5\sim0.8)N_k$；

P——锚杆的预加轴向拉力或支撑的预加轴向压力值（kN）；

s——锚杆水平间距（m）；

b_a——挡土结构计算宽度（m）；对单根支护桩，取排桩间距，对单幅地下连续墙，取包括接头的单幅墙宽度；

α——锚杆倾角或支撑仰角（°）；

N_k——锚杆轴向拉力标准值或支撑轴向压力标准值（kN）。

6. 锚拉式支挡结构的弹性支点刚度系数应按下列规定确定：

(1) 锚拉式支挡结构的弹性支点刚度系数应按《建筑基坑支护技术规程》JGJ 120—

2012 附录 A 规定的基本试验按下式计算：

$$k_R = \frac{(Q_2 - Q_1) b_a}{(s_2 - s_1) s} \tag{2-53}$$

式中 Q_1、Q_2——锚杆循环加荷或逐级加荷试验中（Q-s）曲线上对应锚杆锁定值与轴向拉力标准值的荷载值（kN）；对锁定前进行预张拉的锚杆，应取循环加荷试验中在相当于预张拉荷载的加载量下卸载后的再加载曲线上的荷载值；

s_1、s_2——（Q-s）曲线上对应于荷载为 Q_1、Q_2 的锚头位移值（m）；

s——锚杆水平间距（m）。

（2）缺少经验时，弹性支点刚度系数也可按下式计算：

$$k_R = \frac{3E_s E_c A_p A b_a}{[3E_c A l_f + E_s A_p (l - l_f)] s} \tag{2-54}$$

式中 E_s——锚杆杆体的弹性模量（kPa）；

E_c——锚杆的复合弹性模量（kPa）；

A_p——锚杆杆体的截面面积（m^2）；

l_f——锚杆的自由段长度（m）；

E_m——注浆固结体的弹性模量（kPa）。

（3）当锚杆腰梁或冠梁的挠度不可忽略不计时，应考虑梁的挠度对弹性支点刚度系数的影响。

7. 支撑式支挡结构的弹性支点刚度系数宜通过对内支撑结构整体进行线弹性结构分析得出的支点力与水平位移的关系确定。对水平支撑，当支撑腰梁和冠梁的挠度可忽略不计时，计算宽度内弹性支点刚度系数可按下式计算：

$$k_R = \frac{\alpha_R E A b_a}{\lambda l_0 s} \tag{2-55}$$

式中 λ——支撑不动点调整系数：支撑两对边基坑的土性、深度、周边荷载等条件相似，且分层对称开挖时，取 $\lambda = 0.5$；支撑两对边基坑的土性、深度和周边荷载等条件或开挖时间有差异时，对土压力较大或先开挖的一侧，取 $\lambda = 0.5 \sim 1.0$，且差异大时取大值，反之取小值；对土压力较小或后开挖的一侧，取 $(1 - \lambda)$；当基坑一侧取 $\lambda = 1$ 时，基坑另一侧应按固定支座考虑；对竖向斜撑构件，取 $\lambda = 1$；

α_R——支撑松弛系数，对混凝土支撑和预加轴向压力的钢支撑，取 $\alpha_R = 1.0$，对不预加轴向压力的钢支撑，取 $\alpha_R = 0.8 \sim 1.0$；

E——支撑材料的弹性模量（kPa）；

A——支撑截面面积（m^2）；

l_0——受压支撑构件的长度（m）；

s——支撑水平间距（m）。

8. 弹性支点法的解法有：

（1）有限单元法；

（2）有限差分法；

（3）解析法。

9. 求解后，可按下列规定计算支护结构内力计算值：

（1）悬臂式支护弯矩和剪力计算值分别按下列公式计算

弯矩 $M_c = h_{mz}\sum E_{mz} - h_{az}\sum E_{az}$

剪力 $V_c = \sum E_{mz} - \sum E_{az}$

式中 $\sum E_{mz}$——计算截面以上按弹性支点法计算得出的基坑内侧各土层弹性抗力值 $mb_0(z-h_n)y$ 的合力之和（kN/m）；

h_{mz}——合力 $\sum E_{mz}$ 作用点到计算截面的距离（m）；

$\sum E_{az}$——计算截面以上按弹性支点法计算得出的基坑外侧土层水平荷载标准 $p_{aik}b_s$ 的合力（kN/m）；

h_{mz}——合力 $\sum E_{mz}$ 作用点到计算截面的距离（m）。

（2）支点支护结构弯矩和剪力计算值可按下列公式计算

弯矩 $M_c = \sum T_j(h_j + h_c) + h_{mz}\sum E_{mz} - h_{az}\sum E_{az}$

剪力 $V_c = \sum T_j + \sum E_{mz} - \sum E_{az}$

式中 h_j——支点力 T_j 至基坑底的距离（m）；

h_c——基坑底面到计算截面的距离（m），当计算截面在基坑底面以上时取负值。

2.4.3 弹性地基杆系有限元法

众所周知，极限平衡法和弹性支点法都不能有效地反映基坑开挖时支护结构及支撑内力的变化过程，因此，数值计算方法如有限元法开始被广泛用于基坑的分析与计算，并取得了丰富的成果。

有限元数值分析方法视墙和土为离散的单元，并对墙和土体采用反映其力学特性的本构模型，通过建立在平面和空间上开展有限元计算与分析。该方法理论上较为完善，但由于本构模型参数确定相对麻烦以及有限元程序操作上较复杂，使得计算过程较为复杂，对一般的工程计算，目前应用还不很普遍。

另一种简化的有限元法则是把支护结构体系作为一平面或空间结构采用有限元法求解，而周围土体则分别用土压力和土弹簧代替。总的情况来看，目前支护结构受力计算趋向于弹性地基梁的数值方法较为实用，而经典方法对一些问题的计算则不够理想，有限元法由于计算复杂，一般工程应用不够方便，实际工程设计应用不多，因此，在弹性地基梁方法基础上进行发展和完善，以解决一些较复杂的问题。

1. 基本概念

计算原理是假设地面以上（基底以上）挡土结构为梁单元，基底以下部分为弹性地基梁单元，支撑或锚杆为弹性支承单元，荷载为主动侧的土压力和水压力。由于杆系有限元法可以有效地计入开挖过程中的各种因素，例如支撑随开挖深度的增加，其架设数量的变化，支撑架设前的挡土结构的位移及架设后支撑轴力也会随后续开挖过程而逐渐得到调整，支撑预加轴力对挡土结构内力变化等的影响，尽管计算结果与实测数据有一定偏差，仍不失为一种实用性较强、计算简便的一种挡土结构有限元计算方法。

2. 弹性地基杆系有限元法的分析过程

与一般的有限元分析方法一样，杆系有限元法也要经历一个结构离散、形成单元刚度矩阵、单元刚度矩阵集成总刚度矩阵，以及利用平衡方程求得节点位移的这样一个过程。

以下结合基坑开挖与回填过程进行分析。

（1）确定荷载：

地面超载为 q，通常可以取 20kN/m^3；

主动侧土压力 E_a（kN/m^2），由朗肯土压力公式求得，基底以上呈梯形分布，基底以下为矩形分布。

（2）挡土结构有限元离散（图 2-25）

由图 2-25 可知，将挡土结构沿竖向分为有限个单元，根据计算精度要求，一般每隔 1～2m 划分为一个单元，为了计算简便，挡土结构的截面、荷载突变处、弹性地基基床系数变化段及支撑或锚杆的作用点处，均作结点处理。

3. 确定每个单元的刚度矩阵

单元所受荷载和单元节点位移之间的关系，以单元的刚度矩阵 $[K]^e$来确定，即

$$\{F\}^e=\{K\}^e\{\delta\}^e \tag{2-56}$$

式中 $\{F\}^e$——单元节点力（kN）；

$\{\delta\}^e$——单元节点位移（m）；

$\{K\}^e$——单元刚度矩阵（kN/m）。

采用杆系有限元法计算挡墙结构，一般采用图 2-27 的两种不同的计算图式。图 2-27（a）是采用杆系有限元法分析挡墙结构的通用计算图式。基坑底面以上部分挡墙结构采用梁单元（图 2-26），基底以下部分为弹性地基梁单元，拉杆为弹性支承单元。荷载为主动侧的土压力和水压力。

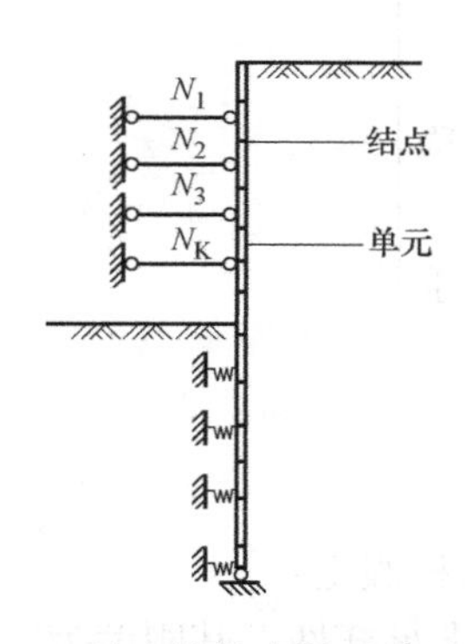

图 2-25　挡土结构有限元单元离散

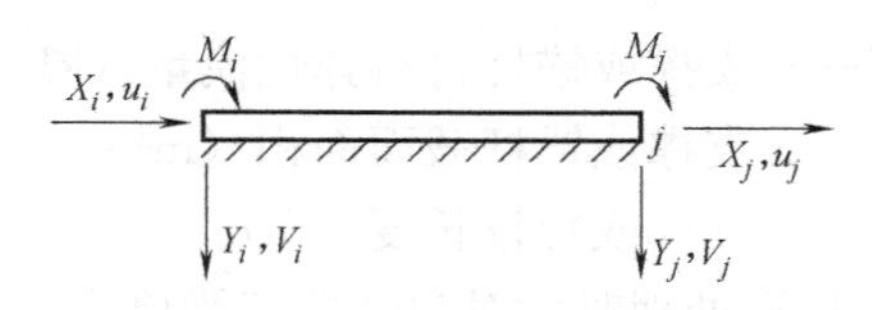

图 2-26　梁单元计算图

图 2-27（b）假定挡墙结构全部按弹性地基梁单元计算。该计算图式便于对土压力从两侧受静止土压力的基准状态开始，在主动土压力和被动土压力范围内反复调整计算。但基底以上的挡墙结构作为弹性地基梁计算时，在主动侧土压力作用下土体产生拉应力，这与实际情况是有出入的。

对于梁单元，每个节点有三个自由度，（u，v，φ）取梁轴线为 x 轴（图 2-26），则单

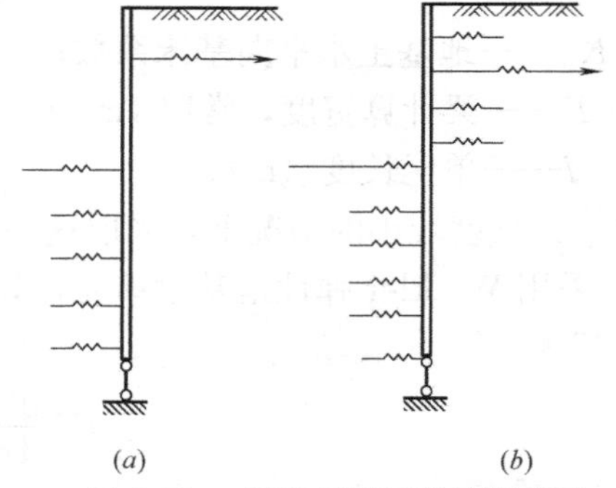

图 2-27　杆系有限元的计算简图

元所受荷载与单元节点位移之间的关系表示如下：

$$\begin{Bmatrix} X_i \\ Y_i \\ M_i \\ X_j \\ Y_j \\ M_j \end{Bmatrix} = \frac{EI}{l} \begin{bmatrix} A/I & & & & & \\ 0 & 12/l^2 & & & & \\ 0 & 6/l & 4 & & & \\ -A/I & 0 & 0 & A/I & & \\ 0 & -12/l^2 & -6/l & 0 & 12/l^2 & \\ 0 & 6/l & 2 & 0 & -6/l & 4 \end{bmatrix} \begin{Bmatrix} u_i \\ v_i \\ \varphi_i \\ u_j \\ v_j \\ \varphi_j \end{Bmatrix} \tag{2-57}$$

式中 X_i、X_j——节点 i，j 轴向力（kN）；

Y_i、Y_j——节点 i，j 剪切力（kN）；

M_i、M_j——节点 i，j 弯矩（kN·m）；

u_i、u_j——节点 i，j 轴向位移（m）；

v_i、v_j——节点 i，j 横向位移（m）；

φ_i、φ_j——节点 i，j 转角（°）；

E——挡土结构材料弹性模量（kPa）；

I——挡土结构截面惯性矩（m^4）；

A——挡土结构截面面积（m^2）；

l——单元长度（m）。

对于支撑或锚杆每个节点有一个自由度，单元刚度矩阵为

$$[K]^e = \frac{EA}{l} \begin{bmatrix} 0 & & & & & \text{对} \\ 0 & 1 & & & & \\ 0 & 0 & 0 & & & \\ 0 & 0 & 0 & 0 & & \text{称} \\ 0 & -1 & 0 & 0 & 1 & \\ 0 & 0 & 0 & 0 & 0 & 1 \end{bmatrix} \tag{2-58}$$

式中 E——支撑或锚杆材料弹性模量（kPa）；

A——支撑或锚杆截面面积（m^2）；

l——支撑或拉杆长度（m）。

实际计算处理时，对弹性地基梁单元，其刚度矩阵有两种假定：

1）在弹性地基梁单元每一节点处，各设置一附加弹性支承杆件，其刚度为

$$K = K_h B l \tag{2-59}$$

式中 K_h——地基土水平向基床系数；

B——梁计算宽度，常取 1m 或一标准段；

l——单元长度（m）。

在单元长度较小的情况下，采取这一假定其精度能满足要求。

2）采用 Winkler 弹性地基梁单元，如图 2-28 所示，梁的轴线为 x 轴，其弹性曲线的微分方程为

$$EI \frac{d^4 y}{dx^4} = -Ky + q \tag{2-60}$$

式中 q——梁上荷载强度（kPa）。

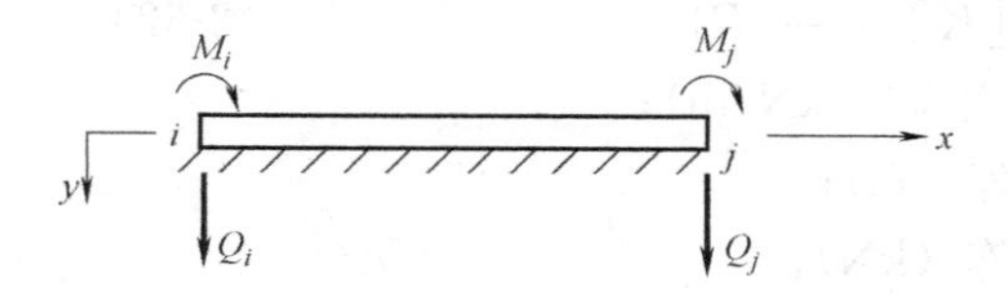

图 2-28 Winker 弹性地基梁单元

利用初参数法，可求解式（2-60）

$$\begin{Bmatrix} M_{xi} \\ Q_i \\ M_{zi} \\ M_{xj} \\ Q_j \\ M_{zj} \end{Bmatrix} = \frac{2EI_z}{l^3} \begin{bmatrix} 1 & & & & & \\ 0 & \gamma_1 & & & & \\ 0 & l\beta_1 & l^2\alpha_1 & & & \\ 0 & 0 & 0 & l & & \\ 0 & -\gamma_2 & -l\beta_2 & 0 & \gamma_1 & \\ 0 & l\beta_2 & l^2\alpha_2 & 0 & -l\beta_1 & l^2\alpha_1 \end{bmatrix} \begin{Bmatrix} \theta_{xi} \\ y_i \\ \theta_{zi} \\ \theta_{xj} \\ y_j \\ \theta_z \end{Bmatrix} \tag{2-61}$$

式中 M_{xi}、M_{xj}——节点 i，j 处绕 x 轴弯矩（kN·m）；

Q_i、Q_j——节点 i，j 处剪力（kN）；

M_{zi}、M_{zj}——节点 i，j 处绕 z 轴弯矩（kN·m）；

θ_{xi}、θ_{xj}——节点 i，j 处绕 x 轴转角（°）；

y_i、y_j——节点 i，j 横向位移（m）；

θ_{zi}、θ_{zj}——节点 i，j 绕 z 轴转角（°）；

E——挡土结构材料弹性模量（kPa）；

I_z——挡土结构截面惯性矩（m^4）；

l——单元长度（m）。

α_1、α_2、β_1、β_2、γ_1、γ_2 为系数，表达式分别为

$$\alpha_1 = \frac{\text{ch}\lambda l\text{ch}\lambda l - \cos\lambda l\sin\lambda l}{\text{sh}^2\lambda l - \sin^2\lambda l}\lambda l;\ \alpha_2 = \frac{\text{ch}\lambda l\sin\lambda l - \text{sh}\lambda l\cos\lambda l}{\text{sh}^2\lambda l - \sin^2\lambda l}\lambda l;$$

$$\beta_1 = \frac{\text{ch}^2\lambda l - \cos^2\lambda l}{\text{sh}^2\lambda l - \sin^2\lambda l}(\lambda l)^2;\ \beta_2 = \frac{2\text{sh}\lambda l\sin\lambda l}{\text{sh}^2\lambda l - \sin^2\lambda l}(\lambda l)^2;$$

式中 $\lambda = \sqrt[4]{\frac{KB}{4EI}}$ 为梁的弹性特征。

对比计算结果表明采用式（2-61）比采用式（2-60）的假定计算结果更精确。

4. 根据变形协调条件（即结构节点的位移和连接在同一节点的每个单元的位移是互相协调的），单元刚度矩阵 $[K]^e$ 集成总刚度矩阵 $[K]$

对于代表地基弹性系数的弹簧不作为单位，当总刚度矩阵 $[K]$ 形成后，可以按照各施工阶段的计算简图将地基弹性系数 K 值叠加到总刚相应位置中。此时必须注意的是根据取用的 K 数值还必须乘以相邻两弹簧距离的平均值，即

$$K' = \frac{L_1 + L_2}{2}K$$

如图 2-29 所示。以 K' 代替 K 叠加入相应总刚。

5. 根据静力平衡条件，作用在结构结点的外荷载必须与结构内荷载相平衡

如果外荷载给定，则可以求得未知的结构节点位移，用下式表示基本平衡方程

$$[K]\{\delta\}=\{R\} \tag{2-62}$$

式中　$[K]$ ——总刚度矩阵（kN/m）；

$\{\delta\}$——位移矩阵（m）；

$\{R\}$——荷载矩阵（kN）。

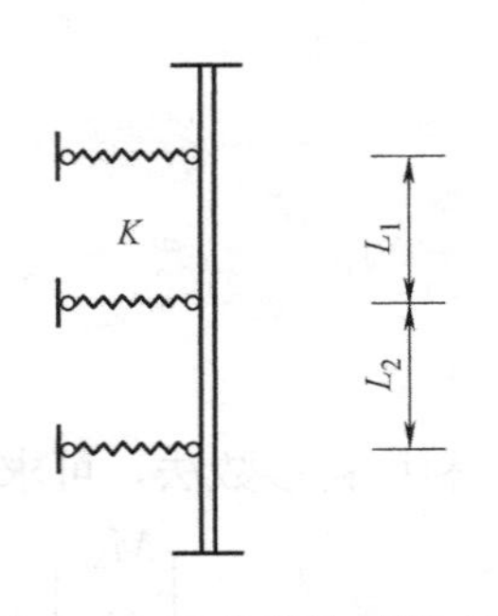

图 2-29　地基弹性系数计算

为了正确地计入施工因素，必须考虑到挡土结构在支撑架设及随主体结构施工而逐渐撤去时由于支撑点位置、主体结构的本身条件变化而对挡土结构的位移、内力产生的影响，根据图 2-30 所示计算简图，重复 1～5 过程，可以分别求得各个不同阶段挡土结构的位移、弯矩和剪力及轴力。取各个阶段的内力包络图作为挡土结构最终设计依据。

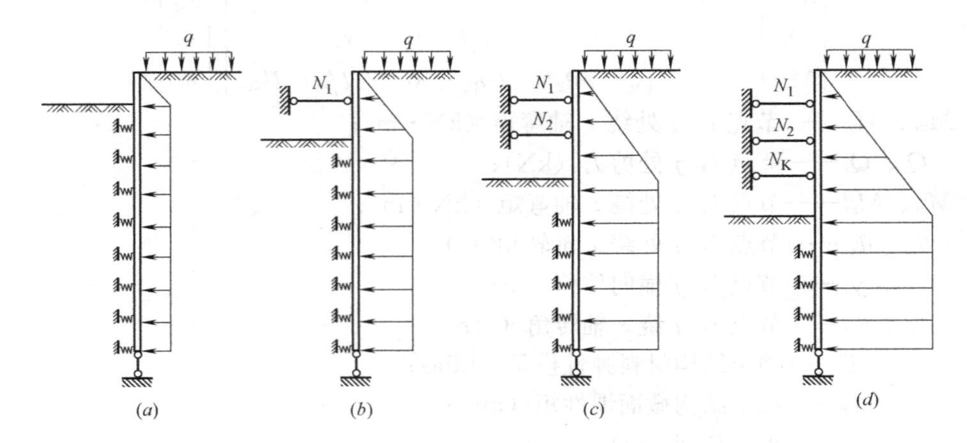

图 2-30　考虑开挖过程的结构计算简图

思考题：

1. 作用于挡土结构上土压力的类型有几种？影响土压力大小的因素是什么？
2. 简述不同基坑挡土结构上土压力的分布特征。

第3章　桩墙式挡土结构设计计算

本章学习要点：

桩墙式挡土结构设计重要问题是作用于结构上的土压力计算，传统上用于挡土墙设计的朗肯和库仑土压力理论具有各自的优缺点，并直接影响挡土结构的细节设计与计算，而且在桩墙式挡土结构计算中，土的参数如内摩擦角、黏聚力和土的重度等至关重要，同时与土的性质、水位变化及周边环境的影响有关。本章针对基坑中悬臂式排桩/桩墙、单层支点排桩、锚杆排桩支挡结构、多层预应力锚杆排桩支挡结构和双排桩支挡结构的特点及其设计与计算进行全面阐述。

3.1　悬臂式排桩/桩墙

3.1.1　悬臂式排桩的工作原理和特点

1. 悬臂式排桩的工作原理

悬臂式排桩支挡结构是指不带内支撑和拉锚的排桩支护结构。悬臂式排桩支护结构依靠足够的入土深度和支护结构的抗弯能力来维持基坑壁的自身稳定性和支护结构自身的安全。施工较简便且无支撑占用施工空间，也便于坑内土体开挖及地下结构的施工。

2. 悬臂式排桩的特点如下：

（1）不需要在基坑内设支撑，也不用桩顶锚拉或适用锚杆；

（2）挖土方便，基坑四周支护完成即可挖土，但灌注桩（排桩或间隔桩）要在桩顶连接圈梁完成后，方能挖土；

（3）悬臂部分不能太深，基坑过深时须采取支撑、锚拉等措施。

悬臂式排桩适用于土质较好，开挖深度较小的基坑。

3. 悬臂式排桩设计计算原理

悬臂式排桩主要依靠嵌入土内深度，以平衡上部地面荷载、水压力及主动土压力，因此设计计算时要首先计算悬臂桩侧压力，确定插入深度，其次计算桩所承受的最大弯矩，以便核算悬臂桩的截面尺寸及相关配筋信息。

3.1.2　悬臂式排桩内力计算

在《建筑地基基础设计规范》GB 50007—2011 及《建筑基坑支护技术规程》JGJ 120—2012 中明确指出：对于悬臂式及单支点支挡结构嵌固深度应按极限平衡法确定，同时，也可以应用于臂式及单支点支挡结构的内力计算。极限平衡法计算简单，可以手算，至今在相当范围内仍得到应用。

首先，研究在均质黏性土中悬臂板桩的受力情况（对于无黏性土，令 $c=0$）。由于黏性土的粘结力作用，在挡墙后可能产生拉应力区。实际上，在墙与土之间抗拉能力较小时，墙与土即分离，出现（$1-n_0$）H 深度的裂缝，如图 3-1 所示。此时，在临空面得主动土压力为零的作用点由地面下移至（$1-n_0$）H 处，该深度称为临界深度。根据朗肯土压力理论，令黏土的主动土压力 $p_a=0$，即

$$p_a=\gamma(1-n_0)HK_a-2c\sqrt{K_a} \tag{3-1}$$

则可求得

$$n_0=1-\frac{2c}{\gamma H\sqrt{K_a}} \tag{3-2}$$

式中 γ——土体重度（kN/m^3）；

c——土体的黏聚力（kPa）。

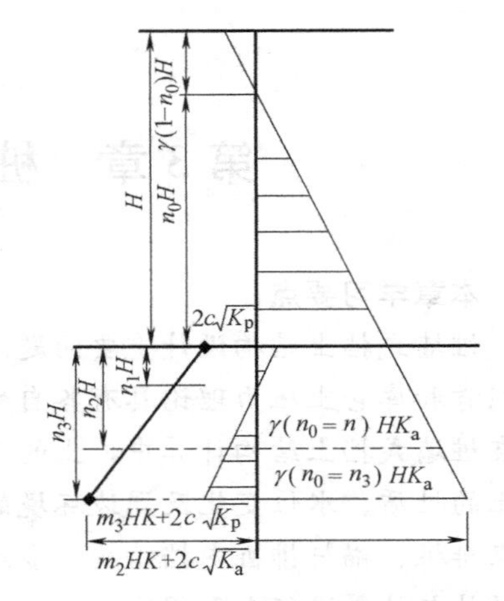

图 3-1 悬臂板桩的受力情况

1. 开挖面以下土压力为零点的距离 n_1H 计算

可由主动与被动土压力相等而得到

$$\gamma n_1HK_p+2c\sqrt{K_p}=\gamma\sqrt{n_0+n_1}HK_a \tag{3-3}$$

将式（3-2）代入式（3-3）得

$$n_1=\frac{n_0K_a-(1-n_0)\sqrt{K_aK_p}}{K_p-K_a} \tag{3-4}$$

令 $\xi=\frac{K_p}{K_a}$代入式（3-4）得

$$n_1=\frac{n_0-(1-n_0)\sqrt{\xi}}{\xi-1} \tag{3-5}$$

当令 $c=0$，即 $n_0=1$ 时，就可得到无黏性土的情况。

2. 板桩上剪力为零点的深度 n_2H 计算

支护板桩上剪应力为零点深度按结构断面剪力为零的条件得

$$\frac{1}{2}(n_0+n_2)H\gamma(n_0+n_2)HK_a=\frac{1}{2}(n_2H)^2\gamma K_p+2cn_2H\sqrt{K_p} \tag{3-6}$$

将式（3-2）代入式（3-6），两边同除以 K_a，得

$$(n_0+n_2)^2=\xi n_2{}^2+2(1-n_0)\sqrt{\xi}n^2 \tag{3-7}$$

令

$$b=n_0-(1-n_0)\sqrt{\xi}=n_1(\xi-1) \tag{3-8}$$

则可得

$$n_2=\frac{b+\sqrt{b^2-(1-\xi)n_0}}{\xi-1} \tag{3-9}$$

对于无黏性土有

$$n_2=\frac{1}{\sqrt{\xi}-1} \tag{3-10}$$

3. 板桩上最大弯矩值 M_{max} 的计算

由图 3-1 对剪力为零的断面计算最大弯矩，得

$$M_{\max}=\frac{1}{6}(n_0+n_2)^3H^3\gamma K_a-\frac{1}{6}n_2^3H^3\gamma K_p-\frac{1}{2}n_2^2H^2\times 2c\sqrt{K_p}=\alpha\times\frac{1}{6}\gamma H^3K_a \quad (3\text{-}11)$$

其中

$$\alpha=[(n_0+n_2)^3-n_2^3\xi-3n_2^2(1-n_0)\sqrt{\xi}]$$

无黏性土

$$\alpha=\frac{\xi}{(\sqrt{\xi}-1)^2}=n_2^3\xi$$

4. 近似计算开挖面以下板桩埋深 n_1H

为保证墙体不绕根部旋转，应满足

$$\frac{1}{6}(n_0+n_l)^3H^3\gamma H_a-\frac{1}{6}n_l{}^3H^2\gamma K_p-\frac{1}{2}n_l{}^2H^2\times 2c\sqrt{K_p}=0$$

整理得

$$(1-\xi)n_l{}^3+3[n_0-(1-n_0)\sqrt{\xi}]n_l^2+3n_0^2n_l+n_0^3=0 \quad (3\text{-}12)$$

令

$$b_1=\frac{3[n_0-(1-n_0)\sqrt{\xi}]}{1-\xi}=\frac{3n_1(\xi-1)}{1-\xi}=-3n_1,\quad b_2=\frac{3n_0^2}{1-\xi},b_3=\frac{n_0^3}{1-\xi}$$

$$p=b_2-\frac{b_1^3}{3},\quad q=\frac{2}{27}b_1^3-\frac{1}{3}b_1b_2+b_3,\quad s=\left(\frac{q}{2}\right)^2+\left(\frac{p}{3}\right)^3$$

则有

$$n_l=\sqrt[3]{\sqrt{s}-\frac{q}{2}}-\sqrt[3]{\sqrt{s}+\frac{q}{2}} \quad (3\text{-}13)$$

对于无黏性土有

$$n_l=\frac{1}{\sqrt[3]{\xi}-1}$$

5. 根据最大弯矩选适当的桩径、桩距和配筋并应符合现行国家标准《混凝土结构设计规范》GB 50010 和《建筑基坑支护技术规程》JGJ 120—2012 相关规定。

3.2 单层支点排桩

当基坑深度较大时，若采用悬臂式排桩结构，可以采用单层支点形式，即在排桩顶部附近设置锚定拉杆或锚杆，或加内支撑，成为锚定式排桩结构。当采用锚定式排桩结构，可将挡土结构视为有支撑点的竖直梁。一个支点是顶端的锚定拉杆或锚杆，另一支点是排桩下端埋入基坑以下的土体。

根据下端支承与桩入土深度和岩性的相关性，可以将其分为铰支承和固定端支承。铰支承时桩埋入土中较浅，排桩下端可转动；固定端支承时排桩下端埋入土中较深，基岩岩性较好，可认为下端在土中嵌固。

1. 下端铰支承时——静力平衡法

排桩在土压力作用下产生弯曲变形，两端为铰支，墙后产生主动土压力为 E_a。由于排桩下端可以转动，故墙后下端不产生被动土压力；墙前由于排桩挤压而产生被动土压力

E_p，如图 3-2（a）所示。由于排桩下端入土深度较浅，排桩挡土墙的稳定安全度可以由墙前的被动土压力 E_p除以安全系数 K 确定，通常安全系数 K 取 2。

（1）按朗肯理论计算求得主动土压力、被动土压力分别为：

$$E_a=\frac{1}{2}(h+t-z_0)[\gamma(h+t)K_a-2c\sqrt{K_a}] \tag{3-14}$$

$$E_p=\frac{1}{2}\gamma t^2K_p+2ct\sqrt{K_p} \tag{3-15}$$

式中　z_0——临界深度（即图 3-1 中所示的（$1-n_0$）H 部分），$z_0=\frac{2c}{\gamma\sqrt{K_a}}$。

对锚定点 O 取矩：

$$E_a[h+t-\frac{1}{3}(h+t-z0)-d]=\frac{E_p}{K}(h-d+z_1) \tag{3-16}$$

$$z_1=\frac{\frac{1}{2}t\cdot 2c\sqrt{K_p}\cdot t+\frac{1}{3}t\cdot\frac{1}{2}\gamma t^2K_p}{\frac{1}{2}\gamma t^2K_p+2c\sqrt{K_p}\cdot t} \tag{3-17}$$

可得出入土深度 t（即图 3-1 中所示的 n_2H 部分）。

（2）由水平方向合力为零，得锚杆的拉力

$$T=\left(E_a-\frac{E_p}{K}\right)a \tag{3-18}$$

式中　a——锚杆的水平间距。

（3）令最大弯矩截面距地表为 x，则由剪力等于零，可得最大弯矩截面，并确定得 x，进而得到最大弯矩值为

$$M_{\max}=\frac{T}{a}(x-d)-\frac{1}{2}(x-z_0)(\gamma xK_a-2c\sqrt{K_a})\cdot\frac{1}{3}(x-z_0)$$

2. 下端固定支承时——等值梁法

排桩下端入土较深，岩性坚硬，下端可视为固定端，如图 3-2（b）所示。排桩在墙后除主动土压力 E_a外，还有嵌固点以下的被动土压力 E_{p2}。假定 E_{p2}作用在桩底 b 点处，具体处理同悬臂排桩。排桩的入土深度可按计算值适当增加 10%～20%。排桩前侧有被动土压力 E_{p1}作用。由于排桩入土深度较深，排桩挡土结构的稳定性由桩的入土深度来保证，故被动土压力 E_{p1}不再考虑安全系数。

考虑到排桩下端嵌固点的位置未知，因此不能用静力平衡法直接求得排桩入土深度 t，但是在排桩下部有一反弯点 c（如图 3-2b 所示）。在 c 点以上排桩有最大正弯矩，c 点以下排桩有最大负弯矩。挠曲线反弯点相对于弯矩为零的截面。反弯点 c 确定后，则将板桩分成 ac、bc 两段，根据平衡条件可求得排桩入土深度 t。

首先，研究在均质黏性土中单支点板桩的受力情况（对于无黏性土，令 $c=0$）。由于黏性土的黏结力作用，在挡墙后可能产生拉应力区，墙与土即分离，出现（$1-n_0$）H 深度的裂缝。此时，在临空面得主动土压力为零的作用点由地面下移至（$1-n_0$）H 处，由 3.1 节可知 $n_0=1-\frac{2c}{\gamma H\sqrt{K_a}}$。

（1）开挖面以下土压力为零点（近似看作反弯点 c 点）的距离 n_1H，由 3.1 节知，

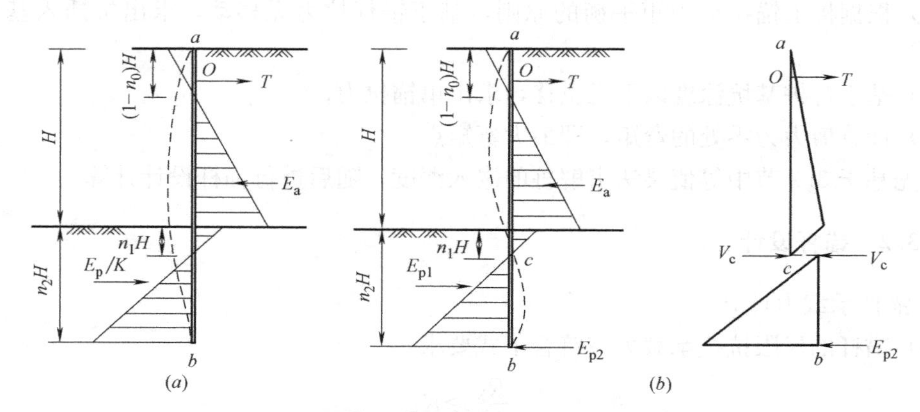

图 3-2　单层支点排桩计算图下端为固定端锚定板桩计算图

(*a*) 铰支承；(*b*) 固定支承

$n_1=\frac{n_0-(1-n_0)\sqrt{\xi}}{\xi-1}$。令 $c=0$，就可得到无黏性土的情况。

(2) 反弯点处剪力 V_c 和锚杆拉力 T

在 c 截面处 $M_c=0$，剪力 $V_c\neq0$，取排桩 ac 段来研究，对锚杆 O 点取矩由 $\sum M_o=0$ 得 V_c：

$$V_c(H+n_1H)=E_a(a'-d)-E_p(b-d) \tag{3-19}$$

锚杆拉力 T 由 ac 段水平力平衡方程得到：

$$T=(E_a-E_p-V_c)a \tag{3-20}$$

式中　E_a——板桩外侧 c 点以上主动土压力合力值（kN/m）；

E_p——板桩内侧 c 点以上被动动土压力合力值（kN/m）；

a——锚杆的水平间距（m）；

a'——c 点以上主动土压力合力作用点距地面的距离（m）；

b——c 点以上被动土压力合力作用点距地面的距离（m）。

(3) 计算开挖面以下板桩埋深 n_2H

取排桩 cb 段来研究，对 b 点取矩 $\sum M_b=0$ 得：

$$V_c(n_2-n_1)H=\frac{1}{6}\gamma(K_p-K_a)(n_2-n_1)^3H^3 \tag{3-21}$$

则可求得入土深度 n_2H，排桩实际入土深度取（1.1～1.2）n_2H

(4) 由剪力为零截面 d 计算最大正弯矩，截面 d 的位置 x 由下式得出：

$$\frac{T}{a}-\frac{1}{2}\gamma[x-(1-n_0)H]^2K_a=0 \tag{3-22}$$

式中　x——截面 d 距地面的距离（m）。

3.3　单层预应力锚杆排桩支挡结构

3.3.1　单层预应力锚杆排桩支挡结构计算原理

(1) 单层锚杆挡土桩的土压力分布按三角形计算；

（2）根据桩上锚拉点力矩平衡的原则，基于锚杆拉力无移动，求出桩插入基坑下的深度；

（3）基于排桩基坑深度以下无位移，求出单锚拉力；

（4）计算剪力为零处的弯矩，即最大弯矩点。

首先基于 3.2 节中等值梁法求解桩的嵌入深度，随后进行锚杆设计计算。

3.3.2 锚杆设计

1. 锚杆承载力计算

（1）锚杆的极限抗拔承载力应符合下式要求：

$$\frac{R_k}{N_k} \geqslant K_t \tag{3-23}$$

式中 K_t——锚杆抗拔安全系数；安全等级为一、二、三级的支护结构，K_t分别不应小于 1.8、1.6、1.4；

N_k——锚杆轴向拉力标准值（kN），按式（3-24）规定计算；

R_k——锚杆极限抗拔承载力标准值（kN），按式（3-25）规定计算。

（2）锚杆的轴向拉力标准值应按下式计算：

$$N_k = \frac{F_h s}{b_a \cos\alpha} \tag{3-24}$$

式中 N_k——锚杆轴向拉力标准值（kN）；

F_h——挡土构件计算宽度内的弹性支点水平反力（kN），按《建筑基坑支护技术规程》JGJ 120—2012 第 4.1 节的规定确定；

s——锚杆水平间距（m）；

b_a——挡土结构计算宽度（m）；

α——锚杆倾角（°）。

（3）锚杆的极限抗拔承载力应按下列规定确定：

1）锚杆极限抗拔承载力应通过抗拔试验确定，试验方法应符合《建筑基坑支护技术规程》JGJ 120—2012 附录 A 的规定。

2）锚杆的极限抗拔承载力标准值也可按下式估算，但应通过《建筑基坑支护技术规程》JGJ 120—2012 附录 A 的抗拔试验进行验证：

$$R_k = \pi d \sum q_{sk,i} l_i \tag{3-25}$$

式中 d——锚杆的锚固体直径（m）；

l_i——锚杆的锚固段在第 i 土层中的长度（m）；锚固段长度为锚杆在理论直线滑动面以外的长度，理论直线滑动面按式（3-32）确定；

$q_{sk,i}$——锚固体与第 i 土层的极限黏结强度标准值（kPa），应根据工程经验并结合表 3.1 取值。

3）当锚杆锚固段主要位于黏土层、淤泥质土层、填土层时，应考虑土的蠕变对锚杆预应力损失的影响，并应根据蠕变试验确定锚杆的极限抗拔承载力。锚杆的蠕变应符合《建筑基坑支护技术规程》JGJ 120—2012 附录 A 的规定。

锚杆的极限粘结强度标准值　　表 3-1

土的名称	土的状态或密实度	q_{sk}(kPa)	
		一次常压注浆	二次压力注浆
填土		16～30	30～45
淤泥质土		16～20	20～30
黏性土	$I_L>1$	18～30	25～45
	$0.75<I_L\leqslant1$	30～40	45～60
	$0.50<I_L\leqslant0.75$	40～53	60～70
	$0.25<I_L\leqslant0.50$	53～65	70～85
	$0<I_L\leqslant0.25$	65～73	85～100
	$I_L\leqslant0$	73～90	100～130
粉土	$e>0.90$	22～44	40～60
	$0.75\leqslant e\leqslant0.90$	44～64	60～90
	$e<0.75$	64～100	80～130
粉细砂	稍密	22～42	40～70
	中密	42～63	75～110
	密实	63～85	90～130
中砂	稍密	54～74	70～100
	中密	74～90	100～130
	密实	90～120	130～170
粗砂	稍密	80～130	100～140
	中密	130～170	170～220
	密实	170～220	220～250
砾砂	中密、密实	190～260	240～290
风化岩	全风化	80～100	120～150
	强风化	150～200	200～260

注：1. 采用泥浆护壁成孔工艺时，应按表取低值后再根据具体情况适当折减；
2. 采用套管护壁成孔工艺时，可取表中的高值；
3. 采用扩孔工艺时，可在表中数值基础上适当提高；
4. 采用分段劈裂二次压力注浆工艺时，可在表中二次压力注浆数值基础上适当提高；
5. 当砂土中的细粒含量超过总质量的 30%时，按表取值后应乘以 0.75 的系数；
6. 对有机质含量为 5%～10%的有机质土，应按表取值后适当折减；
7. 当锚杆锚固段长度大于 16m 时，应对表中数值适当折减。

2. 锚杆杆体截面面积的确定

（1）普通钢筋截面面积：

$$A_s\geqslant\frac{N}{f_y} \tag{3-26}$$

（2）预应力钢筋截面面积：

$$A_p\geqslant\frac{N}{f_{py}} \tag{3-27}$$

式中　A_s——普通钢筋杆体截面面积（m^2）；

A_p——预应力钢筋杆体截面面积（m^2）；

f_y——普通钢筋抗拉强度设计值（kPa）；

f_{py}——预应力钢筋抗拉强度设计值（kPa）；

N——锚杆杆体轴向拉力设计值（kN），由式（3-24）确定。

3. 锚杆的非锚固段（自由端）长度应按下式确定，且不应小于5.0m（图3-3）：

$$l_f \geqslant \frac{(a_1+a_2-d\tan\alpha)\sin\left(45^\circ-\frac{\varphi_m}{2}\right)}{\sin\left(45^\circ+\frac{\varphi_m}{2}+\alpha\right)}+\frac{d}{\cos\alpha}+1.5 \tag{3-28}$$

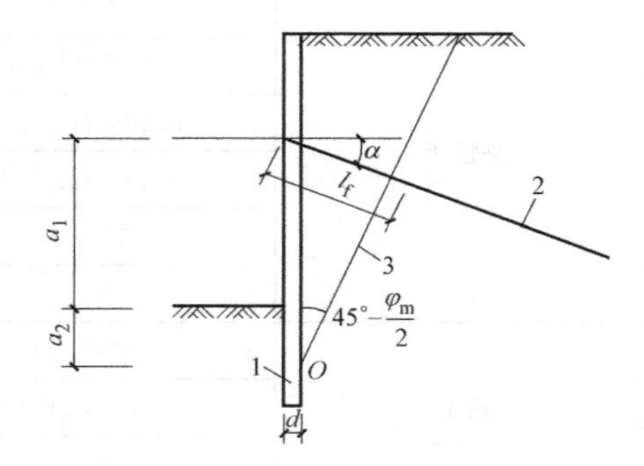

图3-3 锚杆长度计算示意图

式中 l_f——锚杆非锚固段长度（m）；

α——锚杆倾角（°）；

a_1——锚杆的锚头中点至基坑底面的距离（m）；

a_2——基坑底面至基坑外侧主动土压力强度与基坑内侧被动土压力强度等值点O的距离（m）；对成层土，当存在多个等值点时，应按其中最深的等值点计算；

d——挡土构件的水平尺寸（m）；

φ_m——O点以上各土层按厚度加权的等效内摩擦角（°）。

4. 锚杆锁定值（预加力）宜取锚杆轴向拉力标准值的（0.75～0.9）倍，且应与式（2-24）中的锚杆预加轴向拉力值一致。

3.3.3 单层预应力锚杆排桩支挡结构设计计算

计算方法与3.3.2节中计算方法一致，只需额外加入预应力锚杆计算即可。

3.4 多层预应力锚杆排桩支挡结构

深基坑工程通常采用沿深度方向设置的多层预应力锚杆排桩支挡结构，多层锚杆的设置使排桩支挡结构上土压力分布和墙体变形及内力均呈现不同。通过调整对锚杆施加预应力的大小，限制支挡结构的位移，从而使土压力在主动土压力和被动土压力之间发生变化。目前，多层预应力锚杆排桩支挡结构内力计算方法主要有二分之一分担法、逐层开挖法、弹性抗力法和规范法。

1. 锚杆的布置特点

（1）等弯矩布置：各跨度的最大弯矩相等，可充分利用板桩的抗弯强度；但是较深基坑，下部的支锚层距过小，层数多，不经济。

（2）等反力布置：各层支锚水平反力基本相等，使锚杆设计简化；但当基坑较深时，下部的支锚层距过小，层数多，同样不经济。

（3）等间距布置：支锚结构的上、下排间距基本相同，基坑较深时，减少了支锚层数，较经济；但带来了较复杂的计算量。等间距布置在工程实际中设计最为普遍。

2. 内力计算方法

（1）二分之一分担法

1）方法简介

二分之一分担法是多支撑连续梁的一种简化计算，计算过程较为简便。该方法设计计算时必须确定土压力分布，然后可以用二分之一分担法来计算多支撑的受力。这种方法在计算过程中不考虑桩和墙体支撑变形，并将支撑承受的力（土压力、水压力和地面超载等）认为等于相邻两个半跨土压力荷载值，如图 3-4 所示。

计算原理是先求支撑受的反力，然后求出正负弯矩、最大弯矩，以核定桩墙的截面及配筋。如计算反力 R_c时用 $l_2/2$ 和 $l_3/2$ 的间距，乘以梯形压力图，可以方便地获得支撑反力。

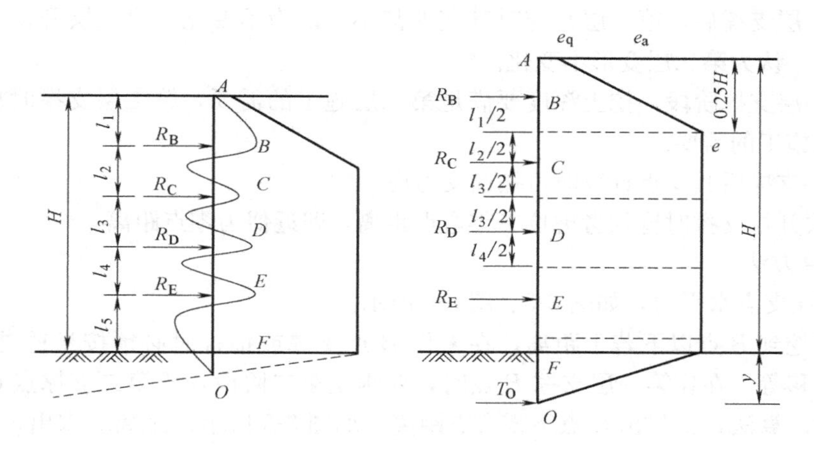

图 3-4　二分之一分担法计算简图

2）设计计算（如图 3-4）

① 计算主动土压力系数 K_a和被动土压力系数 K_p，则主动土压力强度 e_a和上部荷载 q 产生的压力 e_q：

$$e_a = 0.25\gamma H K_a \tag{3-29}$$

$$e_q = qK_a \tag{3-30}$$

$$e = e_a + e_q \tag{3-31}$$

由静力平衡，则可求得开挖深度 y：

$$y = \frac{e}{\gamma(K_p - K_a)} \tag{3-32}$$

式中　q——地面荷载（kPa）；

　　γ——土的重度（kN/m³）；

　　H——基坑开挖深度（m）。

② 计算各支撑点的支撑反力

$$R_B = \frac{0.25H(e_q + e)}{2} + \left(\frac{l_2}{2} + l_1 - 0.25H\right)e\,;R_C = \frac{e(l_2 + l_3)}{2}\,;R_D = \frac{e(l_3 + l_4)}{2}\,;$$

$$R_E = \frac{e(l_4 + l_5)}{2}\,;R_0 = \frac{el_5}{2} + \frac{ye}{2}$$

式中　R_0——零弯点处的土压力。

（2）逐层开挖支撑力不变计算法

多层支护的施工是先施工挡土桩或挡土墙，然后开挖第一层土，挖到第一层支撑或锚杆以下若干距离，进行第一层支撑或锚杆施工。然后向下挖第二层土，挖到第二层支撑支点以下若干距离，进行第二层支撑或锚杆施工。如此循环作业，一直挖到坑底为止。

其计算方法是根据实际施工，按每层支撑受力后不因下阶段支撑及开挖而改变数值的原理进行的。

1）假设条件

① 每层支撑受力后不因下阶段开挖支撑设置而改变其数值，钢支撑加轴力，锚杆加预应力。

② 第一层支撑后，第二层开挖时其变形甚小，认为不变化。第二层开挖支撑后开挖第三层土方，认为第二层变形不变化。

③ 第一层支撑阶段，挖土深度要满足第二层施工的需要，第二层支撑时挖土深度要满足第三层施工的需要。

④ 每层支撑后其支点计算时可按简支考虑。

⑤ 逐层开挖支撑时皆须考虑坑下零弯点距离，即近似为零点距离。

2）计算方法

① 求R_B支点水平力，如图 3-5、图 3-6 所示。

基坑开挖到 B 点以下若干距离，在未作 B 点支撑或锚杆时必须按悬臂桩要求考虑，如弯矩和位移等。在作第一层支撑 B 点时，要满足第二阶段挖土第二支撑点 C 尚未施工时的水平力。算法是：找出 C 点下零弯点距离，如图 3-5 所示 y 距离，求出 y 或由表 3.2 所示取值。然后求出 O 点以上的土压力 E_A（包括主动土压力、水压力及地面荷载），此时 C 点尚未支撑或未作锚杆，这部分水平压力将由 R_B及被动土压力部分的 R_O承受。对 O 点取矩求出 R_B。$R_O=E_A-R_B$，即一部分主动土压力让土的被动土压力承担。

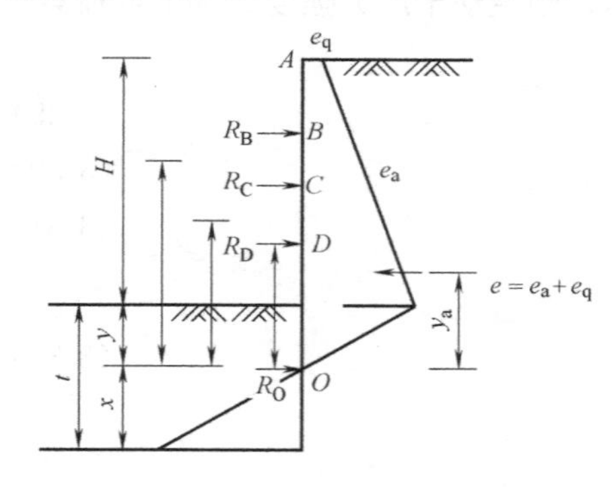

图 3-5　逐层开挖法计算简图

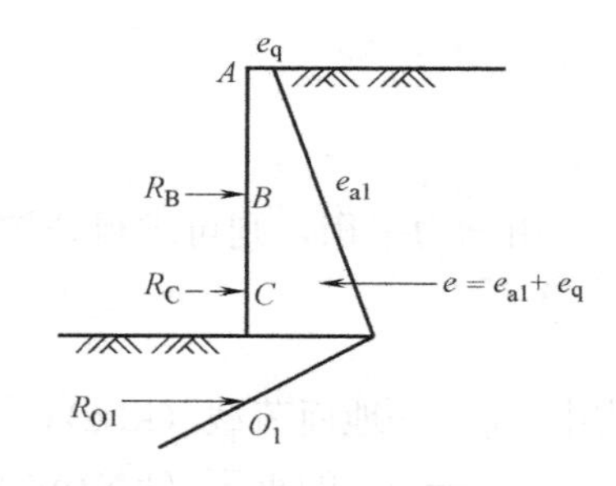

图 3-6　第一层锚杆计算简图

② 求 C 点支撑的支撑力 R_C

同样在第二层支撑 C 点时须考虑第三阶段挖土在 D 点尚未支撑时的各种水平力。同样要求出 R_D 坑下的零弯点的距离，与上法相同，求出 R_C，R_O为被动土压力部分。

③ 同样方法求出 R_D，如果还有支撑，则用同样方法求出 n 个支撑力。

基坑开挖各阶段弯矩零点距坑面距离经验值（y） **表 3-2**

砂性土		黏性土	
$\varphi=20°$	$0.25H$	$N<2$	$0.4H$
$\varphi=25°$	$0.06H$	$2\leqslant N<10$	$0.3H$
$\varphi=30°$	$0.08H$	$10\leqslant N<20$	$0.2H$
$\varphi=35°$	$0.035H$	$N\geqslant 20$	$0.1H$

（3）弹性抗力法

基本原理：将桩墙看成竖直置于土中的弹性地基梁，基坑以下土体以连续分布的弹簧来模拟，基坑底面以下的土体反力与墙体的变形有关。

计算方法（图 3-7）：

墙后土压力分布：直接按朗肯土压力理论计算、矩形分布的经验土压力模式；

地基抗力分布：基坑开挖面以下的土抗力分布根据文克尔地基模型计算：

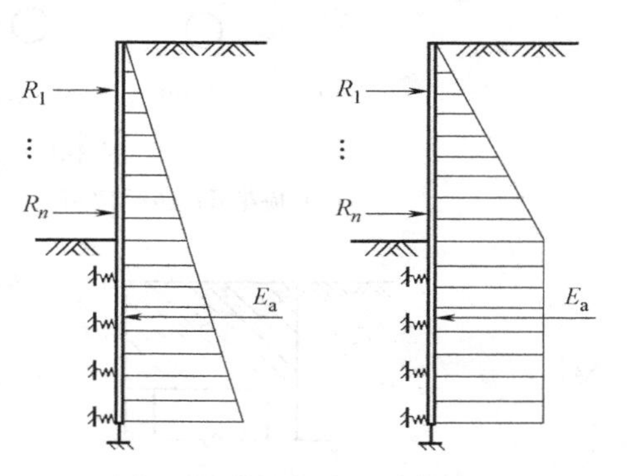

图 3-7 弹性抗力法计算简图

支点按刚度系数 k_z 的弹簧进行模拟，建立桩墙的基本挠曲微分方程，解方程可以得到支护结构的内力和变形。

排桩墙可根据受力条件分段按平面问题计算，排桩水平荷载计算宽度可取排桩中心距，此时排桩可视为侧向地基上梁或采用侧向地基上的空间板壳有限单元模型。

3.5 双排桩支挡结构设计

双排桩（Double-row-piles wall）是近些年来出现的一种新的支护形式。从布桩形式上可理解为将原有密集的单排桩中的部分桩向后移动一定距离，形成两排平行的钢筋混凝土桩，并在桩顶用刚性连梁和冠梁将各排桩连接成为一个整体，沿基坑长度方向形成超静定空间门式刚架结构。双排桩支护结构的侧向刚度相对较大，可以对基坑的变形进行有效的控制，桩间土经过加固后还可以起到止水作用。

3.5.1 双排桩布置与特点

1. 双排桩布置形式

双排桩支护结构的布桩形式非常灵活，常见的形式有矩形格构式、丁字形、连拱形、梅花形、双三角形式。各种布桩的平面和剖面形式如图 3-8、图 3-9 所示。

2. 双排桩特点

双排桩支护结构的组合形式有效地利用了各组合构件的良好力学性能，使得双排桩结构具有较单排桩更大的侧向刚度，可以有效地约束支护结构桩体变形，同时又有良好的受力性能。在双排桩支护结构中，前后排桩均分担主动土压力，但前排桩主要起分担土压力的作用，后排桩除分担部分土压力外还起到拉锚和支挡双重作用；且由于充分利用了桩土

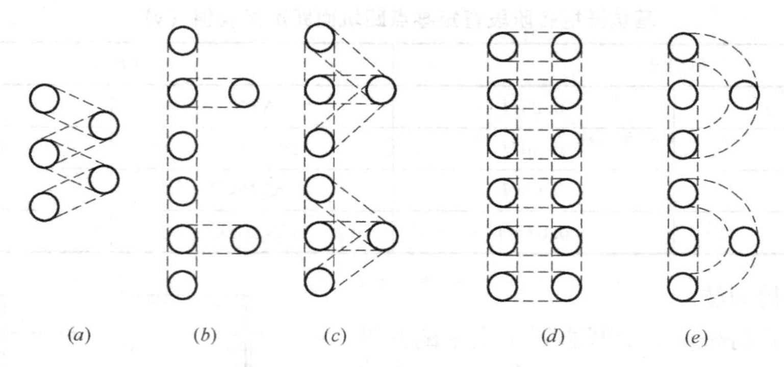

图 3-8　双排桩平面布桩形式

（a）梅花形；（b）丁字形；（c）三角形；（d）矩形格式；（e）连拱形

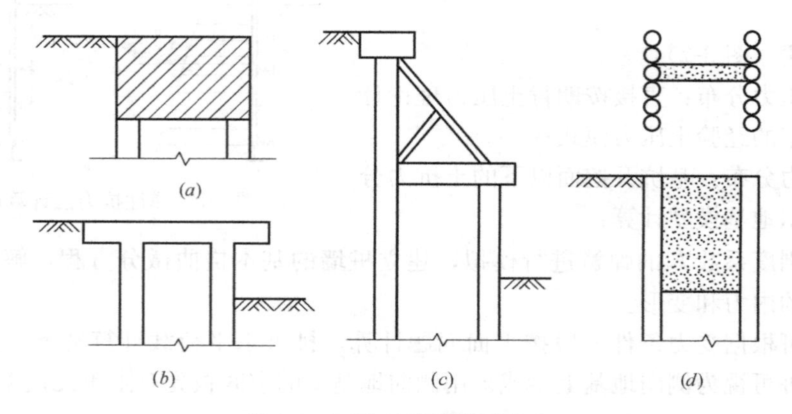

图 3-9　四种双排桩剖面形式

（a）深梁式；（b）连梁式；（c）斜撑式；（d）剪力墙式

的共同作用效应，改变了土体侧压力的分布，增强了支护效果；同时由于连梁的存在，增加了支护结构自身稳定性和整体刚度。

双排桩支护类似于悬臂式支护，但与单排悬臂桩支护相比，双排桩支护结构很多优点：

（1）单排悬臂桩通过将桩身嵌入基底以下土体内足够深度来抵抗桩后土体的侧向压力并保持稳定性。桩顶位移和桩身内力、变形均较大。双排桩支护由前后排桩和桩顶刚性连梁形成一个空间超静定结构，具有较大的侧向刚度和整体刚度，加上前后排桩形成与侧压力反向作用的力偶抵抗了倾覆力矩的原因，使双排桩的位移明显减小，桩身的内力也大幅下降。双排桩支护深度比单排桩深，且一般不需要设置锚杆或内支撑，所以常用较小直径的双排桩代替较大直径的悬臂单排桩，降低成本。

（2）悬臂式双排支护桩为超静定结构，可以随着下端支撑情况的变化自动调节其上下端的弯矩，同时能自动调整结构本身的内力，使之适应复杂多变的荷载作用，而单排悬臂桩为一静定结构，则不具备此种功能。

（3）悬臂式双排桩支护结构与拉锚结构相比，对施工场地及周围环境的要求比较低，同时双排桩支护结构对基坑的开挖不会有过多的要求。占据场地小，基坑影响范围小，在建筑物密集的地区更加适用。

（4）具有支护和止水帷幕二合一功能的双排桩支护结构，可用于港口和码头的建设中，例如水泥土搅拌桩墙符合双排钻孔灌注桩和双排钢板桩支护结构。此外，双排钢板桩中间填充水泥土的支护结构具有双重防渗的功能，对于有严格防渗要求的建筑物，有广泛的应用前景。

3.5.2 双排桩模型试验

1. 模型试验概况

模型试验由中国建筑科学研究院地基所模型试验室进行，模型试验坑长和宽分别为10m和4m。

模型试验中桩体采用直径为30mm黄铜管模拟，桩长为1.8m，在黄铜管外壁上贴电阻片，经标定后作为正式护坡桩。单排桩同距为60mm，双排桩间距大1倍，排距试验为120mm及240mm两种。

试验土料为黏性土及砂土，其物理力学指标及颗粒组成百分比从略。

土压力测量采用应变式的微型土压力盒，直径25mm，厚7mm，并专门设计压力盒支座。

2. 模型试验布置

模型试验为两种不同排距的双排桩，与单排桩的对比试验，如图3-10所示。单排桩桩间距60mm，双排桩桩同距120mm，排距一种是120mm，另一种是240mm，桩顶处为模拟工程实际圈梁刚度，用扁钢条作为连接梁，用螺栓将两排桩连接，在对应的前后排桩上也用扁钢连接，而使前后排桩形成一个模拟实际双排桩结构。做三组试验：单排桩，排距为120mm的双排桩，排距为240mm的双排桩。单排桩桩距60mm，双排桩桩距120mm。桩长相同，皆为1.8m；桩径相同，皆为30mm；桩数相同，皆为50根。得出各项不同结果。

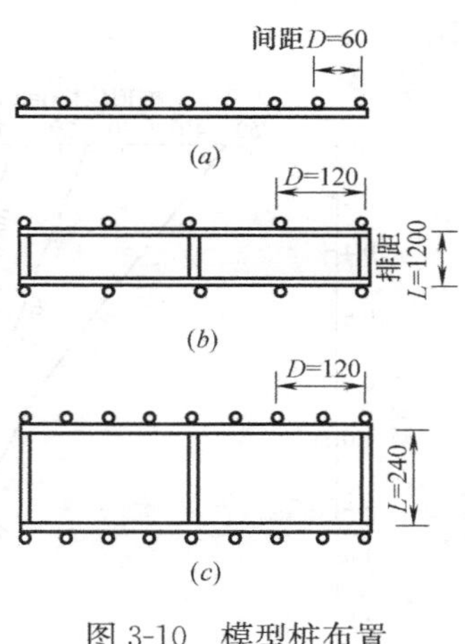

图3-10 模型桩布置
（单位：mm）

3. 双排桩位移

在桩数相同的条件下，也就是双排桩间距为单排桩间距2倍的情况下，双排桩的位移小于单排桩的位移。图3-11为三组试验桩顶位移随开挖深度的变化曲线。

由图3-11可以得出，当桩长1.8m，挖深1.4m，嵌固0.4m时，得出表3-3的位移量。

由图3-11和表3-3可知：单排桩位移量约为双排桩的2.5～3.4倍。而双排桩排距不同，相差不大。

该试验结果对实际工程有重要的指导意义，当深基坑开挖工程要求严格控制支护结构位移时，在不用锚杆支撑的情况下，双排桩可以较好地解决支护结构位移大的问题。

挖深1.4m、嵌固0.4m时的位移 **表3-3**

桩型	A. 单排悬臂桩	B. 双排桩($L=D$)	C. 双排桩($L=2D$)
桩顶水平位移(mm)	45	18	13

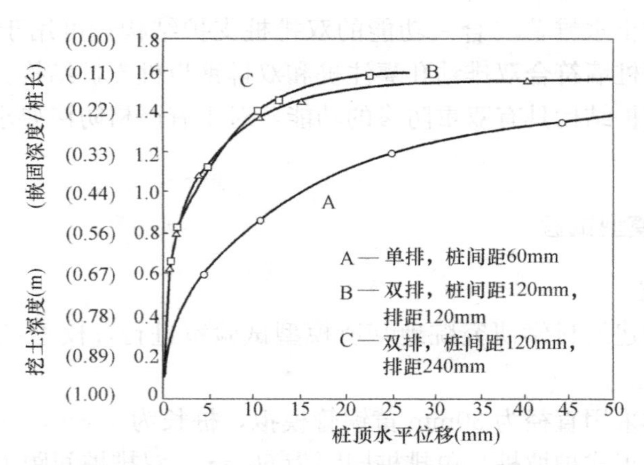

图 3-11　单、双排桩桩顶位移随开挖深度的变化曲线

由试验实测桩体位移曲线发现，由于双排桩结构的刚性连梁作用，不但桩顶位移量相差很多，而且沿桩长的挠度曲线形状也不同。图 3-12 为双排桩与单排桩模型试验桩体位移曲线图，实测的双排桩前排（挖土侧）桩桩体位移曲线，与相应单排桩的桩体位移曲线对比。

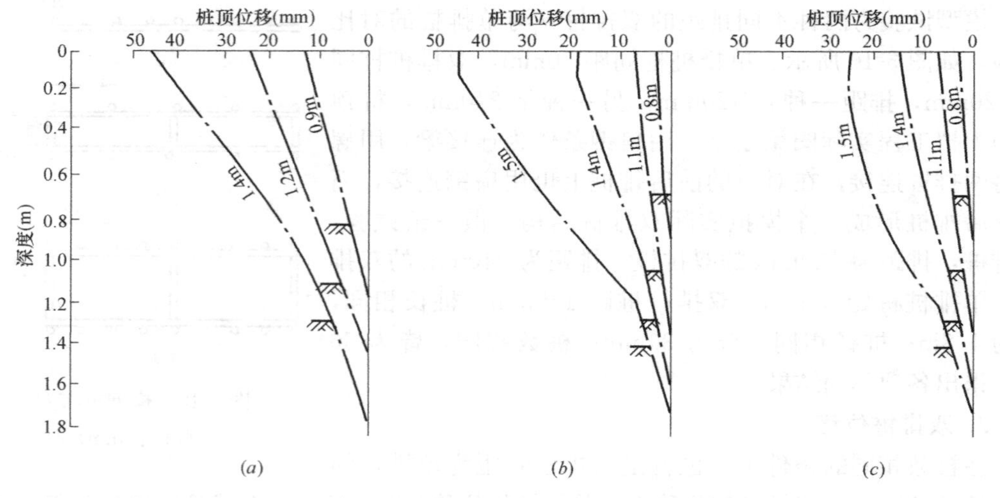

图 3-12　模型试验双排桩与单排桩桩体位移曲线

(*a*) 单排桩；(*b*) 双排桩，排距 L=120mm；(*c*) 双排桩，排距 L=240mm

由图 3-12 中（*a*）单排桩与（*b*）、（*c*）的双排桩在不同挖土深度下前排桩的变形曲线，双排桩由于桩顶刚性连接梁的约束，限制了自变形与桩顶的转角，变形形式像受水平力作用下的刚架变形。

而排距不同的（*b*）、（*c*）的双排桩，在挖深 1.4m，1.5m 时，变形也有所不同，在 1.5m 时，排距 120mm 的前排桩变形达 42mm，排距 240mm 的仅为 24mm，相差很多，有后排桩通过刚性连梁拉住前排桩的趋势。

4. 双排桩的内力

通过模型试验对双排桩的内力分析，排距不同得出不同的结果，排距与桩径的关系分析如下：

（1）排距为 $L=4d$（d 为桩直径）即 $L=120$mm 的情况如图 3-13 所示，可以得出实际受力规律不同于将前后排桩及桩间土看作是一个整体的组合梁受力，而近似于受有水平力的刚架，桩间土看作是作用在刚架上的荷载。图中显示无论是前排还是后排桩，都受到交变应力，桩上段弯矩与下段弯矩符号相反。连接前后排桩的圈梁的刚度对这种分布形式的弯矩影响很大，连梁与节点的刚度越大，交变应力会越明显，即桩上段的弯矩会越大。模型试验的刚度不是很大，实际工程中的圈梁刚度很大。

（2）排距为 $L=8d$（d 为桩直径）即 $L=240$mm 的双排桩，测出的内力分布如图3-14 所示。当排距从 120mm 增至 240mm，增加一倍时，土压力主要作用于在前排桩，后排桩主要是通过连梁，受到前排桩的拉力，起到拉桩作用，这时桩的受力状态，与排距小的状态是完全不同的。可以认为排距大的桩（$L=8d$）的模型试验，已经不是双排桩，而是锚拉桩。

另外从图 3-12 双排桩桩体位移曲线，在挖土 1.5m 时，（b）图 $L=120$mm 时位移达 42mm，而（c）图 $L=240$mm 时位移仅 24mm。但实测的都是前排桩（挖土侧）的桩体位移曲线，从位移曲线图（b）及（c）比较，说明在 $L=240$mm 时，前排桩因有后排桩的拉结作用，位移小下来，这在挖土深度 1.5m 时特别明显。

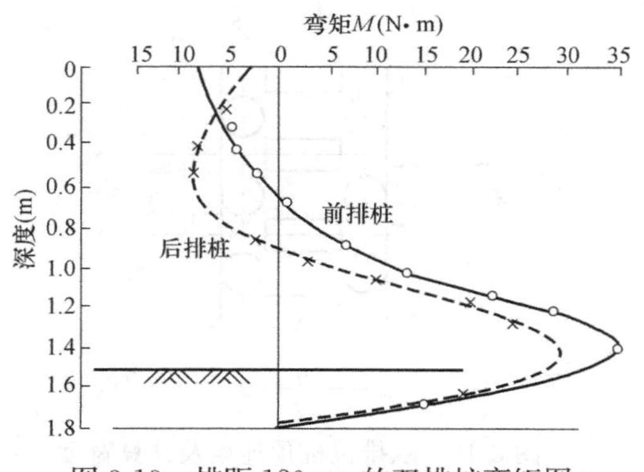

图 3-13　排距 120mm 的双排桩弯矩图

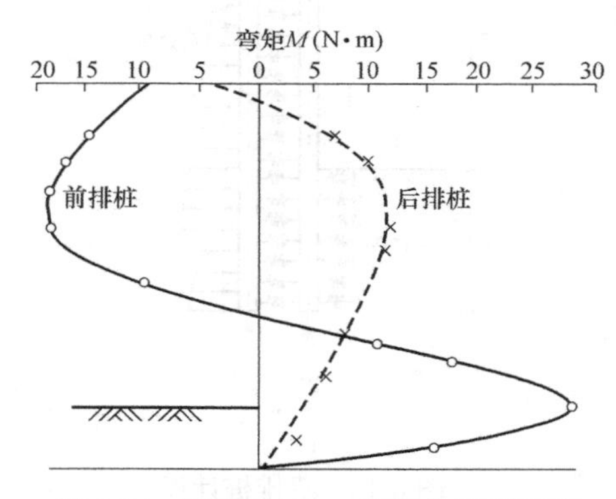

图 3-14　排距 240mm 的双排桩弯矩图

从内力测量和位移测试都充分说明，$L=240$mm 时的双排桩，已经是拉结桩，而不是双排桩。

3.5.3　双排桩设计计算

双排桩应根据如图 3-15 所示的平面刚架结构模型进行计算，作用在后排桩上的主动土压力计算，前排桩嵌固段上的土反力按式（2-44）或式（2-45）确定，作用在单根后排支护桩上的主动土压力计算宽度应取排桩间距，土反力计算宽度按式（2-48）～式（2-51）确定取值（图 3-16）。前、后排桩间土对桩侧的压力按下式计算：

$$p_c=k_c\Delta v+p_{c0}=\frac{E_s}{s_y-d}\Delta v+(2\alpha-\alpha^2)p_{ak} \tag{3-33}$$

式中　p_c——前、后排桩间土对桩侧的压力（kPa），可按作用在前、后排桩上的压力相等考虑；

k_c——桩间土的水平刚度系数（kN/m³）；

Δv——前、后排桩水平位移的差值（m），当其相对位移减小时为正值，当相对位移增加时，取为0；

p_{c0}——前、后排桩间土对桩侧的初始压力（kPa）；

E_s——计算深度处，前、后排桩间土的压缩模量（kPa），当为成层土时，应按计算点的深度分别取相应土层的压缩模量；

s_y——双排桩的排距（m）；

d——桩的直径（m）；

p_{ak}——支护结构外侧，第 i 层土中计算点的主动土压力强度标准值（kPa），按式（2-7）计算；

α——计算系数，$\alpha=\frac{s_y-d}{h\tan(45-\varphi_m/2)}$，当计算的 α 大于1时，取 $\alpha=1$；

h——基坑深度（m）；

φ_m——基坑底面以上各土层按厚度加权的等效内摩擦角平均值（°）。

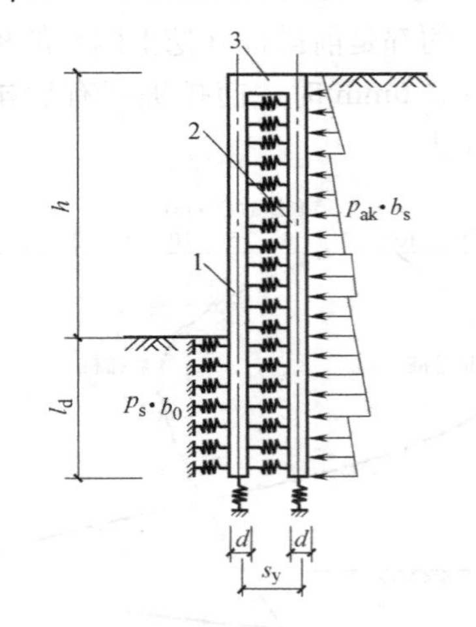

图 3-15　双排桩计算

1—前排桩；2—后排桩；3—刚架梁

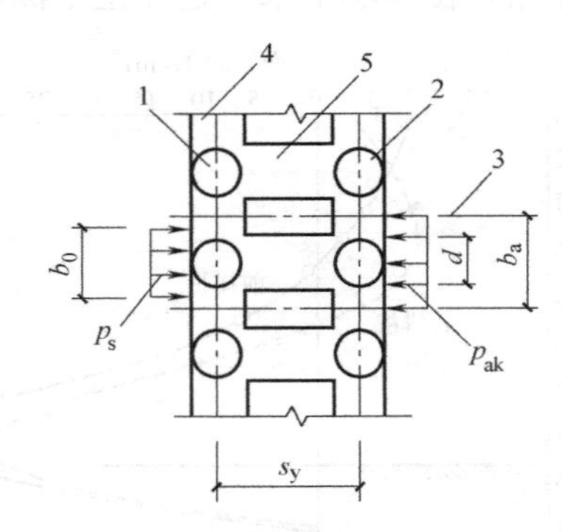

图 3-16　双排桩桩顶连梁及计算宽度

1—前排桩；2—后排桩；3—排桩对称中心线；4—桩顶冠梁；5—刚架梁

3.6　支护桩墙稳定验算

3.6.1　嵌固深度验算

（1）悬臂式支挡结构的嵌固深度（l_d）应符合下式嵌固稳定性的要求（如图 3-17 所示）

$$\frac{E_{pk}a_{p1}}{E_{ak}a_{a1}}\geqslant K_e \tag{3-34}$$

式中　K_e——嵌固稳定安全系数，安全等级为一、二和三级的悬臂式支挡结构，K_e分别不应小于 1.25、1.2 和 1.15；

E_{ak}、E_{pk}——基坑外侧主动土压力、基坑内侧被动土压力标准值（kN）；

a_{a1}、a_{p1}——基坑外侧主动土压力、基坑内侧被动土压力合力作用点至挡土构件底端的距离（m）。

（2）单层锚杆和单层支撑支挡式结构的嵌固深度（l_d）应符合下式嵌固稳定性的要求（如图 3-18 所示）

$$\frac{E_{pk}a_{p2}}{E_{ak}a_{a2}} \geqslant K_e \tag{3-35}$$

式中 K_e——嵌固稳定安全系数，安全等级为一级、二级和三级的锚拉式支挡结构和支撑式支挡结构，K_e分别不应小于 1.25、1.2 和 1.15；

E_{ak}、E_{pk}——基坑外侧主动土压力、基坑内侧被动土压力标准值（kN）；

a_{a2}、a_{p2}——基坑外侧主动土压力、基坑内侧被动土压力合力作用点至支点的距离（m）。

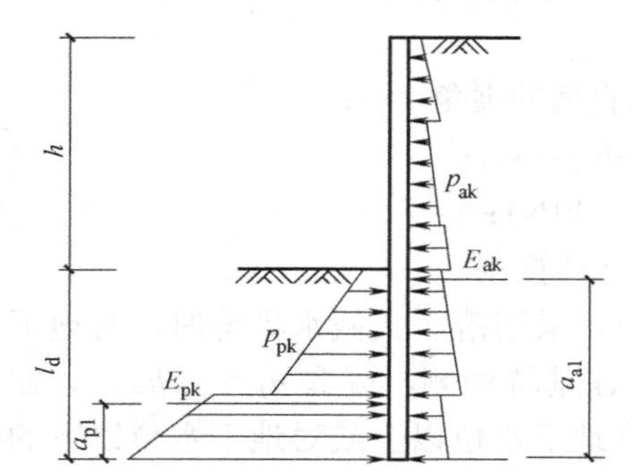

图 3-17 悬臂式支挡结构嵌固稳定性验算

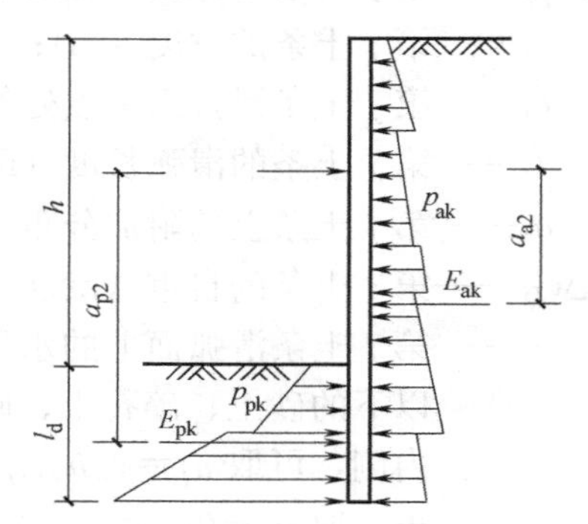

图 3-18 单支点锚拉式支挡结构和支撑式支挡结构的嵌固稳定性验算

（3）双排桩的嵌固深度（l_d）应符合下式嵌固稳定性的要求（如图 3-19 所示）：

$$\frac{E_{pk}a_p + Ga_G}{E_{ak}a_a} \geqslant K_e \tag{3-36}$$

式中 K_e——嵌固稳定安全系数，安全等级为一、二和三级的双排桩，K_e分别不应小于 1.25、1.2 和 1.15；

E_{ak}、E_{pk}——基坑外侧主动土压力、基坑内侧被动土压力标准值（kN）；

a_a、a_p——基坑外侧主动土压力、基坑内侧被动土压力合力作用点至双排桩底端的距离（m）；

G——双排桩、刚架梁和桩间土的自重之和（kN）；

a_G——双排桩、刚架梁和桩间土的重心至前排桩边缘的水平距离（m）。

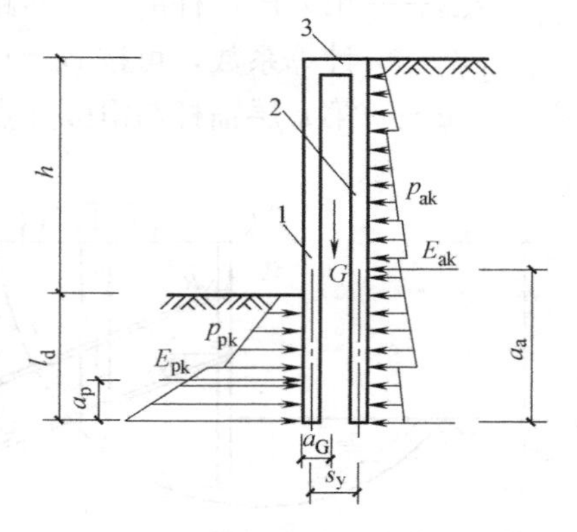

图 3-19 双排桩的嵌固稳定性验算

3.6.2 整体滑动稳定性验算

锚拉式、悬臂式支挡结构和双排桩应按下列规定进行整体滑动稳定性验算：

（1）整体滑动稳定性可采用圆弧滑动条分法进行验算；

（2）采用圆弧滑动条分法时，其整体滑动稳定性应符合下列规定（如图 3-20 所示）：

$$\min\{K_{s,1}, K_{s,2}, \cdots, K_{s,i}, \cdots\} \geqslant K_s \tag{3-37}$$

$$K_{s,i}=\frac{\sum\{c_j l_j+[(q_j b_j+\Delta G_j)\cos\theta_j-u_j l_j]\tan\varphi_j\}+\sum R'_{k,k}[\cos(\theta_k+\alpha_k)+\psi_v]/s_{x,k}}{\sum(q_j b_j+\Delta G_j)\sin\theta_j} \tag{3-38}$$

式中 K_s——圆弧滑动稳定安全系数，安全等级为一级、二级和三级的双排桩，K_s分别不应小于 1.35、1.3 和 1.25；

$K_{s,i}$——第 i 个圆弧滑动体的抗滑力矩与滑动力矩的比值，其最小值宜通过搜索不同圆心及半径的所有潜在滑动圆弧确定；

c_j、φ_j——第 j 土条滑弧面处土的黏聚力（kPa）和内摩擦角（°）；

b_j——第 j 土条的宽度（m）；

θ_j——第 j 土条滑弧面中点处的法线与垂直面的夹角（°）；

l_j——第 j 土条的滑弧长度（m），取 $l_j=b_j/\cos\theta_j$；

q_j——第 j 土条上的附加分布荷载标准值（kPa）；

ΔG_j——第 j 土条的自重（kN），按天然重度计算；

u_j——第 j 土条滑弧面上的水压力（kPa），采用落底式截水帷幕时，对地下水位以下的砂土、碎石土、砂质粉土，在基坑外侧，可取 $u_j=\gamma_w h_{wa,j}$，在基坑内侧，可取 $u_j=\gamma_w h_{wp,j}$，滑弧面在地下水位以上或对地下水位以下的黏性土，取 $u_j=0$；

γ_w——地下水重度（kN/m³）；

$h_{wa,j}$——基坑外侧第 j 土条滑弧面中点的压力水头（m）；

$h_{wp,j}$——基坑内侧第 j 土条滑弧面中点的压力水头（m）；

$R'_{k,k}$——第 k 层锚杆在滑动面以外的锚固段的极限抗拔承载力标准值与锚杆杆体受拉承载力标准值（$f_{pk}A_p$）的较小值（kN）；锚固段的极限抗拔承载力应按照上文 3.3 节的规定计算，但锚固段应取滑动面以外的长度；对悬臂式、双排桩支挡结构，不考虑$\sum R'_{k,k}[\cos(\theta_k+\alpha_k)+\psi_v]/s_{x,k}$项；

α_k——第 k 层锚杆的倾角（°）；

θ_k——滑弧面在第 k 层锚杆处的法线与垂直面的夹角（°）；

$s_{x,k}$——第 k 层锚杆的水平间距（m）；

ψ_v——计算系数，可按 $\psi_v=0.5\sin(\theta_k+\alpha_k)\tan\varphi$ 取值；

φ——第 k 层锚杆与滑弧交点处土的内摩擦角（°）。

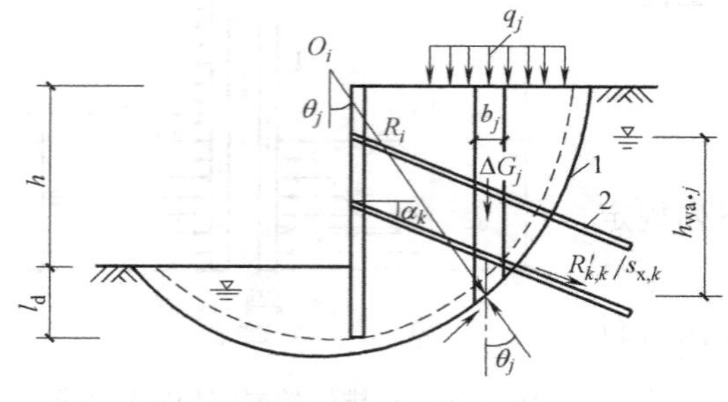

图 3-20 圆弧滑动条分法整体稳定性验算

当挡土构件底端以下存在软弱下卧土层时，整体稳定性验算滑动面中应包括由圆弧与软弱土层层面组成的复合滑动面。

3.6.3 坑底隆起稳定性验算

1. 锚拉式支挡式结构和支撑式支挡结构的嵌固深度应符合下列坑底隆起稳定性要求（图 3-21）：

$$\frac{\gamma_{m2}l_d N_q + cN_c}{\gamma_{m1}(h+l_d)+q_0} \geqslant K_b \qquad (3\text{-}39)$$

$$N_q = \tan^2\left(45° + \frac{\varphi}{2}\right)e^{\pi\tan\varphi}; \quad N_c = (N_q - 1)/\tan\varphi$$

式中 K_b——抗隆起安全系数，安全等级为一、二和三级的支护结构，K_b 分别不应小于 1.8、1.6 和 1.4；

γ_{m1}、γ_{m2}——基坑外、基坑内挡土构件底面以上土的天然重度（kN/m³），对多层土取各层土按厚度加权的平均重度；

l_d——挡土构件的嵌固深度（m）；

h——基坑深度（m）；

q_0——地面均布荷载（kPa）；

N_c、N_q——承载力系数；

c、φ——挡土构件底面以下土的黏聚力（kPa）、内摩擦角（°）。

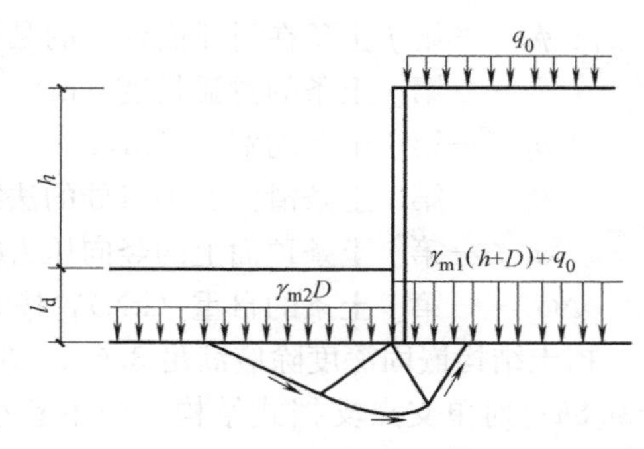

图 3-21 挡土构件底端平面下土的隆起稳定性验算

2. 当挡土构件底面以下存在软弱下卧土层时，坑底隆起稳定性的验算部位尚应包括软弱下卧层。软弱下卧层的隆起稳定性可按式（3-39）验算，但式中的 γ_{m1}、γ_{m2} 应取软弱下卧层顶面以上土的重度（如图 3-22 所示），l_d 应以 D（基坑底面至软弱下卧层顶面的土层厚度（m））代替。

3. 悬臂式支挡结构可不进行隆起稳定性验算。

3.6.4 圆弧滑动稳定性验算

锚拉式支挡结构和支撑式支挡结构，当坑底以下为软土时，其嵌固深度应符合下列以最下层支点为轴心的圆弧滑动稳定性要求（如图 3-23 所示）：

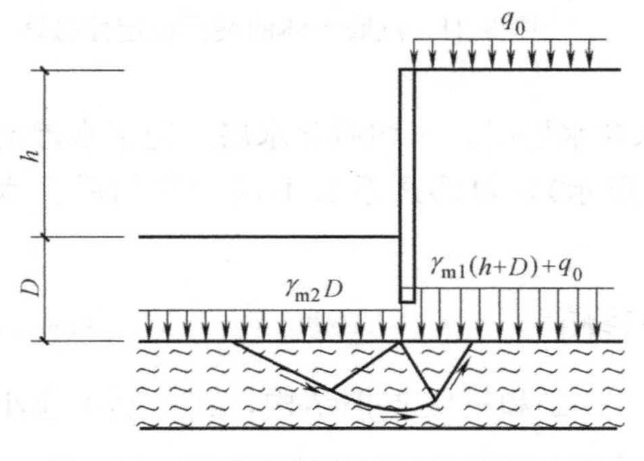

图 3-22 软弱下卧层的隆起稳定性验算

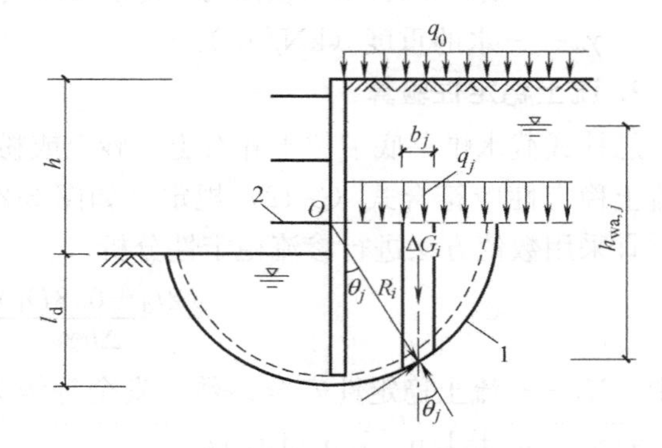

图 3-23 以最下层支点为轴心的圆弧滑动稳定性验算

$$\frac{\sum[c_j l_j + (q_j b_j + \Delta G_j)\cos\theta_j \tan\phi_j]}{\sum(q_j b_j + \Delta G_j)\sin\theta_j} \geqslant K_r \qquad (3\text{-}40)$$

式中 K_r——以最下层支点为轴心的圆弧滑动稳定安全系数，安全等级为一级、二级和三级的支挡式结构，K_r 分别不应小于 2.2、1.9 和 1.7；

c_j、ϕ_j——第 j 土条在滑弧面处土的黏聚力（kPa）、内摩擦角（°）；

l_j——第 j 土条的滑弧长度（m），取 $l_j = b_j/\cos\theta_j$；

b_j——第 j 土条的宽度（m）；

θ_j——第 j 土条滑弧面中点处的法线与垂直面的夹角（°）；

q_j——第 j 土条顶面上的竖向压力标准值（kPa）；

ΔG_j——第 j 土条的自重（kN），按天然重度计算。

挡土结构嵌固深度除应满足 3.6.1～3.6.4 节的规定之外，对悬臂式结构，尚不宜小于 $0.8h$；对单支点支挡式结构，尚不宜小于 $0.3h$；对多支点支挡式结构，尚不宜小于 $0.2h$（基坑深度（m））。

3.6.5　地下水渗透稳定性验算

采用悬挂式截水帷幕或坑底以下存在水头高于坑底的承压含水层时，应进行地下水渗透稳定性验算，以防止发生突涌、流土等破坏现象。

1. 突涌稳定性验算

坑底以下有水头高于坑底的承压含水层，且未用截水帷幕隔断其基坑内外的水力联系时，承压水作用下的坑底突涌稳定性应符合下式规定（如图 3-24 所示）：

$$\frac{D\gamma}{h_w\gamma_w} \geqslant K_h \tag{3-41}$$

式中　K_h——突涌稳定安全系数，不应小于 1.1；

D——承压水含水层顶面至坑底的土层厚度（m）；

γ——承压水含水层顶面至坑底土层的天然重度（kN/m³），对多层土，取各层土按厚度加权的平均天然重度；

h_w——承压水含水层顶面的压力水头高度（m）；

γ_w——水的重度（kN/m³）。

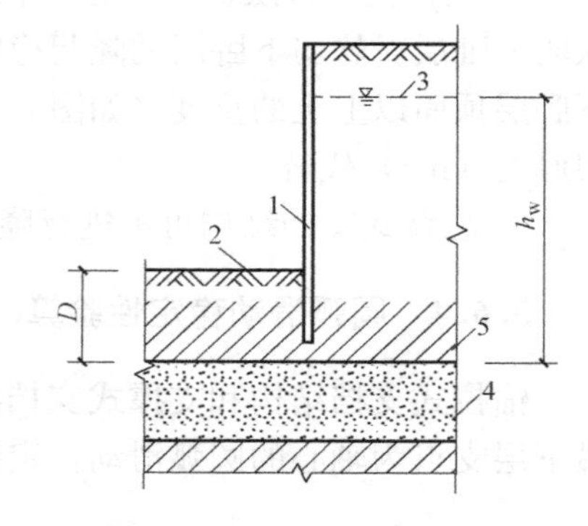

图 3-24　坑底土体的突涌稳定性验算

2. 流土稳定性验算

悬挂式截水帷幕底端位于碎石土、砂土或粉水含水层时，对均质含水层，地下水渗流的流土稳定性应符合式（3-42）规定（如图 3-25 所示），对渗透系数不同的非均质含水层，宜采用数值方法进行渗流稳定性分析。

$$\frac{(2l_d + 0.8D_1)\gamma'}{\Delta h\gamma_w} \geqslant K_f \tag{3-42}$$

式中　K_f——流土稳定性安全系数，安全等级为一、二和三级支护结构，其分别不应小于 1.6、1.5 和 1.4；

l_d——截水帷幕在坑底以下的插入深度（m）；

γ'——土的浮重度（kN/m³）；

Δh——基坑内外的水头差（m）；

γ_w——水的重度（kN/m³）。

坑底以下为级配不连续的砂土、碎石土含水层时，应进行土的管涌的可能性的判别。

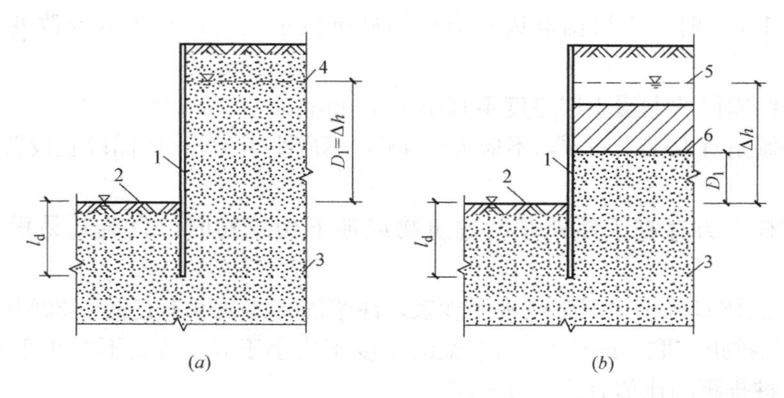

图 3-25 采用悬挂式帷幕截水时的流土稳定性验算
(a) 潜水；(b) 承压水

3.7 构造要求

1. 采用混凝土灌注桩时，对悬臂式排桩，支护桩的桩径宜大于或等于 600mm；对锚拉式排桩或支撑式排桩，支护桩的桩径宜大于或等于 400mm；排桩的中心距不宜大于桩直径的 2.0 倍。

2. 排桩顶部应设钢筋混凝土冠梁连接，冠梁宽度（水平方向）不宜小于桩径，冠梁高度（竖直方向）不宜小于桩径的 0.6 倍。排桩与桩顶冠梁的混凝土强度等级宜大于 C25；当冠梁作为连系梁时可按构造配筋。

3. 基坑开挖后，排桩的桩间土防护可采用钢筋网或钢丝网喷射混凝土护面，喷射混凝土面层的厚度不宜小于 50mm，混凝土强度等级不宜低于 C20，混凝土面层内配置的钢筋网的纵横向间距不宜大于 200mm。当桩间渗水时，应在护面设泄水孔。

4. 悬臂式现浇钢筋混凝土地下连续墙厚度不宜小于 600mm，地下连续墙顶中应设置钢筋混凝土冠梁，冠梁宽度不宜小于地下连续墙厚度，高度不宜小于墙厚的 0.6 倍。

5. 水下灌注混凝土地下连续墙混凝土强度等级宜大于 C30，地下连续墙作为地下室外墙时还应满足抗渗要求。

6. 地下连续墙的受力钢筋应采用 HRB335 级或 HRB400 级钢筋，直径不宜小于 16mm，净间距不宜小于 75mm。构造钢筋宜采用用 HPB235、HRB335 或 HRB400 级钢筋，直径不宜小于 12mm，水平钢筋间距宜取 200～400mm。

7. 锚杆长度设计应符合下列规定：

(1) 锚杆自由段长度不宜小于 5m 并应超过潜在滑裂面 1.5m；钢绞线、钢筋杆体在自由段应设置隔离套管；

(2) 土层锚杆锚固段长度不宜小于 6m；

(3) 锚杆杆体下料长度应为锚杆自由段、锚固段及外露长度之和，外露长度须满足台座、腰梁尺寸及张拉作业要求。

8. 锚杆的布置应符合下列规定：

(1) 锚杆的水平间距不宜小于 1.5m；对多层锚杆，其竖向间距不宜小于 2.0m；当锚杆的间距小于 1.5m 时，应根据群锚效应对锚杆抗拔承载力进行折减或改变相邻锚杆的倾角；

（2）锚杆锚固段的上覆土层厚度不宜小于 4.0m；

（3）锚杆倾角宜取 15°～25°，不应大于 45°，不应小于 10°；锚固段宜设置在强度较高的土层内；

（4）当锚杆上方存在天然地基的建筑物或地下构筑物时，宜避开易塌孔、变形的土层。

9. 锚杆锚固体宜采用水泥浆或水泥砂浆，注浆固结体强度不宜低于 20MPa。

10. 双排桩排距宜取 $2d$～$5d$，刚架梁的宽度不应小于 d，高度不宜小于 $0.8d$，刚架梁高度与双排桩排距的比值宜取 1/6～1/3。

11. 双排桩结构的嵌固深度，对淤泥质土，不宜小于 $1.0h$；对淤泥，不宜小于 $1.2h$；对一般黏性土和砂土，不宜小于 $0.6h$。前排桩端宜置于桩端阻力较高的土层。采用泥浆护壁灌注桩时，施工时孔底沉渣厚度不应大于 50mm，或应采用桩底后注浆加固沉渣。

12. 双排桩应按偏心受压、偏心受拉构件进行支护桩的截面承载力计算，刚架梁应根据其跨高比按普通受弯构件或深受弯构件进行截面承载力计算。双排桩结构的截面承载力和构造应符合现行国家标准《混凝土结构设计规范》GB 50010 的有关规定。

13. 前、后排桩与刚架梁节点处，桩的受拉钢筋与刚架梁受拉钢筋的搭接长度不应小于受拉钢筋锚固长度的 1.5 倍，其节点构造尚应符合现行国家标准《混凝土结构设计规范》GB 50010 对框架顶层端节点的有关规定。

3.8 工程实例

3.8.1 单排桩墙实例

某工程挖土深度为 6.3m，地面超载为均布荷载 20kN/m²，工程地质勘察情况如图 3-26所示，拟采用 ϕ100@1100 悬臂钻孔灌注桩支护，C25 混凝土，主筋 24ϕ28，配筋率 ρ_R = 1.9%。试求桩长、最大弯矩和桩顶位移。

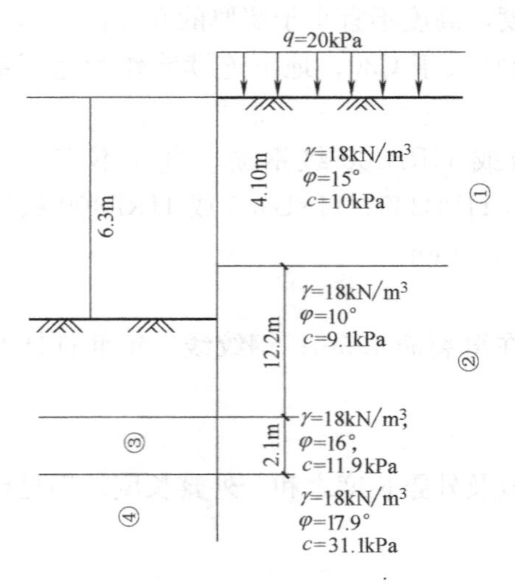

图 3-26 计算简图

解：

（1）本例采用等值梁法，先计算 c，φ 加权平均值

初设桩长为 21m，进入④层土 2.6m。故基坑以上和以下土的 c，φ 加权平均值分别为：

$$c_1=(10\times4.1+9.1\times2.2)/6.3=9.7\text{kPa}$$

$$\varphi_1=(15\times4.1+10\times2.2)/6.3=13.3$$

$$c_2=(9.1\times10+11.9\times2.1+31.1\times2.6)/14.7$$
$$=13.4\text{kPa}$$

$$\varphi_2=(10\times10+16.8\times2.1+17.9\times2.6)/14.7$$
$$=12.4$$

（2）土压力计算

主、被动土压力系数 K_a、K_p 的计算

$$\sigma_{a1上}=20\times0.63-2\times9.7\times0.79=-2.726\text{kPa}<0$$

$$\sigma_{a1下}=(20+6.3\times18)\times0.63-2\times9.7\times0.79=68.72\text{kPa}$$

$$\sigma_{a2上}=133.4\times0.65-2\times13.4\times0.80=65.27\text{kPa}$$

$$\sigma_{a2下}=[(133.4+14.7\times18)\times0.65-2\times13.4]\times0.80=237.26\text{kPa}$$

$$\sigma_{p2上}=2\times13.4\times1.24=33.23\text{kPa}$$

$$\sigma_{p2下}=14.7\times18\times1.55+33.23=443.36\text{kPa}$$

土压力为零的点 x_0（如图 3-27 所示）

$$\frac{x_0}{14.7-x_0}=\frac{32.04}{206.1},x_0=1.98\text{m}$$

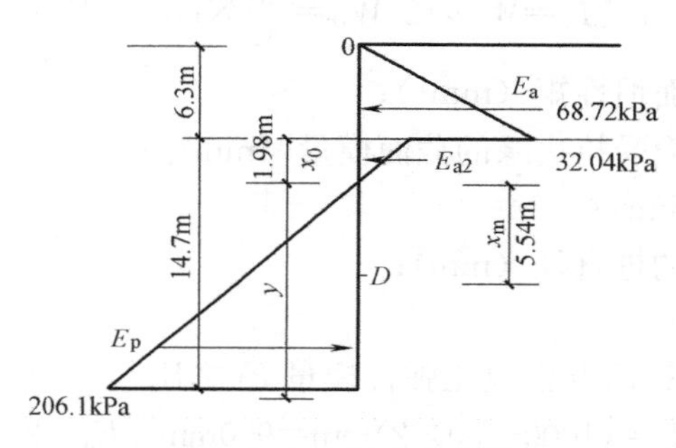

图 3-27　土压力分布图

（3）计算桩长

设桩进入土压力为零点以下 y，桩底以下被动土压力与主动土压力对桩底得弯矩相等，即桩底处 $M_p=M_a$，有

$$M_p=\frac{1}{2}\times\frac{32.04}{1.98}\times y\times y\times\frac{1}{3}\times y=2.7y^3$$

$$\begin{aligned}M_a&=\frac{1}{2}\times6.3\times68.72\times\left(y+\frac{6.3}{3}+1.98\right)\\&\quad+\frac{1}{2}\times1.98\times32.04\times\left(y+1.98\times\frac{2}{3}\right)\\&=248.19y+925.07\end{aligned}$$

$2.7y^3-(248.19y+925.07)=0$，得：$y=11.08\text{m}$

考虑安全系数为 1.2，桩长

$l=(6.3+1.98+11.08\times1.2)=21.58\text{m}$。

（4）桩身最大弯矩计算

首先求剪力零点 x_m，土压力分布如图 3-28 所示：

$$E_{a1}=\frac{1}{2}\times68.72\times6.3=216.4\text{kN/m};E_{a2}=\frac{1}{2}\times32.04\times1.98=31.72\text{kN/m};$$

$$E_p=\frac{1}{2}\times x_m\times\sigma_{pm}$$

主动土压力 E_{ai} 之和与被动土压力 E_{pi} 之和相等，即 $\sum E_{ai}=\sum E_{pi}$，可得

$216.4+31.72=\frac{1}{2}\times x_m\times\left(\frac{32.04}{1.98}\times x_m\right)$，得：$x_m=5.54$m

$\sigma_{pm}=\frac{32.04}{1.98}\times x_m=89.65$kPa

可得最大弯矩：

$$M_{max}=216.4\times(2.1+1.98+5.54)+31.72\times\left(\frac{2}{3}\times1.98+5.54\right)$$
$$-\frac{1}{2}\times89.65\times5.54\times\frac{1}{3}\times5.54=1840.8$$

（5）桩顶位移计算

ϕ1000 钻孔灌注桩，C25 混凝土，主筋 24ϕ28，配筋率 $\rho_R=1.9\%$，计算 EI。

$$EI=0.85E_hI_0;\quad I_0=W_0d/2;W_0=\frac{\pi d}{32}\times[d^2+2(a_E-1)\rho_Rd_0{}^2]。$$

式中 I_0——桩身换算截面惯性矩（mm^4）；

W_0——桩身换算截面受拉边缘的截面模量（mm^3）；

d——桩的直径（mm）；

d_0——扣除保护层的桩直径（mm）；

ρ_R——桩身配筋率；

a_E——钢筋弹性模量 E_s 与混凝土弹性模量 E_h 之比。

已知：$d=1000$mm，$d_0=(1000-50\times2)$mm$=900$mm，$E_a=2.0\times10^5$Pa，$\rho_R=1.9\%$。

由规范查表得，$E_h=2.8\times10^4$Pa；

则求得：$W_0=116.80\times10^6$mm^3；$I_0=58.40\times10^9$mm^4；$EI=1.39\times10^6$kN·m^2

位移计算：

以弯矩最大点作为固定端，悬臂承受三种三角形荷载（如图 3-28 所示）

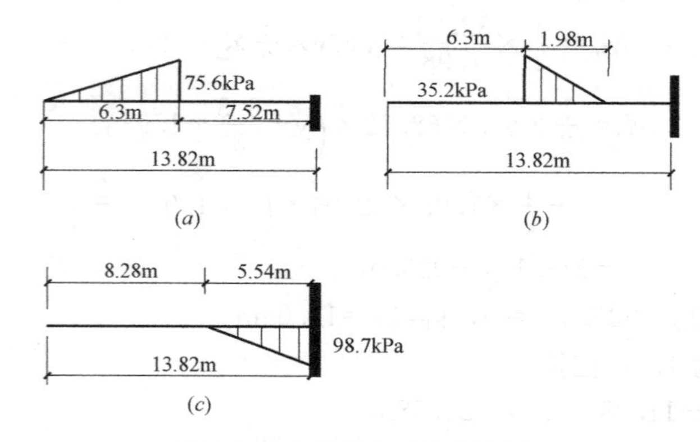

图 3-28 悬臂桩位移计算简图

对于图 3-28（a）：

$$q=68.72\text{kN/m}^2\times1.1\text{m}=75.6\text{kN/m},c=6.3\text{m},b=(7.52+6.3/3)\text{m}=9.62\text{m}$$

$$l=13.82\text{m},a=2/3\times6.3\text{m}=4.2\text{m},EI=1.39\times106\text{kN}\cdot\text{m}^2$$

$$\Delta_1=qc/72EI\times[18b^2l-6b^3+ac^2-2c^3/45]=8.5\text{cm}$$

对于图 3-28（b）：

$$q=32.04\text{kN/m}^2\times1.1\text{m}=35.2\text{kN/m},c=1.98\text{m},a=(6.3+1.98/3)\text{m}=6.96\text{m}$$

$$b=(13.82-6.96)=6.86\text{m},l=13.82\text{m},$$

$$\Delta_2=qc/72EI\times[18b^2l-6b^3+ac^2-2c^3/45]=0.69\text{cm}$$

对于图 3-28 (c):

$$q=89.65\text{kN/m}^2\times1.1\text{m}=98.7\text{kN/m},c=5.54\text{m},a=(8.28+2/3\times5.54)\text{m}=11.97\text{m}$$

$$b=5.54/3=1.85\text{m},l=13.82\text{m}$$

$$\Delta_3=qc/72EI\times[18b^2l-6b^3+ac^2-2c^3/45]=0.64\text{cm}$$

桩顶位移

$$\Delta=\Delta_1+\Delta_2-\Delta_3=8.55\text{cm}$$

考虑到桩后土体变形，取桩顶位移为 $2\Delta=17.1\text{cm}$。

3.8.2 双排桩工程实例

已知某工程场地土层信息如图 3-29 所示，基坑开挖深度为 10.5m，双排桩前后排桩采取等长，长度为 22m，桩径长度 1m；前后排桩之间连系梁截面尺寸为 $b\times h=1.0\text{m}\times1.0\text{m}$，采用 C25 混凝土；桩间距 2.5m；排距 4.0m；双排桩钢筋采用 HRB335，$f_{ak}=400\text{N/mm}^2$。试求前后排桩的弯矩、内力和位移值。

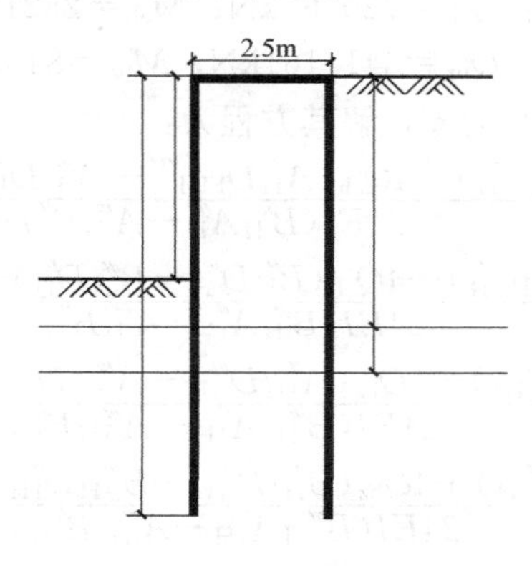

图 3-29　支护简图

解：

(1) 先计算前排桩到滑裂面的距离 L_0：

$$L_0=L\tan(45^\circ-\phi/2)=10.5\times\tan(45^\circ-12/2)=8.5027$$

又因为双排桩排距小于 L_0，则 $\beta=\frac{2L}{L_0}-\left(\frac{L}{L_0}\right)^2=\frac{2\times2.5}{8.5027}-\left(\frac{2.5}{8.5027}\right)^2=0.5013$。

(2) 计算前后排桩的土压力：由于临界深度很小，忽略临界深度。则作用在前后排桩的土压力为：

前排桩：

$$P_A=\beta\left(\frac{1}{2}k_a\gamma h^2-2ch\sqrt{k_a}+\frac{2c^2}{\gamma}\right)=0.5013\times$$

$$(19.2\times10.5\times1.050-2\times12\times\sqrt{1.525})=137.25\text{kN/m}$$

后排桩：

$$P_B=(1-\beta)(k_a\gamma z_0-2c\sqrt{k_a})b=(1-0.5013)\times$$
$$(19.2\times7.413\times1.505-2\times12\times\sqrt{1.525})=92.044\text{kN/m}$$

其中：

$$z_0=h-l\cot\left(\frac{\pi}{4}-\frac{\varphi}{2}\right)=10.5-2.5\times\cot(45-12/2)=7.413\text{m}$$

总土压力为：

$$P_b(x)=mb_0(x-z_0)y-P_B$$
$$b_0=0.9\times(1.5\times1+0.5)=1.8\text{m}$$

从相关规范查得不同土的地基系数比例系数为：杂填土 $m_1=5\times10^3\text{m/kPa}$，淤泥 $m_2=3\times10^3\text{m/kPa}$，圆砾 $m_3=1.1\times10^4\text{m/kPa}$，从而得到地基系数比例系数 $m=\dfrac{m_1h_1^2+m_2(2h_1+h_2)h_2+m_3(2h_1+2h_2+h_3)h_3}{h_m^2}$，代入相关数值得到 m=4087.8kPa。

双排桩截面面积为 $S_1=\pi r^2=3.14\times0.5^2=0.785\text{m}^2$，惯性矩 $I_1=\dfrac{\pi d^4}{64}=0.0491\text{m}^4$；

连系梁截面面积 $S_2=b\times h=1\times1=1\text{m}^2$，惯性矩 $I_2=\dfrac{bh^3}{12}=0.0833\text{m}^4$；$EI=1227500\text{kPa}$；

前排桩剪力和弯矩分别为：$Q_{ah}=720.51\text{kN}$；$M_{ah}=25212.785\text{kN}\cdot\text{m}$

后排桩剪力和弯矩分别为：$Q_{bz}=341.161\text{kN}$，$M_{bz}=843.01\text{kN}\cdot\text{m}$

对双排桩底端求弯矩并令其为零，解其方程为：

$$\varphi_{ah}=-\frac{12M_{ah}(A''_HC'''_H-A'''_HC''_H)+4Q_{ah}(A''_HD_{EIH}'''-A'''_HD''_H)+P_A(A''_HE'''_H-A'''_HE''_H)}{24EI(B'''_HA''_H-A'''_HB'')}$$

$$y_{ah}=\frac{12M_{ah}(B''_HC'''_H-B'''_HC''_H)+4Q_{ah}(B''_HD'''_H-B'''_HD''_H)+P_A(B''_HE''_H-B'''_HE'''_H)}{24EI(B'''_HA''_H-A'''_HB'')}$$

$$\varphi_{bz}=-\frac{12M_{bz}(A''_{1H}C'''_H-A'''_HC''_{1H})+4Q_{bz}(A''_{1H}D'''_{1H}-A'''_{1H}D''_{1H})+P_B(A''_{1H}E'''_{1H}-A'''_{1H}E''_{1H})}{24EI(B'''_{1H}A''_{1H}-A'''_{1H}B''_{1H})}$$

$$y_{bz}=\frac{12M_{bz}(B''_{1H}C'''_{1H}-B'''_{1H}C''_{1H})+4Q_{bz}(B''_{1H}D'''_{1H}-B'''_{1H}D''_{1H})+P_B(B''_{1H}E''_{1H}-B'''_{1H}E'''_{1H})}{24EI(B'''_{1H}A''_{1H}-A'''_{1H}B''_{1H})}$$

其中：

$$A_x=\sum_{k=1}^{\infty}\frac{\left(-\frac{mb_0}{EI}\right)^k\prod_{i=1}^{k}(5i-4)}{(5k)!}(x-h)^{5k},$$

$$B_x=(x-h)+\sum_{k=1}^{\infty}\frac{\left(-\frac{mb_0}{EI}\right)^k\prod_{i=1}^{k}(5i-3)}{(5k+1)!}(x-h)^{5k+1},$$

$$C_x=(x-h)^2+2\sum_{k=1}^{\infty}\frac{\left(-\frac{mb_0}{EI}\right)^k\prod_{i=1}^{k}(5i-2)}{(5k+2)!}(x-h)^{5k+2},$$

$$E_x=(x-h)^4+24\sum_{k=1}^{\infty}\frac{\left(-\frac{mb_0}{EI}\right)^k\prod_{i=1}^{k}(5i)}{(5k+4)!}(x-h)^{5k+4}$$

根据公式和数据，算得相应数值，如表 3-4 所示。

计算参数 **表 3-4**

参数	数值	参数	数值	参数	数值	参数	数值
A_{H}	−7.732	A'_{H}	−2.394	A''_{H}	−0.0242	A'''_{H}	−0.583
B_{H}	−21.313	B'_{H}	−13.711	B''_{H}	−4.153	B'''_{H}	0.42
C_{H}	−38.714	C'_{H}	−73.04	C''_{H}	−39.89	C'''_{H}	−10.58
D_{H}	504.828	D'_{H}	−277.82	D''_{H}	−305.62	D'''_{H}	−152.661
E_{H}	10862.17	E'_{H}	1044.67	E''_{H}	−1739.5	E'''_{H}	2.619
A_{1H}	−10.208	A'_{1H}	3.236	A''_{1H}	4.769	A'''_{1H}	2.619
B_{1H}	−72.908	B'_{1H}	−12.487	B''_{1H}	−10.638	B'''_{1H}	11.506
C_{1H}	−479.023	C'_{1H}	−204.14	C''_{1H}	−18.241	C'''_{1H}	−43.825
D_{1H}	−2613.82	D'_{1H}	−1987.38	D''_{1H}	−731.12	D'''_{1H}	−3.63
E_{1H}	−4645.15	E'_{1H}	−15322.1	E''_{1H}	−9816	E'''_{1H}	−3180.1

再通过力法可以建立力法方程为：

$$(\lambda_1+\delta_{11})F_0+(\lambda_2+\delta_{12})M_0+(\lambda_3+\delta_{13})Q_0+\Delta_{1P}+\lambda_4=0$$
$$(\lambda_5+\delta_{21})F_0+(\lambda_6+\delta_{22})M_0+(\lambda_7+\delta_{23})Q_0+\Delta_{2P}+\lambda_8=0$$
$$(\lambda_9+\delta_{31})F_0+(\lambda_{10}+\delta_{32})M_0+(\lambda_{11}+\delta_{33})Q_0+\Delta_{3P}+\lambda_{12}=0$$

其中，

$$\lambda_1=\frac{3h[(B''_{H}C'''_{H}-B'''_{H}C''_{H})-h(A''_{H}C'''_{H}-A'''_{H}C''_{H})]+4[(B''_{H}D'''_{H}-B'''_{H}D''_{H})-h(A''_{H}D'''_{H}-A'''_{H}D''_{H})]}{6(A''_{H}B'''_{H}-B''_{H}A'''_{H})EI}-$$
$$\frac{3z[(B'''_{1H}C''_{1H}-B''_{1H}C'''_{1H})+z(A''_{1H}C'''_{1H}-A'''_{1H}C''_{1H})]+4[(B'''_{1H}D''_{1H}-B''_{1H}D'''_{1H})+z(A''_{1H}D'''_{1H}-A'''_{1H}D''_{1H})]}{6(A''_{1H}B'''_{1H}-B''_{1H}A'''_{1H})EI}$$

$$\lambda_2=\frac{(B''_{H}C'''_{H}-B'''_{H}C''_{H})-h(A''_{H}C'''_{H}-A'''_{H}C''_{H})}{2(A''_{H}B'''_{H}-B''_{H}A'''_{H})EI}+\frac{(B'''_{1H}C''_{1H}-B''_{1H}C'''_{1H})+z(A''_{1H}C'''_{1H}-A'''_{1H}C''_{1H})}{2(A''_{1H}B'''_{1H}-B''_{1H}A'''_{1H})EI}$$

$$\lambda_3=\frac{L(B''_{H}C'''_{H}-B'''_{H}C''_{H})-6Lh(A''_{H}C'''_{H}-A'''_{H}C''_{H})}{4(A''_{H}B'''_{H}-B''_{H}A'''_{H})EI}+\frac{zL(A'''_{1H}C''_{1H}-A''_{1H}C'''_{1H})-6L(B''_{1H}C'''_{1H}-B'''_{1H}C''_{1H})}{4(A''_{1H}B'''_{1H}-B''_{1H}A'''_{1H})EI}$$

$$\lambda_4=\frac{12M(P_{ah})[(B''_{H}C'''_{H}-B'''_{H}C''_{H})-h(A''_{H}C'''_{H}-A'''_{H}C''_{H})]+4Q(P_{ah})[(B'''_{H}D''_{H}-B''_{H}D'''_{H})+h(A''_{H}D'''_{H}-A'''_{H}D''_{H})]}{24(A''_{H}B'''_{H}-B''_{H}A'''_{H})EI}-$$
$$\frac{P_{A}[(B''_{H}E'''_{H}-B'''_{H}E''_{H})-h(A''_{H}E'''_{H}-A'''_{H}E''_{H})]}{24(A''_{H}B'''_{H}-B''_{H}A'''_{H})EI}+\frac{12M(P_{bz})[(B''_{1H}C'''_{1H}-B'''_{1H}C''_{1H})-z(A''_{1H}C'''_{1H}-A'''_{1H}C''_{1H})]}{24(A''_{1H}B'''_{1H}-B''_{1H}A'''_{1H})EI}+$$
$$\frac{4Q(P_{bz})[(B''_{1H}D'''_{1H}-B'''_{1H}D''_{1H})-z(A''_{1H}D'''_{1H}-A'''_{1H}D''_{1H})]+P_{B}[z(A''_{1H}E'''_{1H}-A'''_{1H}E''_{1H})-(B''_{1H}E'''_{1H}-B'''_{1H}E''_{1H})]}{24(A''_{1H}B'''_{1H}-B''_{1H}A'''_{1H})EI}$$

$$\lambda_5=-\frac{(A''_{H}D'''_{H}-A'''_{H}D''_{H})+3h(A''_{H}C'''_{H}-A'''_{H}C''_{H})}{6(A''_{H}B'''_{H}-B''_{H}A'''_{H})EI}+\frac{(A'''_{1H}D''_{1H}-A''_{1H}D'''_{1H})+3z(A''_{1H}C'''_{1H}-A'''_{1H}C''_{1H})}{6(A''_{1H}B'''_{1H}-B''_{1H}A'''_{1H})EI}$$

$$\lambda_6=-\frac{(A''_{H}C'''_{H}-A'''_{H}C''_{H})}{2(A''_{H}B'''_{H}-B''_{H}A'''_{H})EI}+\frac{(A'''_{1H}C''_{1H}-A''_{1H}C'''_{1H})}{2(A''_{1H}B'''_{1H}-B''_{1H}A'''_{1H})EI}$$

$$\lambda_7=-\frac{L(A''_{H}C'''_{H}-A'''_{H}C''_{H})}{4(A''_{H}B'''_{H}-B''_{H}A'''_{H})EI}+\frac{L(A'''_{1H}C''_{1H}-A''_{1H}C'''_{1H})}{4(A''_{1H}B'''_{1H}-B''_{1H}A'''_{1H})EI}$$

$$\lambda_8=-\frac{12M(P_{ah})(A''_{H}C'''_{H}-A'''_{H}C''_{H})+4Q(P_{ah})(A'''_{H}D''_{H}-A''_{H}D'''_{H})+P_{A}[(A''_{H}E'''_{H}-A'''_{H}E''_{H})}{24(A''_{H}B'''_{H}-B''_{H}A'''_{H})EI}$$
$$+\frac{12M(P_{bz})(A'''_{1H}C''_{1H}-A''_{1H}C'''_{1H})+4Q(P_{bz})(A''_{1H}D'''_{1H}-A'''_{1H}D''_{1H})]+P_{B}(A''_{1H}E'''_{1H}-A'''_{1H}E''_{1H})}{24(A''_{1H}B'''_{1H}-B''_{1H}A'''_{1H})EI}$$

$$\lambda_9=-\frac{(A''_HD'''_H-A'''_HD''_H)+3h(A''_HC'''_H-A'''_HC''_H)}{12(A''_HB'''_H-B''_HA'''_H)EI}-\frac{(A'''_{1H}D''_{1H}-A''_{1H}D'''_{1H})+3z(A'''_{1H}C''_{1H}-A''_{1H}C'''_{1H})}{12(A''_{1H}B'''_{1H}-B''_{1H}A'''_{1H})EI}$$

$$\lambda_{10}=-\frac{L(A''_HC'''_H-A'''_HC''_H)}{4(A''_HB'''_H-B''_HA'''_H)EI}-\frac{L(A'''_{1H}C''_{1H}-A''_{1H}C'''_{1H})}{4(A''_{1H}B'''_{1H}-B''_{1H}A'''_{1H})EI}$$

$$\lambda_{11}=\frac{L^2}{2}\left[-\frac{(A''_HC'''_H-A'''_HC''_H)}{4(A''_HB'''_H-B''_HA'''_H)EI}-\frac{(A'''_{1H}C''_{1H}-A''_{1H}C'''_{1H})}{4(A''_{1H}B'''_{1H}-B''_{1H}A'''_{1H})EI}\right]+\frac{1}{k_0}+\frac{1}{k_1}$$

$$\lambda_{12}=\frac{L}{2}\left[-\frac{12M(P_{ah})(A''_HC'''_H-A'''_HC''_H)+4Q(P_{ah})(A'''_HD''_H-A''_HD'''_H)+P_A(A''_HE'''_H-A'''_HE''_H)}{24(A''_HB'''_H-B''_HA'''_H)EI}\right]$$

$$-\frac{L}{2}\left[\frac{12M(P_{bz})(A'''_{1H}C''_{1H}-A''_{1H}C'''_{1H})+4Q(P_{bz})(A'''_{1H}D''_{1H}-A''_{1H}D'''_{1H})+P_B(A''_{1H}E'''_{1H}-A'''_{1H}E''_{1H})}{24(A''_{1H}B'''_{1H}-B''_{1H}A'''_{1H})EI}\right]$$

$$\Delta_F=y_{ah}+h\varphi_{ah}-y_{bz}-z\varphi_{bz},\Delta_M=\varphi_{ah}-\varphi_{bz},\Delta_Q=(\varphi_{ah}-\varphi_{bz})\frac{L}{2}+\frac{Q_0}{k_0}+\frac{Q_0}{k_1}$$

$$k_0=(H-h)m\pi\left(\frac{d}{2}\right)^2,k_1=(H-z)m\pi\left(\frac{d}{2}\right)^2$$

式中　d——桩的直径（m）；

H——桩的全长（m）；

h——前排桩滑裂面到顶面高度（m）；

z——后排桩滑裂面到顶面的距离（m）。

对相关参数求解如表 3-5 所示。

λ 计算结果　　　　表 3-5

$\lambda_1=-0.8436959845\times e^{-3}$	$\lambda_2=-0.6918699710\times e^{-4}$	$\lambda_3=-0.4008309529\times e^{-4}$
$\lambda_4=-0.8251148673\times e^{-1}$	$\lambda_5=-0.8878765195\times e^{-4}$	$\lambda_6=-0.7742377016\times e^{-5}$
$\lambda_7=4.4930233\times 10^{-8}$	$\lambda_8=0.009484314966$	$\lambda_9=-0.580874353\times e^{-5}$
$\lambda_{10}=4.493023250\times 10^{-8}$	$\lambda_{11}=0.0000363650402$	$\lambda_{12}=0.02530983484$
$\delta_{11}=0.0008499597527$	$\delta_{12}=-0.2252441181\times e^{-4}$	$\delta_{13}=-0.2815551478\times e^{-4}$
$\delta_{21}=-0.2252441181\times e^{-4}$	$\delta_{22}=0.00001459307536$	$\delta_{23}=-0.3143584522\times e^{-5}$
$\delta_{31}=-0.281555478\times e^{-4}$	$\delta_{32}=-0.3143584522\times e^{-5}$	$\delta_{23}=-0.3143584522\times e^{-5}$

所以可解得：

$$F_0=-407.94\text{kN};Q_0=-25.78\text{kN};M_0=578.26\text{kN}$$

滑裂面处前后排桩弯矩和剪力为：

前排桩：

$$M_a(h)=F_0h+Q_0\frac{L}{2}+M_0+M(P_A),Q_a(h)=F_0-Q(P_A)$$

后排桩：

$$M_b(z)=-F_0z+Q_0\frac{L}{2}-M_0-M(P_B),Q_b(z)=F_0-Q(P_B)$$

求出双排桩的弯矩、剪力、位移值。

思考题：

1. 基坑深 8m，坑外地下水在地面下 1.5m，坑内地下水在坑底面下 1m，坑边满布地面超

载 $q=20\text{kN/m}^2$。地下水位以上 $\gamma=18\text{kN/m}^3$，不固结不排水抗剪强度指标 $c=35\text{kPa}$、$\varphi=4°$；地下水位以下 $\gamma_{sat}=20\text{kN/m}^3$，不固结不排水抗剪强度指标 $c=30\text{kPa}$、$\varphi=2°$（有效应力抗剪强度指标 $c'=33\text{kPa}$、$\varphi'=3°$）。求支护结构的荷载分布。（$(\sigma_x)_{z=2.78}=0$，$(\sigma_x)_{z=8}=73.4\text{kPa}$）

2. 基坑深 8m，坑外地下水在地面下 1m，坑内地下水在坑底面，坑边满布地面超 $q=10\text{kN/m}^2$。地下水位以上 $\gamma=18\text{kN/m}^3$，不固结不排水抗剪强度指标 $c=10\text{kPa}$、$\varphi=8°$；地下水位以下 $\gamma_{sat}=18.5\text{kN/m}^3$，不固结不排水抗剪强度指标 $c=12\text{kPa}$、$\varphi=15°$。锚杆位于地面下 3m。用等值梁法求桩的设计嵌入深度 D。(12.5m)

3. 基坑深 8m，地下水在地面下 1m，坑边满布地面超载 $q=20\text{kN/m}^2$。地下水位以上 $\gamma=18\text{kN/m}^3$，不固结不排水抗剪强度指标 $c=35\text{kPa}$、$\varphi=14°$；地下水位以下 $\gamma_{sat}=20\text{kN/m}^3$，不固结不排水抗剪强度指标 $c=30\text{kPa}$、$\varphi=12°$（有效应力抗剪强度指标 $c'=33\text{kPa}$、$\varphi'=13°$；设地下水位上、下为均一黏性土）。设计钢筋混凝土桩桩身直径 $d=800\text{mm}$，桩中心距 1000mm，锚杆位于地面下 3m。

(1) 求支护结构的荷载分布；（$(\sigma_x)_{z=2.58}=0$，$(\sigma_x)_{z=8}=57.1\text{kPa}$）

(2) 用等值梁法求桩的设计嵌入深度、M_{max}；(11.4m；1653.6kN·m)

(3) 验算支护结构的抗倾覆稳定；(稳定)

(4) 当 $\mu=0.4$，验算支护结构的抗水平滑移稳定性。(稳定)

第 4 章　土钉支护设计与施工

本章学习要点：

首先介绍土钉和复合土钉的概念，以及土钉的适用性和工作原理，然后重点介绍了土钉墙的设计、内部和外部稳定性验算以及土钉墙的施工，最后通过工程实例介绍了土钉墙的设计过程。通过本章的学习，应掌握土钉墙的参数选用、设计计算、内部稳定性和外部稳定性验算。

4.1　概述

4.1.1　土钉支护的发展及概念

现代土钉技术出现在 20 世纪 70 年代，德国、法国、美国、西班牙、巴西、匈牙利和日本等国家几乎在同一时期内，各自独立地提出了这种支护方法并加以开发，被广泛地应用在边坡稳定工程和深基坑支护工程中，它是新奥法概念和加筋土挡墙技术的延伸。1990 年在美国召开的挡土结构国际学术会议上，土钉墙作为一个独立的专题与其他支挡形式并列，开始成了一个独立的地基加固学科分支。我国的土钉支护技术起步较晚，但由于我国经济发展迅速，建设规模巨大，特别是高层建筑深基坑支护和高速公路、铁路护坡的需要，土钉支护工程的数量得到了大大提升。例如，1980 年山西太原煤矿设计院王步云将土钉支护技术用于山西柳湾煤矿的边坡支护；1991 年胡建林等人将土钉墙技术应用于深圳市罗湖区金安大厦的基坑支护工程中；1992 年深圳发展银行大厦基坑工程采用土钉支护技术同样获得了成功。

土钉支护也叫土钉墙（如图 4-1），是以土钉作为主要受力构件的边坡支护技术，它由密集的土钉群、被加固的原位土体、喷射混凝土面层和必要的防水系统组成。土钉支护结构中的土钉（soil nail）是植入土中并注浆形成的承受拉力与剪力的杆件，在土体发生变形时，通过与土体接触面上的粘结力或摩擦力，使土钉被动受力，并主要承受拉力作用。

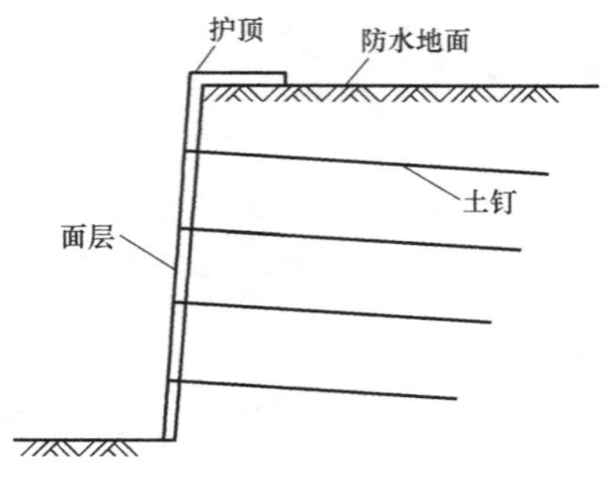

图 4-1　土钉支护示意图

常用的土钉有以下几种类型：

（1）钻孔注浆型：先在土中成孔，再植入变形钢筋，然后沿全长注浆填孔形成。这种土钉几乎适用于各种土层，抗拔力较高，质量较可靠，造价较低，是最常用的土钉类型。

（2）直接打入型：在土体中直接打入钢管、角钢等型钢、钢筋、毛竹和圆木等，不再注浆。由于该类型土钉直径小，与土体间的粘结摩阻强度低，钉长又受限制，所以布置较密。该类型土钉对原位土的扰动较小，但在坚硬黏性土中很难打入，国内应用很少。

（3）打入注浆型：在钢管中部及尾部设置注浆孔成为钢花管，直接打入土中后压灌水泥浆形成土钉。该类型土钉抗拔力较高，特别适用于成孔困难的淤泥、淤泥质土等软弱土层、各种填土及砂土，但造价略高。

4.1.2 土钉支护的特点

与其他支护类型相比，土钉支护具有以下一些特点：

（1）土钉与土体共同形成了一个复合体，土体是支护结构不可分割的部分，从而合理地利用了土体的自稳能力；

（2）结构轻柔，有良好的延性和抗震性；

（3）施工设备及工艺简单。土钉的制作与成孔、喷射混凝土面层都不需要复杂的技术和大型机具；

（4）密封性好，完全将土坡表面覆盖，防止了水土流失及渗流对边坡的冲刷；

（5）施工占用场地少，需要堆放的材料和设备少。支护结构基本上不单独占用空间，能贴近已有建筑物开挖；

（6）对周围环境的干扰小。没有打桩或钻孔机械的轰隆声，也没有地下连续墙施工时污浊的泥浆；

（7）土钉支护是边开挖边支护，流水作业，不占独立工期，施工快捷；

（8）工程造价低，经济效益好。国内外资料表明，土钉支护的工程造价能够比其他支护结构低 1/3～1/2；

（9）容易实现动态设计和信息化施工。

4.1.3 土钉支护的适用性

土钉支护适用于以下条件：地下水位以上或经人工降水后的人工填土、黏性土和弱胶结砂土的基坑支护或边坡加固；基坑周围不具备放坡条件，但邻近无重要建筑或地下管线，基坑地下空间运行土钉占用时；开挖深度不大于 12m 且变形要求不严格的基坑支护或边坡围护。当土钉墙与放坡开挖、土层锚杆联合使用时，深度可以进一步加大。

土钉支护不适用于对基坑周围地下空间控制比较严格的场地，不宜用于含水丰富的粉细砂岩、砂砾卵石层和淤泥质土，不得用于没有自稳能力的淤泥和饱和软弱土层。

4.1.4 复合土钉支护

复合土钉支护是近年来在土钉支护技术基础上发展起来的一种新型支护结构，它是将土钉墙与止水帷幕（深层搅拌桩或旋喷桩）、各种微型桩或钢管土桩、预应力锚杆等结合起来，达到限制基坑上部土体变形、阻止边坡土体内水的渗出和提高边坡面自稳能力的目的，它弥补了单独采用土钉支护技术的一些缺陷和使用限制，极大地扩展了土钉支护技术的应用范围。常见的复合土钉支护有以下三种基本形式：

（1）土钉墙＋预应力锚杆

当土坡较高或对边坡的水平位移要求较严格时，可采用这种支护形式。预应力锚杆一般布置在基坑顶部的第一、二排，对主动区施加初始拉力，进而提高边坡的稳定性、减少坡顶的位移。为降低成本，锚杆可不整排布置，而是与土钉间隔布置，如图 4-2（*a*）所示。

（2）土钉墙＋微型桩

当地层中没有砂土等强透水层或地下水位较低时，如果土体较软弱、自立能力较差或周边建筑物不允许扰动很大时，可采用微型桩超前支护来提高边坡的稳定性、减小基坑的变形，如图 4-2（*b*）所示。微型桩常采用直径 100～300mm 的钻孔灌注桩、型钢桩、钢管桩以及木桩等。

（3）土钉墙＋止水帷幕

在地下水埋藏比较浅的地区开挖基坑时，如果周围环境不允许降水，可以考虑采用这种形式的复合土钉支护，如图 4-2（*c*）所示。止水帷幕可采用搅拌桩及旋喷桩等方法形成。采用该种支护形式可以提高基坑侧壁的稳定性、减少基坑变形、防止坑底隆起和渗流破坏，多用于土质较差、基坑开挖不深的场地。

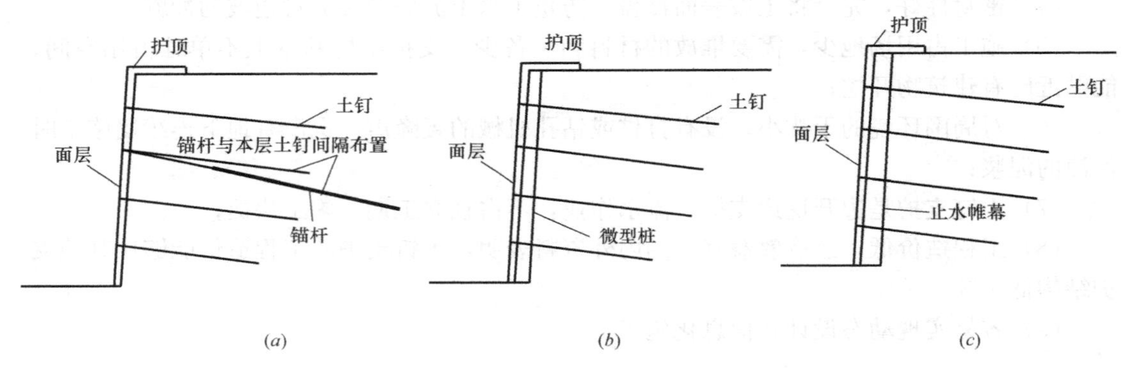

图 4-2　复合土钉支护的基本形式

（*a*）土钉墙＋预应力锚杆；（*b*）土钉墙＋微型桩；（*c*）土钉墙＋止水帷幕

有时根据场地条件可以采取多种形式的联合，例如土钉墙＋止水帷幕＋预应力锚杆、土钉墙＋微型桩＋预应力锚杆、土钉墙＋止水帷幕＋微型桩以及土钉墙＋止水帷幕＋微型桩＋预应力锚杆等。

4.2　土钉支护的作用机理与工作性能

4.2.1　土钉支护作用机理

（1）整体作用机理

土体的抗剪强度较低，抗拉强度几乎可以忽略，但土体具有一定的结构强度和整体性，在基坑开挖时，存在使边坡保持直立的临界高度，但在超过这个深度或有地面超载时，将会发生突发性的整体失稳破坏。传统的护坡措施均基于支挡护坡的被动制约机制，以挡土结构自身的强度和刚度承受其后的侧向土压力，防止土体整体稳定性破坏。土钉支护技术则是在土体内植入一定长度和分布密度的土钉，与土体共同作用，形成能增强边坡土体自身稳定性的复合土体，是一种主动制约机制，不仅能有效地提高土体的整体刚度，而且弥补了土体抗拉、抗剪强度低的弱点，使土钉墙在受荷过程中一般不会发生像素土边坡那样的突发性塌滑。

（2）土钉的作用

土钉在复合土体中的作用主要有以下几点：

① 箍束骨架作用。土钉在土体内的空间分布使其与土体形成了一个复合体，制约着土体的变形。

② 分担作用。在复合土体内，土钉与土体共同承担外荷载和复合体的自重应力。土钉具有较高的抗拉、抗剪强度和土体无法相比的抗弯刚度，在土体进入塑性状态后，由于土钉的应力分担作用，应力逐渐向土钉转移，延缓了复合土体塑性区的开展和渐近开裂面的出现。而当土体发生开裂后，土钉的分担作用则更为突出，这时土钉内出现了弯剪、拉剪等复合应力，从而导致土钉体内的浆体碎裂、钢筋屈服。

③ 应力传递与扩散作用。依靠土钉与土的相互作用，土钉将所承受的外部荷载和自重荷载传递到深处土体，并向周围稳定土体扩散。因此，土钉墙中的土钉降低了复合土体内的应力集中程度，延缓了裂隙的形成和发展。

④ 对坡面变形的约束作用。开挖卸载将引起土钉墙坡面的侧向变形，通过在坡面上设置的与土钉连成一起的钢筋混凝土面板可以有效地限制坡面的侧向变形，起到约束坡面变形、削弱复合体内部的塑性变形的作用。

⑤ 加固土体作用。地层中常常有裂隙发育，在进行土钉注浆时，浆液会顺着裂隙扩渗，形成网格状胶结，这不仅增加了土钉与周围土体的粘结力，同时也有效改善了土的性质，提高了土体强度。对于打入式土钉，则土钉周围的土层受到挤压，密实度提高。

（3）面板的作用

面板的设置，主要是承受作用到面板上的土压力，防止土体强度下降过多，阻止局部不稳定土体的坍塌；同时，将土压力传递给土钉，通过与土钉的相互作用，起到约束坡面变形的作用，并增强土钉的整体效应，在一定程度上均衡了土钉个体之间的不平衡受力。另外，混凝土面板能防止雨水以及地表水的刷坡和渗透，防止土体流失。

4.2.2 土钉支护工作性能

参考一些国内外大型足尺试验和模型试验的研究成果，土钉支护的工作性能主要有以下几点：

（1）土钉支护的最大水平位移一般发生于墙体顶部，在深度方向越往下越小，在水平方向随离开墙面距离的增加而减小。变形受土质条件影响较大，较好土层中墙体最大水平位移与当时挖深之比一般为 0.1%～0.5%，有时可达 1%，软弱土层中该比值则可高达 2%以上。

（2）土钉内的拉力分布是不均匀的，一般在临近破裂面处最大，往土钉两端越来越小，呈枣核形分布；在竖向上，土钉最大受力大致呈中部大、顶部和底部小的“鼓肚形”分布规律。但是，最大拉力值连线与最危险滑移面并不完全重合，最危险滑移面是土钉、面层与土相互作用的结果。

（3）在面板附近锚头的受力不大，锚头的荷载总是小于土钉最大荷载。在土钉墙整体破坏之前，未发现喷射混凝土面板和锚头产生破坏现象，故在对面板进行设计时，一般仅满足构造要求即可。

（4）面层后的土压力强度分布接近三角形，在坡角处，由于基底土的约束，土压力强度减少，因而，土压力强度呈现“鼓肚形”分布，土压力合力约为库仑土压力值的60%～70%。

4.3 土钉喷射混凝土设计

土钉喷射混凝土设计包括土钉墙的几何形状和尺寸确定、土钉的选型及几何参数确定、杆体设计、面层设计、土钉与面层的连接、防排水设计、注浆设计以及土钉的承载力计算等。

4.3.1 土钉墙的几何形状和尺寸

土钉墙的坡比（墙面垂直高度与水平宽度的比值）不宜大于1：0.2；当基坑较深、土的抗剪强度较低时，宜取较小坡比，太陡容易在开挖过程中引起局部土方塌方。当基坑较深且允许有较大的放坡空间时，可以考虑分级放坡开挖，每级边坡可以根据土质情况设置为不同的坡比，两级之间宜设置1～2m宽的平台；对于地下水丰富、需要采用隔水型土钉墙时，则上缓下直的分级方式是一种比较常用的做法。在平面布置上，应尽量避免尖锐的转角并尽量减少拐点。设计时一般取土钉墙单位长度按平面问题进行分析计算。

4.3.2 土钉的选型及几何参数

在条件允许的条件下，土钉墙宜优先采用洛阳铲成孔的钢筋土钉。对易塌孔的松散或稍密的砂土、稍密的粉土、填土，或易缩径的软土，则应采用打入式钢管土钉；对于洛阳铲成孔或钢管土钉打入困难的土层中，则应采用机械成孔的钢筋土钉。

土钉的几何参数主要包括土钉长度、间距、空间布置、倾角、孔径等。

（1）长度：土钉长度应按各层土钉受力均匀、各土钉拉力与相应土钉极限承载力的比值相近的原则确定。工程实践中，土钉的长度一般为3～12m，软弱土层中可适当加长。土钉太长，施工难度加大，效率降低，单位长度的工程造价增加，并且对承载力的提高也并不明显；土钉太短，基坑的稳定性差，且很短的土钉不便于注浆施工。

（2）间距：土钉的间距包括水平间距和竖向间距，一般在两个方向上分别等间距布置，间距宜为1～2m。当基坑较深、土的抗剪强度较低时，土钉间距较小；当土钉较长时，间距通常较大。土钉的间距还应考虑施工的便利，在保证土钉密度（单位面积土钉的根数）不变时，竖向间距增大、水平间距减小会有利于提高施工效率，但应注意太大的竖向间距会因开挖面临界自稳高度的限制而降低基坑边坡的稳定性，而间距过小则可能会因群钉效应降低单根土钉的功效。

（3）空间布置：为了土钉测量定位及施工的便利，同一排土钉一般在同一标高上布置，即使地表倾斜时同一排土钉也不应随之倾斜。上下排土钉在立面上可错开布置，即梅花形布置，也可上下对齐，即矩形布置。

对于第一排土钉，由于其上的边坡处于悬臂状态，不存在土拱效应及荷载的重分配，因此，第一排土钉距地表的垂直距离不能太大，但太小时注浆容易造成浆液从地表冒出，合适的距离宜为0.5～2m。最下一排土钉距离坡脚不能太远，有资料建议不超过土钉竖向间距的2/3；但也不能太近，要满足土钉施工机械设备的最低工作面要求，一般不小于0.5m。

（4）倾角：当土钉轴线与破裂面垂直时，最有利于土钉抗力的发挥。但土钉的破裂面位置和形状是假定的，与实际情况存在差异；且靠近地表的破裂面近似垂直，近于水平打设的土钉对土钉墙的变形控制非常有利，但却施工非常困难，尤其对于靠重力作用注浆的钻孔型土钉。因此，土钉倾角宜为5°～20°，钻孔注浆型土钉倾角为15°～20°效果最佳，钢管土钉倾角为10°～15°效果最佳。从设计和施工便利角度而言，每排宜采用统一的倾角。

（5）孔径：钻孔注浆型土钉直径一般由施工方法确定，人工使用洛阳铲成孔时，孔径一般为60～80mm；机械成孔时，孔径可为70～150mm，一般为100～130mm。

4.3.3 杆体设计

钻孔注浆型土钉的钢筋宜选用HRB400、HRB500级钢筋，钢筋直径宜取16～32mm。钢管土钉的钢管外径不宜小于48mm，壁厚不宜小于3mm，钢管的注浆孔应设置在钢管末端$l/2$～$2l/3$（l为钢管土钉的总长度）范围内；每个注浆截面的注浆孔宜取2个，且应对称布置，注浆孔的孔径宜取5～8mm，孔径过大容易造成出浆不均，孔径过小则出浆不畅易堵塞；注浆孔外应设置保护倒刺，不仅可以保护注浆口在土钉打入过程中免遭堵塞，而且可以增加土钉的抗拔力。

4.3.4 面层设计

面层所受的压力并不大，工程中常按构造要求对面层进行设计。当土钉墙高度不大于12m时，面层喷射混凝土设计强度等级不宜低于C20，面层厚度宜取80～100mm；面层应配置钢筋网和通长的加强钢筋，钢筋网宜采用HPB300级钢筋，钢筋直径宜取6～10mm，间距宜取150～250mm，钢筋网间搭接长度应大于300mm；加强钢筋的直径宜取14～20mm，当充分利用土钉杆体的抗拉强度时，加强钢筋的截面面积不应小于土钉杆体截面面积的1/2。

4.3.5 土钉与面层的连接

尽管面层受力不大，但必须和土钉有效连接。土钉与面层内配置的加强钢筋宜采用焊接连接，其连接应满足承受土钉拉力的要求；当在土钉拉力作用下喷射混凝土面层的局部受冲切承载力不足时，应通过螺母、楔形垫圈及方形钢垫板与面层连接。

4.3.6 防排水设计

土钉支护宜在排除地下水的条件下施工。当地下水位高于基坑底面时，应采取降水或截水措施；土钉墙墙顶应采用砂浆或混凝土护面，坡顶和坡脚应设排水措施，坡面上可根据具体情况设置泄水孔。

4.3.7 注浆设计

钻孔注浆型土钉的注浆材料可采用水泥浆或水泥砂浆，其强度不宜低于M20。水泥浆的水灰比宜取0.5～0.55；水泥砂浆的水灰比宜取0.40～0.45，同时，灰砂比宜取0.5～1.0，拌和用砂宜选用中粗砂。按重量计的含泥量不得大于3%。

对于打入注浆型土钉，注浆材料则应采用水泥浆，水泥浆的水灰比宜取0.5～0.6，注浆压力不宜小于0.6MPa。

4.3.8 土钉的承载力计算

土钉的承载力计算包括对每根土钉的抗拉力、抗拔力以及面层对钉头的锚固力等进行验算，但面层对土钉钉头的锚固力验算，一般通过构造措施加以解决。

单根土钉的极限抗拔承载力应符合式（4-1）规定：

$$R_{k,j}/N_{k,j} \geqslant K_t \tag{4-1}$$

式中 K_t——土钉抗拔安全系数；安全等级为二级、三级的土钉墙，K_t分别不应小于1.6、1.4；

$N_{k,j}$——第j层土钉的轴向拉力标准值（kN）；

$R_{k,j}$——第j层土钉的极限抗拔承载力标准值（kN）。

对于单根土钉的轴向拉力标准值，也即单根土钉应承担的土压力，可按公式（4-2）进行计算：

$$N_{k,j} = \zeta \eta_j p_{ak,j} s_{x,j} s_{z,j} / \cos\alpha_j \tag{4-2}$$

式中 ζ——墙面倾斜时的主动土压力折减系数，按公式（4-3）计算；

η_j——第j层土钉轴向拉力调整系数，按公式（4-4）计算；

$p_{ak,j}$——第j层土钉处的主动土压力强度标准值（kPa）；

$s_{x,j}$——土钉的水平间距（m），局部间距不均匀时取平均值；

$s_{z,j}$——土钉的竖向间距（m），最上排土钉的竖向间距取土压力强度的临界深度至第一排和第二排土钉中点之间的距离，最后一排土钉的竖向间距取倒数第二排和倒数第一排土钉的中点至坡脚的距离；

α_j——第j层土钉的倾角（°）。

朗肯主动土压力是在坡面垂直的条件下推导出来的。当坡面倾斜时，主动土压力减小，可按式（4-3）计算坡面倾斜时的主动土压力折减系数：

$$\zeta = \tan\frac{\beta-\varphi_m}{2}\left(\frac{1}{\tan\frac{\beta+\varphi_m}{2}}-\frac{1}{\tan\beta}\right)\Big/\tan^2\left(45°-\frac{\varphi_m}{2}\right) \tag{4-3}$$

式中 β——土钉墙坡面与水平面的夹角（°）；

φ_m——基坑底面以上各土层按厚度加权的等效内摩擦角平均值（°）。

假定土钉的轴向拉力调整系数η_j与基坑深度h为线性关系，其值在墙顶处为大于1的η_a，在墙底处为不大于1的η_b，则第j层土钉的轴向拉力调整系数为：

$$\eta_j = \eta_a - (\eta_a - \eta_b) z_j / h \tag{4-4}$$

$$\eta_a = \frac{\sum(h-\eta_b z_j)\Delta E_{aj}}{\sum(h-z_j)\Delta E_{aj}} \tag{4-5}$$

式中　z_j——第 j 层土钉至基坑顶面的垂直距离（m）；

h——基坑深度（m）；

ΔE_{aj}——作用在以 $s_{x,j}$、$s_{z,j}$ 为边长的面积内的主动土压力标准值（kN）；

η_a——计算系数；

η_b——经验系数，可取 0.6～1.0，与土层的抗剪强度和含水量有关，含水量高时取大值，抗剪强度高时取小值；

n——土钉层数。

单根土钉的极限抗拔承载力标准值应通过抗拔试验确定，也可按式（4-6）估算，但应通过土钉的抗拔试验验证：

$$R_{k,j}=\pi d_j \sum q_{sk,i} l_i \tag{4-6}$$

式中　d_j——第 j 层土钉的锚固体直径（m）；对钻孔注浆土钉，按成孔直径计算，对于打入注浆土钉，按钢管直径计算；

$q_{sk,i}$——第 j 层土钉与第 i 土层的极限粘结强度标准值（kPa）；应根据经验并结合表 4-1 取值；

l_i——第 j 层土钉滑动面以外的部分在第 i 土层中的长度（m）；直线滑动面与水平面的夹角取 $(\beta+\varphi_m)/2$，如图 4-3 所示。

对于安全等级为三级的土钉墙，可直接按公式（4-6）确定单根土钉的极限抗拔承载力。当按抗拔试验或公式（4-6）确定的土钉极限抗拔承载力大于 $f_{yk}A_s$ [f_{yk}为土钉杆体的抗拉强度标准值（kPa）；A_s为土钉杆体的截面面积（m^2）] 时，应取 $R_{k,j}=f_{yk}A_s$。

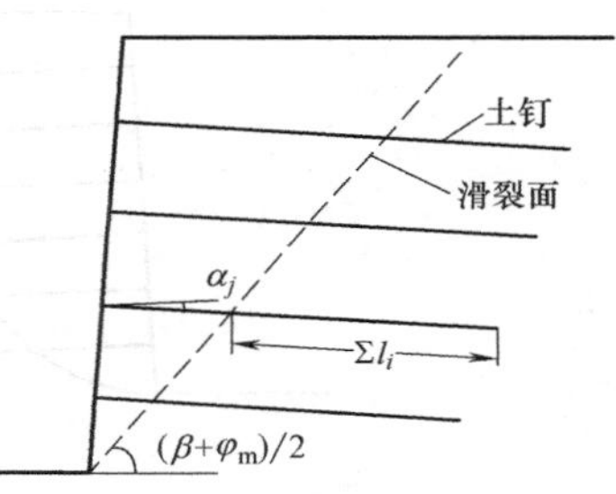

图 4-3　土钉抗拔承载力计算

土钉的极限粘结强度标准值　　　**表 4-1**

土的名称	土的状态	q_{sk}（kPa）	
		成孔注浆土钉	打入钢管土钉
素填土		15～30	20～35
淤泥质土		10～20	15～25
黏性土	$0.75<I_L\leqslant1$	20～30	20～40
	$0.25<I_L\leqslant0.75$	30～45	40～55
	$0<I_L\leqslant0.25$	45～60	55～70
	$I_L\leqslant0$	60～70	70～80
粉土		40～80	50～90
砂土	松散	35～50	50～65
	稍密	50～65	65～80
	中密	65～80	80～100
	密实	80～100	100～120

土钉杆体的受拉承载力验算，则应满足公式（4-7）：

$$\gamma_0\gamma_F N_{k,j}=N_j\leqslant f_y A_s \tag{4-7}$$

式中　N_j——第 j 层土钉的轴向拉力设计值（kN）；

γ_0——支护结构的重要性系数，安全等级为二级、三级的土钉墙，γ_0 分别不应小于1.0、0.9；

γ_F——作用基本组合的综合分项系数，$\gamma_F \geqslant 1.25$；

f_y——土钉杆体的抗拉强度设计值（kPa）；

A_s——土钉杆体的截面面积（m^2）。

4.4　土钉支护的内部稳定分析

土钉支护的内部稳定性分析是指土体破裂面发生在支护内部并穿过全部或部分土钉，如图 4-4 所示。内部稳定性分析的基本方法大致可以分为四类，即：极限平衡法、数值分析法、工程简化分析方法和经验设计法，其中极限平衡法是土坡稳定和基坑支护理论较早采用的方法，也是目前土钉支护运用最为广泛的方法之一。

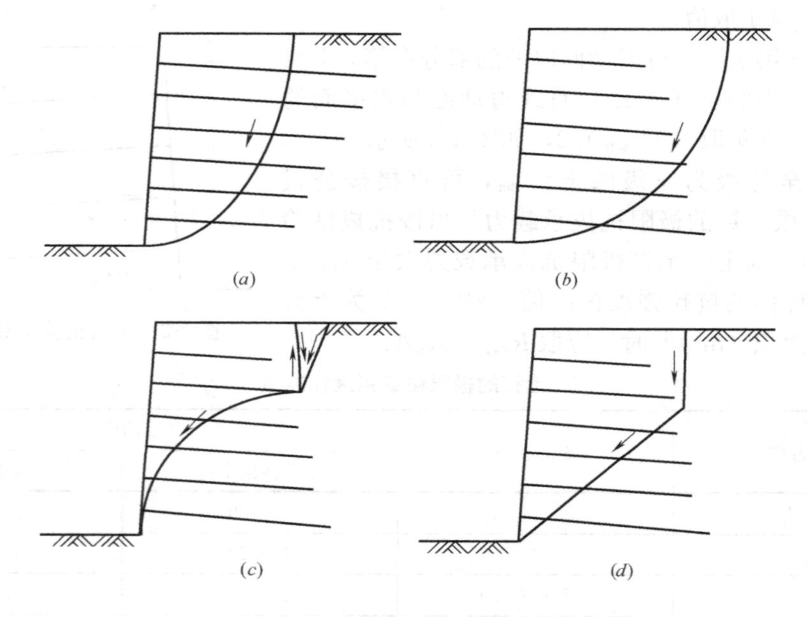

图 4-4　内部稳定性分析破坏模式

采用极限平衡法对土钉墙边坡进行内部稳定性分析时，大多采用边坡稳定的概念，假定破裂面为圆弧面，采用圆弧滑动条分法进行计算，并考虑土钉的抗力作用。分别将假定破坏面上的抗滑力与滑动力对圆心取矩，圆弧滑动稳定安全系数定义为抗滑力矩和滑动力矩的比值。由于每一个可能的破裂面位置对应一个稳定安全系数，作为设计依据的最危险破裂面具有最小的安全系数，极限平衡法就是要找出其位置并给出相应的安全系数。见图 4-5，取单位支护长度按式（4-8）和式（4-9）进行土钉墙基坑开挖的各工况整体稳定性验算：

$$\min\{K_{s,1}, K_{s,2}, \cdots, K_{s,i}, \cdots\} \geqslant K_s \tag{4-8}$$

$$K_{s,i} = \frac{\sum[c_j l_j + (q_j b_j + \Delta G_j)\cos\theta_j \tan\varphi_j] + \sum R'_{k,k}[\cos(\theta_k + \alpha_k) + \psi_v]/s_{x,k}}{\sum(q_j b_j + \Delta G_j)\sin\theta_j} \tag{4-9}$$

式中　K_s——圆弧滑动稳定安全系数；安全等级为二级、三级的土钉墙，K_s分别不应小于1.3、1.25；

$K_{s,i}$——第i个圆弧滑动体的抗滑力矩与滑动力矩的比值；抗滑力矩与滑动力矩之比的最小值宜通过搜索不同圆心及半径的所有潜在滑动圆弧确定；

c_j——第j土条滑弧面处土的黏聚力（kPa）；

φ_j——第j土条滑弧面处土的内摩擦角（°）；

b_j——第j土条的宽度（m）；

θ_j——第j土条滑弧面中点处的法线与垂直面的夹角（°）；

l_j——第j土条的滑弧长度（m）；取$l_j=b_j/\cos\theta_j$；

q_j——第j土条上的附加分布荷载标准值（kPa）；

ΔG_j——第j土条的自重（kN）；按天然重度计算；

$R'_{k,k}$——第k层土钉在滑动面以外的锚固段的极限抗拔承载力标准值与杆体受拉承载力标准值$f_{yk}A_s$的较小值（kN）；锚固段的极限抗拔承载力应按土钉的有关规定计算，锚固段应取圆弧滑动面以外的长度；

α_k——第k层土钉的倾角（°）；

θ_k——滑弧面在第k层土钉处的法线与垂直面的夹角（°）；

$s_{x,k}$——第k层土钉的水平间距（m）；

ψ_v——计算系数，可取$\psi_v=0.5\sin(\theta_k+\alpha_k)\tan\varphi$；

φ——第k层土钉与滑弧交点处土的内摩擦角（°）。

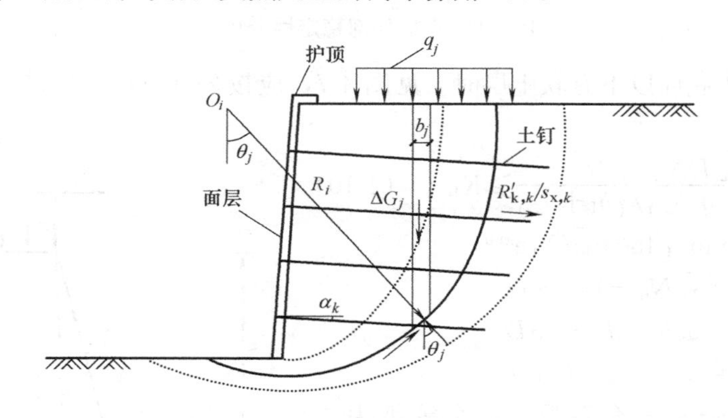

图4-5　土钉墙内部整体稳定计算简图

应该注意的是：由于土钉墙是从上到下逐层修建的，当某一层土方开挖完毕而土钉还没有安装或土钉刚安装完毕注浆体还没有达到应有强度时，这时候是比较危险的，尤其是开挖最下一层土方而土钉还没有安装的情形，计算时要注意这个阶段的稳定性。

对于水泥土桩复合土钉墙，当有地下水时，在式（4-9）中尚应计入地下水压力的作用及其对土体强度的影响；对于微型桩、水泥土桩复合土钉墙，滑弧穿过其嵌固段的土条可适当考虑桩的抗滑作用。

当基坑面以下存在软弱下卧土层时，整体稳定性验算滑动面中应包括由圆弧与软弱土层层面组成的复合滑动面；当支护内有薄弱土层时，还要验算沿薄弱层面滑动的可能性。

4.5 土钉墙的外部稳定安全

土钉支护的外部稳定性分析与重力式挡土墙的稳定分析方法近似（如图 4-6），可将由土钉加固的整个土体视作重力式挡土墙，按作用其后的土压力和上部荷载，参考重力式挡土墙的有关计算方法分别进行抗滑移稳定性验算和抗倾覆稳定性验算，见图 4-6（*a*）和（*b*）所示；当整个支护连同外部土体沿深部的圆弧破坏面失稳时，见图 4-6（*c*），可按式（4-8）和式（4-9）进行验算，但此时的可能破坏面在土钉的设置范围以外，$R'_{k,k}$取 0。当有地下水时，应对基坑的渗流稳定性进行验算；当基坑底面以下有软土层时，可能会发生地基土下沉剪切破坏，造成土体向坑内隆起，应进行坑底的抗隆起稳定性验算，本节主要介绍坑底的抗隆起稳定性验算。

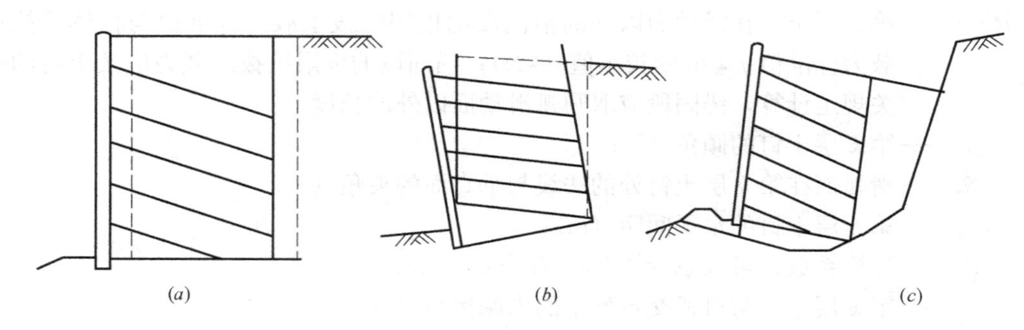

图 4-6　支护外部稳定性分析

土钉墙基坑的底面以下有软土层时，见图 4-7，应按公式（4-10）进行坑底的抗隆起稳定性验算：

$$\frac{\gamma_{m2}DN_q+cN_c}{(q_1b_1+q_2b_2)/(b_1+b_2)}\geqslant K_b \tag{4-10}$$

$$N_q=\tan^2(45^\circ+\varphi/2)e^{\pi\tan\varphi}$$

$$N_c=(N_q-1)/\tan\varphi$$

$$q_1=0.5\gamma_{m1}h+\gamma_{m2}D$$

$$q_2=\gamma_{m1}h+\gamma_{m2}D+q_0$$

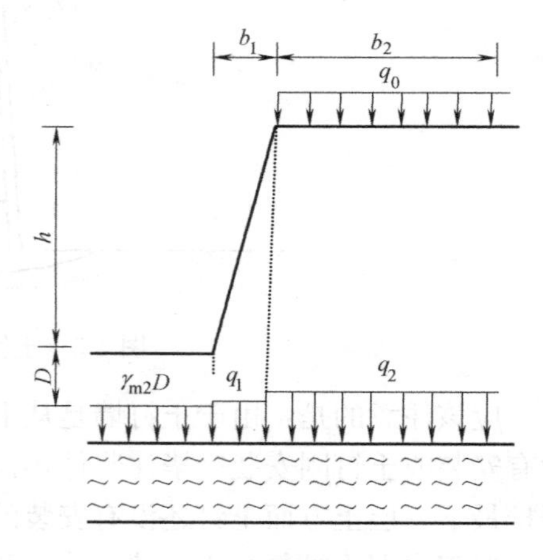

图 4-7　土钉墙的抗隆起稳定性验算

式中　K_b——抗隆起安全系数；安全等级为二级、三级的土钉墙，K_b分别不应小于 1.6、1.4；

q_0——底面均布荷载（kPa）；

γ_{m1}——基坑底面以上土的天然重度（kN/m^3）；对多层土取各层土按厚度加权的平均重度；

h——基坑深度（m）；

γ_{m2}——基坑底面至抗隆起计算平面之间土层的天然重度（kN/m^3）；对多层土取各层土按厚度加权的平均重度；

D——基坑底面至抗隆起计算平面之间土层的厚度（m）；当抗隆起计算平面为基

坑底平面时，取 $D=0$；

N_c、N_q——承载力系数；

c——抗隆起计算平面以下土的黏聚力（kPa）；

φ——抗隆起计算平面以下土的内摩擦角（°）；

b_1——土钉墙坡面的宽度（m）；当土钉墙坡面垂直时取 $b_1=0$；

b_2——地面均布荷载的计算宽度（m）；可取 $b_2=h$；

【例题】 某一粉质黏土地区的二级基坑工程开挖深度 5m，土体 $\gamma=19.5\text{kN/m}^3$，$c=12\text{kPa}$，$\varphi=16°$，地表荷载 $q_0=15\text{kPa}$。拟采用土钉墙支护，土钉墙坡度为 75°；土钉采用钻孔注浆型土钉，锚固体直径 d 取 100mm，土钉的极限粘结强度标准值 $q_{sk}=40\text{kPa}$；土钉布置方式采用梅花形布置，水平向和竖向间距均为 1.5m；土钉倾角（土钉与水平面的夹角）为 15°；土钉杆体采用 HRB400 带肋钢筋，抗拉强度设计值 $f_y=360\text{N/mm}^2$。试确定钢筋的直径和土钉的长度。

解： 按朗肯土压力理论计算不放坡情况下的土压力强度：

土压力强度的临界深度为

$$z_0=\frac{1}{\gamma}\left[\frac{2c}{\tan(45°-\varphi/2)}-q_0\right]=\frac{1}{19.5}\left[\frac{2\times12}{\tan(45°-8°)}-15\right]=0.86\text{m}$$

计算深度 z_j 处的主动土压力强度为

$$\begin{aligned}p_{ajk}&=(q_0+\gamma z_j)\tan^2(45°-\varphi/2)-2c\tan(45°-\varphi/2)\\&=(15+19.5z_j)\tan^2(45°-16°/2)-2\times12\times\tan(45°-16°/2)\\&=11.07z_j-9.57\end{aligned}$$

不同深度处的土压力强度和土压力合力计算结果见表 4-2。

根据公式（4-3），放坡对土压力的修正系数 ζ 为

$$\begin{aligned}\zeta&=\tan\frac{\beta-\varphi}{2}\left(\frac{1}{\tan\frac{\beta+\varphi}{2}}-\frac{1}{\tan\beta}\right)\frac{1}{\tan^2\left(45°-\frac{\varphi}{2}\right)}\\&=\tan\frac{75°-16°}{2}\left(\frac{1}{\tan\frac{75°+16°}{2}}-\frac{1}{\tan75°}\right)\frac{1}{\tan^2\left(45°-\frac{16°}{2}\right)}\\&=0.566\times(0.983-0.268)\times1.761\\&=0.713\end{aligned}$$

η_b 取 0.6，根据公式（4-5）可得，$\eta_a=2.07$；根据公式（4-4）可计算得到 η_j；根据公式（4-2）、公式（4-7）可得不同深度处土钉的轴向拉力标准值 $N_{k,j}$ 和轴向拉力设计值 N_j；由于土钉钢筋的抗拉强度设计值 $f_y=360\text{N/mm}^2$，根据公式（4-7）可得土钉钢筋的截面面积 A_s 和钢筋直径 D；根据公式（4-1），可得单根土钉的极限抗拔承载力 $R_{k,j}$；土钉锚固体直径 $d=100\text{mm}$，土钉的极限粘结强度标准值 $q_{sk}=40\text{kPa}$，根据公式（4-6）可得土钉在滑动面以外部分的长度 l；根据土钉直线滑动面与水平面的夹角（破裂角）为 $\frac{\beta+\varphi}{2}=\frac{75°+16°}{2}=45.5°$，可确定土钉直线滑动面以内的长度 l_f，进而可以确定各排土钉长度 L。计算结果见表 4-2。

土钉的有关参数计算结果　　　表 4-2

土钉序号	z_j(m)	p_{ajk}(kPa)	ΔE_{aj}(kN)	η_j	$N_{k,j}$(kN)	N_j(kN)
1	1.5	7.04	14.68	1.63	17.66	22.08
2	3.0	23.64	53.19	1.19	46.71	58.39
3	4.5	40.25	75.47	0.75	41.77	52.21

土钉序号	z_j (m)	A_s (mm^2)	D(mm)		$R_{k,j}$ (kN)	l_f (m)	l (m)	L (m)
			计算值	取值				
1	1.5	61.33	8.84	10	28.26	2.05	2.25	4.30
2	3.0	162.19	14.37	16	74.74	1.17	5.95	7.12
3	4.5	145.03	13.59	16	66.83	0.29	5.32	5.61

4.6 土钉支护施工

在土钉支护施工前，必须了解工程的质量要求，熟悉地质资料、设计图纸、周围环境以及施工中的测试监控内容与要求；确定基坑开挖线、轴线定位点、水准基点、变形观测点等，并在设置后加以妥善保护；应确保各种施工设备的正常运行，如需降水则需确保降水系统正常工作。

4.6.1 施工流程

土钉支护施工应按施工组织设计制定的方案和顺序进行，仔细安排土方开挖、出土和支护等工序并使之密切配合；力争连续快速施工，在开挖到基底后应立即构筑底板。土钉支护的施工流程一般为：①开挖工作面，修整边坡；②喷射第一层混凝土；③设置土钉（包括土钉定位、钻孔、清空、置入钢筋、注浆、补浆）；④加工钢筋、铺设固定钢筋网；⑤安装泄水管；⑥喷射第二层混凝土面层；⑦养护；⑧开挖下一层工作面，重复以上工作直到完成。

对于打入钢管注浆型土钉，则没有钻孔清孔过程，直接用机械或人工打入。

施工开挖和成孔过程中应随时观察土质变化情况，如发现异常应及时进行反馈设计。

4.6.2 开挖

土钉支护应按设计规定的分层开挖深度按作业顺序施工，在完成上一步作业面的土钉与喷混凝土以前，不得进行下一步的开挖。分层开挖深度和施工的作业顺序应保证修整后的裸露边坡能在规定的时间内保持自立并在限定的时间内完成支护，即及时设置土钉或喷射混凝土。对于自稳能力差的土体如高含水量的黏性土和无天然粘结力的砂土应立即进行支护。基坑在水平方向的开挖也应分段进行，可取 10～20m。当基坑面积较大时，允许在距离四周边坡 8～10m 的基坑中部自由开挖，但应注意与分层作业区的开挖相协调。

为防止基坑边坡的裸露土体发生坍陷，对于易于塌方的土体，可采取以下措施：

（1）对修整后的边壁立即喷上一层薄的砂浆或混凝土，待凝结后再进行钻孔；

（2）在作业面上先构筑钢筋网喷混凝土面层，而后进行钻孔并设置土钉，如图 4.8

(*a*) 所示；

(3) 在水平方向上分小段间隔开挖，如图 4.8 (*b*) 所示；

(4) 先将作业深度上的边壁做成斜坡，待钻孔并设置土钉后再清坡，如图 4.8 (*c*) 所示；

(5) 在开挖前，沿开挖面垂直击入钢筋或钢管，或注浆加固土体。

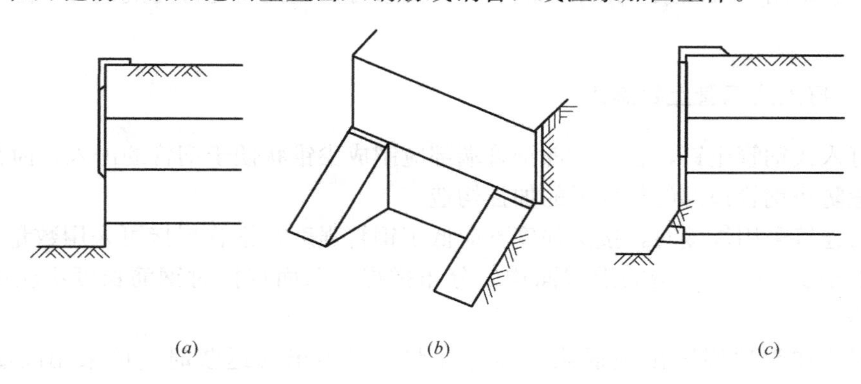

图 4-8 易塌土层的施工措施

(*a*) 先喷浆护壁后钻孔植钉；(*b*) 水平方向分小段间隔开挖；(*c*) 预留斜坡设置土钉后清坡

当采用机械进行土方开挖时，禁止边壁出现超挖或造成边壁土体松动。基坑的边壁宜采用小型机具或铲锹进行切削清坡，以保证边坡平整并符合设计规定的坡度。

4.6.3 土钉成孔

在成孔作业时，应根据地质条件、周边环境、设计参数、工期要求和工程造价等综合选用合适的成孔机械设备及方法，保证进钻和抽出过程中不引起塌孔时，可选用冲击钻机、螺旋钻机、回转钻机和洛阳铲等；在易塌孔的松散土体中宜采用套管成孔或挤压成孔，成孔困难时，可采用注入水泥浆等方法进行护壁。当土钉成孔范围内存在地下管线等设备时，应在查明其他位置并避开后，再进行成孔作业；当成孔时遇到不明障碍物时，则应停止成孔作业，在查明障碍物的情况并采取针对性措施后方可继续成孔。

4.6.4 钢筋土钉杆体制作、安装与注浆

钻孔后应进行清孔检查，对孔中出现的局部渗水塌孔或掉落松土应立即进行处理；成孔后应及时安设土钉钢筋并注浆。土钉钢筋置入孔中前，应先设置金属或塑料件的定位支架，保证钢筋处于钻孔的中心部位，支架沿钉长的间距为 1.5～2.5m，支架的断面尺寸应符合土钉杆体保护层厚度（不宜小于 20mm）要求，对中支架可选用直径 6～8mm 的钢筋焊制。支架的构造应不妨碍注浆时浆液的自由流动。

钢筋使用前，应调直并清除污锈；当钢筋需要连接时，宜采用搭接焊、帮条焊连接，焊接时应采用双面焊，双面焊的搭接长度或帮条长度不应小于主筋直径的 5 倍，焊缝高度不应小于主筋直径的 0.3 倍。

土钉钢筋置入孔中后，可采用重力、低压（0.4～0.6MPa）或高压（1～2MPa）方法注浆填孔。水平孔或倾角较小时应采用低压或高压方法注浆，注满后保持压力 3～5min；

对于倾角较大的土钉孔，采用重力或低压注浆时，宜采用底部注浆方式，注浆导管底端先插入孔底，注浆管端部至孔底的距离不宜大于200mm，在注浆同时将导管匀速缓慢地撤出，注浆管口应始终埋入注浆液面内，保证孔中气体能全部逸出。重力注浆以满孔为止，但在初凝前需补浆1～2次。

土钉一般采用一次注浆，采用二次或多次注浆可明显提高土钉的抗拔力，但也提高了工程造价。

4.6.5 打入式钢管土钉施工

对于打入式钢管土钉，在施工前钢管端部应制成尖锥状便于钢管的击入，而在钢管的顶部宜设置防止钢管顶部施打变形的加强构造。

钢管的连接采用焊接时，接头强度不应低于钢管强度；钢管焊接可采用数量不少于3根、直径不小于16mm的钢筋沿截面均匀分布拼焊，双面焊接时钢筋长度不应小于钢管直径的2倍。

注浆时应在管顶周围出现返浆后停止注浆，当不出现返浆时，可采用间歇注浆的方法。

4.6.6 喷射混凝土面层施工

（1）施工顺序

土钉墙面层通常采用喷射混凝土面层。一般要求喷射混凝土分两次完成，先喷射底层混凝土，再施打土钉，之后安装钢筋网，最后喷射表层混凝土；土质较好或者喷射厚度较薄时，也可先铺设钢筋网，之后一次喷射而成；如果设置两层钢筋网，则要求分三次喷射，先喷射底层混凝土，施打土钉，设置底层钢筋网，再喷射中间层混凝土，将底层钢筋网完全埋入后再敷设表层钢筋网，最后喷射表层混凝土。

（2）材料要求

细骨料宜选用中粗砂，含泥量应小于3%；粗骨料宜选用粒径不大于20mm的级配砾石；水泥与砂石的重量比宜取1∶4～1∶4.5，砂率宜取45%～55%，水灰比宜取0.4～0.45。

（3）喷射工艺要求

喷射前，应将坡面上残留的土块、岩屑等松散物质清扫干净。喷射作业应分段依次进行，同一分段内应自下而上均匀喷射，自上而下的次序宜因回弹物在坡脚而影响喷射质量。喷射作业时，喷头应与土钉墙面保持垂直，其距离宜为0.6～1.0m；一次喷射厚度要适中，一般宜为30～80mm，厚度较大（超过100mm）时应分层，在上一层终凝后即喷下一层，一般间隔2～4h。喷射混凝土终凝2h后，应采取连续喷水养护5～7d，或喷涂养护剂。

（4）钢筋网及连接件安装

钢筋网一般现场绑扎接长，搭接长度应大于300mm；钢筋连接宜采用搭接焊，焊缝长度应不小于钢筋直径的10倍。当面层厚度大于120mm时宜设置二层钢筋网，采用双层钢筋网时，第二层钢筋网应在第一层钢筋网被喷射混凝土覆盖后铺设。

连接件施工顺序一般为：首先置放土钉、注浆；其次，敷设钢筋网片；再次，安装加强钢筋、安装钉头筋；最后，喷射混凝土。加强钢筋应压紧钢筋网片后与钉头焊接，钉头筋应压紧加强筋后与钉头焊接。

土钉支护的喷射混凝土面层宜插入基坑底部以下不少于0.2m，钢筋网在坡顶向外延伸一段距离，用通长钢筋压顶固定，喷射混凝土后形成宽度为1～2m的喷射混凝土护顶。

4.6.7 排水系统

基坑四周支护范围内的地表应加修整，构筑排水沟和水泥砂浆或混凝土地面，防止地表降水向地下渗透。在靠近基坑坡顶宽2～4m的地面应适当垫高，便于降水流向坡外。

在支护面层背部应插入长度为400～600mm、间距1.5～2m、直径不小于40mm的水平排水管（泄水孔），其外端伸出支护面层，以便将喷混凝土面层后的积水排出。

在坑底应设置排水沟及集水坑，以便排除基坑内的积水和雨水。排水沟应离开边壁0.5～1m，排水沟及集水坑宜用砖砌并用砂浆抹面以防止渗漏，坑中积水应及时抽出。

4.6.8 质量检测

土钉墙应按下列规定进行质量检测：

（1）应对土钉的抗拔承载力进行检测。土钉的检测数量不宜少于土钉总数的1%，且同一土层中的土钉检测数量不应少于3根。对安全等级为二级、三级的土钉墙，抗拔承载力检测值分别不应小于土钉轴向拉力标准值的1.3倍、1.2倍。检测试验应在注浆固结体强度达到10MPa或达到设计强度的70%后进行，当检测的土钉不合格时，应扩大检测数量。

（2）应进行土钉墙面层喷射混凝土的现场试块强度试验，每500m^{2}喷射混凝土面积试验数量不应少于一组，每组试块不应少于3个。

（3）应对土钉墙的喷射混凝土面层厚度进行检测，每500m^{2}喷射混凝土面积检测数量不应少于一组，每组的检测点不应少于3个；全部检测点的面层厚度平均值不应小于厚度设计值，最小厚度不应小于厚度设计值的80%。

（4）复合土钉墙中的预应力锚杆，应进行锚杆的抗拔承载力检测，并应符合锚杆抗拔承载力检测的有关规定。

（5）复合土钉墙中的水泥土搅拌桩或旋喷桩用作截水帷幕时，应进行截水帷幕的质量检测，并应符合截水帷幕质量检测的有关规定。

4.7 工程实例

本节以杭州阳光都市财富中心基坑工程为例介绍土钉支护的设计与施工过程，通过实践了解土钉支护的设计及施工要求。

4.7.1 工程简介

杭州阳光都市财富中心工程的写字楼为25层钢筋混凝土框筒结构，商务楼为10层钢筋混凝土框剪结构，裙房为2层大跨度钢筋混凝土或钢框架建筑，建筑总用地面积10105m^2，总建筑面积53743m^2。本工程±0.000相当于绝对标高6.900m，基坑周围自然地面平均标高约－0.800m，地下室底板标高（含 300mm 垫层，下同）分别为－8.950m（局部－9.150m）和－9.950m（位于基坑中部），设计基坑开挖深度分别为 8.65m 和 9.65m。电梯井均位于基坑中部，底板底标高为－12.150m。

该工程场地位于杭州市老城区，环城北路以南，建国北路以东。基坑东面为喜得宝大酒店，与本工程距离（底板外轴线，下同）约 15.5m，基础形式为 40m 长桩基础，喜得宝大酒店南面有 2 幢 2～3 层住宅，距离本工程约 20.5m。

4.7.2 工程地质条件

根据杭州市勘测设计研究院提供的《杭州阳光都市财富中心岩土工程勘测报告》（详勘阶段，2002.7）。场地浅部老基础较厚，地貌属钱塘江冲海相沉积平原。地基岩土层可分为 8 大层 21 亚层。基坑开挖深度影响范围内的土层及其主要物理力学性质指标如表 4.3 所示。

场地上部地下水属重力潜水，地下水主要受大气降水补给，勘探期间水位埋深在地表下 0.7～1.45m 左右。下部承压水顶板高程为－30.50m。地下水对混凝土无腐蚀性。

4.7.3 围护体系设计

（1）围护方案选择

综合场地地理位置、土质条件、基坑开挖深度和周围环境条件，本基坑围护具有如下特点：开挖深度较大，设计开挖深度达到 8.65m；开挖面积大，东西向长度约为 150m；场地地基土质情况良好；地下水位高，土层渗透系数大，必须作好降水工作。根据“安全、经济、方便施工”的原则，采用土钉墙围护方案是比较经济合适的。

各土层主要物理力学性质指标 **表 4-3**

层号	土层名称	ω (%)	γ (kN/m³)	e	压缩模量 (MPa)	渗透系数 (cm/s)	地基承载标准值 (kPa)	固结快剪	
								φ (°)	c (kPa)
①-1	杂填土	—	(17.5)	—	—	(5.0×10^{-4})	—	—	—
①-2	素填土	—	(17.5)	—	—	(5.0×10^{-6})	—	—	—
②	砂质粉土	28.7	19.1	0.819	11.5	2.5×10^{-6}	135	30.0	14.0
③-1	砂质粉土	27.3	19.4	0.768	18.0	3.2×10^{-4}	220	31.3	12.3
③-2	砂质粉土	25.9	19.6	0.733	13.0	5.0×10^{-4}	150	31.0	10.0
③-3	粉砂夹砂质粉土	26.1	19.4	0.750	18.0	5.4×10^{-4}	220	32.3	10.5
③-3-1	砂质粉土	27.8	19.4	0.772	13.0	—	150	32.0	12.0
③-4	淤质粉黏土夹粉土	37.2	18.2	1.049	3.4	—	80	22.4	11.2
③-6	黏质粉土	29.5	18.8	0.862	7.0	—	90	27.3	12.3
⑤	淤质粉黏土夹粉土	37.8	17.9	1.085	3.7	—	85	16.8	14.7

（2）围护结构做法

杂填土中土钉采用 ϕ48mm×3.2mm 钢管，施工时应将钢管前端封闭，在管壁上沿长度方向每隔 0.5m 设 ϕ8mm 圆孔，圆孔从离坑壁 2.5m 处开始设置，直至管底。在粉土和粉砂层中，土钉采用洛阳铲成孔，孔径直径为110mm，土钉钻孔完成后及时安设主筋以防塌孔。土钉墙面层采用100mm厚C20喷射混凝土，内配钢筋网 ϕ6.5mm@200mm×200mm。超前锚杆采用 ϕ48mm×3.2mm 钢管，长度为6.0m，中心距为500mm，具体做法同钢管土钉。基坑平面布置图见图4-9，典型剖面图见图4-10。

（3）降水系统设计

本工程基坑挖深8.65m，采用三级轻型井点降水，基坑周边轻型井点均布置在放坡平台上。基坑内部采用轻型井点降水，井点管可在浇筑底板混凝土前将总管埋在底板或承台垫层下，不影响底板施工。轻型井点管间距不大于1.2m，长度为6m（其中滤管长度1.0m）。电梯井处的轻型井点滤管可适当增长，以保证降水效果。对于地表处的雨水、施工用水，采用地面排水沟截流，引至城市下水管道的方法解决。

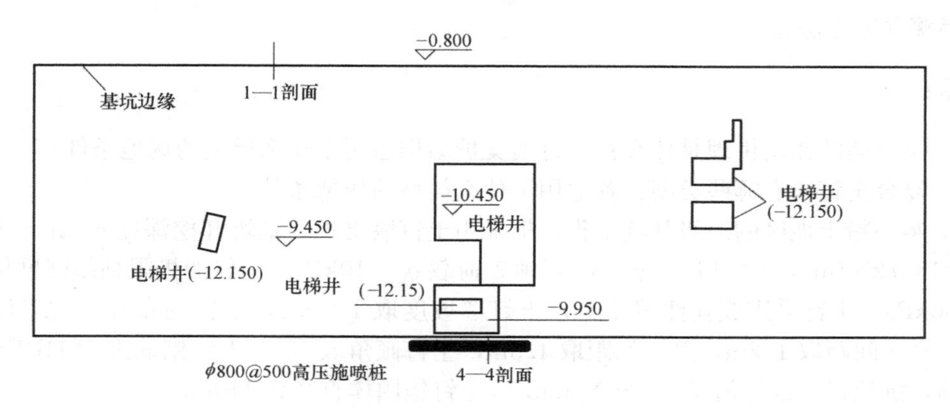

图4-9　基坑平面布置图

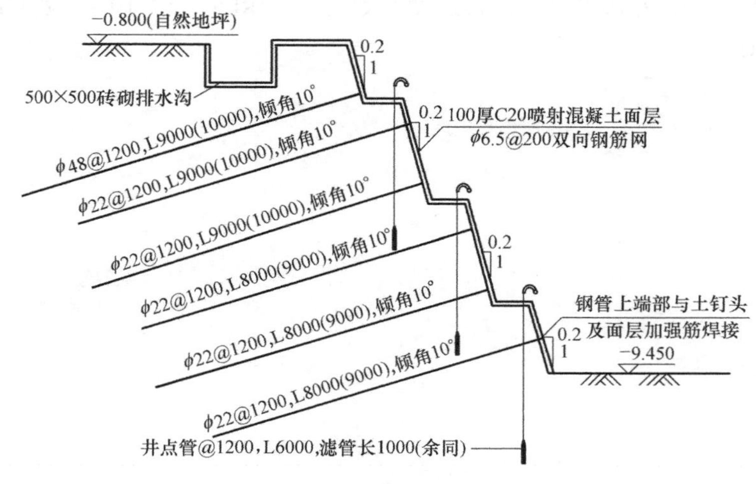

图4-10　基坑典型剖面图

4.7.4　施工要求

（1）土方开挖要求

土钉墙围护是随着基坑挖土的进行而逐步实施的，二者相互交叉作业。基坑土方开挖应分层分段进行，每层开挖深度不得超过 1.5m，每层分段开挖长度不得超过 30m，开挖面宽度不得小于同层土钉长度，严禁超挖或在上一层未加固完毕就开挖下一层。在机械开挖出支护坡面后，需要人工及时修整边坡，并进行第一层喷射混凝土的施工作业，尽可能缩短边坡暴露时间。土钉成孔后完成钢筋网的布设工作，土钉注浆后及时布设加强钢筋并喷射第二层面层。

在每次土方开挖之前要做好基坑降水工作，轻型井点可随土体的开挖而逐步布设，土方开挖面必须在地下水位 1.0m 以上。

（2）应急措施

在基坑开挖过程中，如出现边坡水平位移超过警戒值，可采用加长、加密土钉、放慢挖土速度以及增设超前锚杆等方法处理。如基坑降水困难，可采用增加轻型井点级数或增设简易深井等方法处理。

思考题：

1. 土钉墙的作用机理是什么？土钉墙支护结构适用于什么类型的场地条件？

2. 复合土钉墙有哪些类型？各适用于什么类型的场地条件？

3. 某一粉土地区的二级基坑工程，拟采用土钉墙支护，基坑开挖深度 6.0m。土体重度 $\gamma=18.7\text{kN/m}^3$，$c=9\text{kPa}$，$\varphi=30°$，地表荷载 $q_0=10\text{kPa}$，土钉的极限粘结强度标准值 $q_{sk}=60\text{kPa}$。土钉采用成孔注浆土钉，土钉墙坡度取 1∶0.2，土钉的布置方式采用矩形布置，水平间距取 1.2m，竖向间距取 1.3m，土钉倾角取 18°。土钉钢筋采用 HRB400 带肋钢筋，抗拉强度设计值 $f_y=360\text{N/mm}^2$。土钉锚固体直径为 110mm。

（1）确定土钉排数、各排土钉的长度及土钉钢筋的直径。

（2）若坑底下 3m 为软弱土层，其强度参数为 $c=6\text{kPa}$，$\varphi=10°$，验算坑底的隆起稳定性是否满足要求？

第 5 章　土层锚杆设计与施工

本章学习要点：

介绍了锚杆支护技术的发展与应用；锚杆的构造与分类；锚杆作用机理，以及锚杆抗拔作用和承载能力；详细阐述了锚杆设计的内容和方法（包含腰梁的设计）；锚杆的稳定性分析内容及方法；锚杆施工中的注意事项，以及对不同杆体锚杆的各项规定；最后，介绍了一个具体锚杆支护工程实例。通过本文章学习使学生对土层锚杆有较深的认识，能进行基本内力与稳定性计算，达到初步设计的目的。

5.1　锚杆支护技术

锚杆加固技术是近代岩土工程领域中一种重要的加固形式。它是一种结构简单的主动支护，它能最大限度地保持围岩的完整性、稳定性，能有效地控制围岩变形、位移和裂缝的发展，充分发挥围岩自身的支撑作用，把围岩从荷载变为承载体，变被动支护为主动支护，其具有施工进度快、施工效率高、施工成本低、支护效果好等优点。锚杆这项技术首先在井下巷道使用，以后在煤矿、金属矿山、水利、隧道以及其他地下工程中迅速得到了发展。

5.1.1　国外锚固技术的发展与应用

自 19 世纪起，锚固技术首先在国外应用发展起来。从 1872 年英国北威尔士的一家露天板岩采石场首次应用锚杆加固起，锚杆技术便逐渐被推广。美国于 1911 年开始采用岩石锚杆支护矿山巷道。1912 年，德国谢列兹矿最先采用锚杆对井下巷道进行支护。1924 年，锚喷支护在苏联顿巴斯矿上开始应用。1934 年在阿尔及利亚切尔伐斯坝的加高工程中，首先采用承载力为 10000kN 的预应力岩石锚杆来保持加高后坝体的稳定。这是世界上第一次使用锚杆来加固坝体并获得成功，随后预应力锚杆在坝体加固上得到了广泛应用。

从 20 世纪 50 年代到 70 年代是锚固技术应用领域迅速扩展的时期。1958 年西德的 Bauer 公司在慕尼黑巴伐利亚广播公司深基坑中使用了土层锚杆，60 年代时，捷克斯洛伐克的 Lipno 电站主厂房等大型地下铜室采用了高预应力长锚索和低预应力短锚杆相结合的围岩加固方式。从此，锚固技术不仅限于硬岩，而且也用于土层、风化岩、软岩等。1969 年在墨西哥召开的第七届国际土力学和基础工程会议上，曾把土层锚杆技术作为一个专门的问题来讨论。1974 年，纽约世界贸易中心深开挖工程采用锚固技术，950m 长，0.9m 厚的地下连续墙，穿过有机质粉土、砂和硬土层直达基岩，开挖从地面以下到 21m 深，由 6 排锚杆背拉，锚杆倾角为 45°，工作荷载为 3000kN。随后瑞士、捷克、英国、美国、巴西、澳大利亚、日本等国广泛采用锚杆支护的方式来维护边坡的稳定。80 年代，日本英国等成功研究出了单孔复合锚固技术并应用于实际工程，此项技术大大改善了锚杆的传力机制，提高了锚杆的耐久性和承载力。1989 年澳大利亚采用由 65 根 15.2mm 的钢绞线所组成的锚杆对 Warragamba 重力坝进行加固，承载力达 16500kN。同一时期，国际预应力协会和中国也制定了地层锚杆的技术规范。80 年代中期，英国煤炭工业在面临严重的危机的情况下，英国果断地把采用锚杆支护取代传统的型钢支护作为提高其煤炭工业竞争力的三大策略之一。

20 世纪 90 年代后，岩土锚固的理论研究、技术创新与工程应用等方面更进一步得到发展和提升。理论研究的主要内容包括杆体与注浆体、注浆体与地层间的粘结应力及其分布状态，以及锚杆的荷载传递机理三个方面。其中，澳大利亚、英国、加拿大等国家的岩土工程者们提出了"单孔复合锚固的理论与实践"、"注浆锚杆侧向刚度、注浆体的长度以及膨胀水泥含量对杆体与注浆体界面特性的影响"、"侧限状态时注浆锚杆的工程性质"、"锚杆注浆体与岩石界面的现场特性"、"粘结应力分布规律对地层锚杆设计计算的影响"等理论研究成果，对改进锚杆的设计和发展能充分利用地层强度的锚杆体系具有重要作用。

这段时期国际关于锚杆的学术讨论与交流非常活跃。1995、1996、1997 这三年分别在奥地利、中国与英国举行了以地层锚固及锚固结构为主题的国际学术研讨会，深入探讨了锚杆荷载传递与其界面上的粘结特性、岩土锚固的设计、材料性能、施工工艺、防腐研究、长期强度等理论实验技术，其中最重要的成果是根据南非、美国以及科威特的现场调查，获得了有关锚杆杆体腐蚀的与实际情况最接近的关键研究资料。

不容置疑，21 世纪的当今国际上岩土锚固的理论和实践已提高到一个新水平，锚固技术作为一种优越的岩土体加固技术手段，越来越广泛地应用于各种工程领域，且适用范围和使用规模仍在不断扩大。当前，世界范围内对锚杆支护技术研究最为活跃的应属澳大利亚，而美国和澳大利亚锚杆技术发展最为迅速，两国煤矿锚杆支护比例已接近 100%，其锚固技术水平居于世界前列。

5.1.2 国内锚杆技术的发展与应用

相对于国外锚杆技术发展而言，我国的锚杆支护技术发展相对较晚。锚杆支护技术在 20 世纪 60 年代才得以使用。当时河北龙烟铁矿、京西矿务局以及其他地区的矿山巷道的支护使用的是楔缝式锚杆。锚杆在我国矿山应用成功后，锚固技术便得到了飞速的发展。20 世纪 60 年代以后，锚杆技术除了应用在矿山巷道以外，边坡工程、铁道隧道工程、水库坝体工程及地下工程中都得到了应用并获得了成功，应用范围由坚硬稳定岩石发展到松软破碎岩石，由小巷道发展到大跨度硐室，由静荷载条件发展到动荷载条件，由基建工程发展到工程抢险和结构补强，并且锚固技术在设计承载力和锚杆长度方面都有了很大的提高。

七八十年代，我国开始在深基坑开挖支护工程中应用预应力锚杆。当时北京的王府井饭店、北京国际信托大厦、上海的太平洋饭店等大型基坑工程都采用了锚杆支护技术。1989 年，我国首台 6000kN 级预应力锚杆及张拉设备研制成功，并应用于丰满大坝加固工程，8000kN 级预应力锚杆在石泉大坝加固工程应用成功，到 90 年代，10000kN 级预应力锚杆在龙羊峡水电工程中试验成功，并在多个工程中获得应用。这标志着我国锚固技术和工艺已到达世界先进水平。据估计，在 1993～1999 年期间，我国在深基坑工程和边坡工程中，锚杆年使用量就达到了3000～3500km，而在煤矿和金属矿山巷道中锚杆的年使用量也超过了2600km。进入21世纪以后，由于国家经济发展所需，我国的大型水利水电工程相继建成或破土动工，锚固工程量大大增加，锚固技术也得到了更广泛的应用和发展。已建成的三峡工程，其设计锚固工程量就非常大，采用4000根25～61m的3000kN（部分1000kN）的预应力锚杆和近100000根8～14m的高强锚杆作系统加固和局部加固，它对阻止不稳定块体的塌滑，改善边坡的应力状态，抑制塑性区的扩展，提高边坡的整体稳定性发挥了重要作用。

从锚杆支护形式的发展过程来看，我国最早运用的主要是钢丝绳砂浆锚杆和机械锚固型锚杆两大类。1945～1950年机械式锚杆在我国开始研究与应用；1950～1960年我国广泛运用机械式锚杆，并开始对锚杆支护进行系统研究；1974年开始研制和试验一种新型锚杆—树脂锚杆；1970～1980年我国发明并应用了管缝式锚杆、胀管式锚杆等，同时研发了廉价的快硬水泥锚杆，长锚索也在这一时期产生；1980～1990年，混合锚头锚杆、桁架锚杆、特种锚杆等得到应用，树脂锚固材料得到改进；1990～2000年，以螺纹钢锚杆为代表的锚杆及长锚索得到了广泛的应用。1996年我国从澳大利亚引进高强度树脂锚固锚杆，并针对我国煤矿条件进行了二次开发和完善提高。可以说，国外使用过的锚杆支护形式国内基本上都用过。进入21世纪后，将锚索与肋柱（梁）、挡土墙、抗滑桩等其他结构联合使用的复合型支护结构已成为目前治理滑坡的常用有效手段。而框架预应力锚杆支护结构是近十年来随着支护结构的发展而被提出的一种新型支护结构，属于轻型柔性支护结构，其在深基坑开挖支护、边坡和桥台加固等工程中已经得到了广泛使用。

目前，锚固技术已经广泛应用于岩土工程的各个领域。我国科研工作人员从广泛的工程实践经验中，经过大量总结归纳，于1986年颁布了我国首部国家标准《锚杆喷射混凝土支护技术规范》GBJ 86—85，2001年颁发了其修订版GB 50086—2001。1990年颁发了《土层锚杆设计施工规范》CECS 22：90，2002年开始对CECS 22：90进行修订。1997年颁发的《建筑基坑工程技术规程》JGJ 120—99，1994年颁发的《水工预应力锚固施工规范》SL 46—1994和1998年颁发的《水工预应力锚固设计规范》SL 212—1998都对预应力锚杆的适用范围、设计、材料、施工、防腐、试验和监测做了明确的规定。此外，水利电力、建筑、军工等部门还相应制定有关岩土锚杆的行业标准。岩土锚固标准化建设的逐步完善，对我国岩土锚固应用的健康发展发挥了重要作用。

尽管锚杆加固技术取得了不少成果，但是仍然存在一些问题，主要是受以下这些因素制约：（1）锚杆锚固作用对土体物理力学性质的影响，以及锚杆与土体之间的相互作用模式还没有公认考虑方法；（2）还没有通用的力学模型和分析方法；（3）影响锚杆作用的各种因素，如地震、冲击荷载、变异荷载、施工爆破等因素，关于这些因素的合理的考虑方法；（4）锚杆加固的时间效应也难以合理考虑。

5.2 锚杆构造及类型

5.2.1 锚杆构造

锚杆是一端（锚固段）固定在稳定地层内，另一端与梁板、格构或其他结构相连接，用于承担基坑外的土、水压力荷载，并维持基坑边坡稳定的一种受力杆件。如图 5-1 所示，锚杆一般由外锚具、自由段和锚固段三大部分组成。外锚具是指连接支挡结构，固定拉杆的锁定结构，包括承压板和锚具，锚具可以是螺栓等；自由段是指由外锚具段和锚固段之间的区段，其功能是将外锚具上承受的力传递到锚固段，所承受的力也包括锚杆上施加的预应力；锚固段是指锚杆与周围土体紧密接触的一段，其功能是通过锚固体与土层之间的粘结摩阻作用或锚固体的承压作用，将自由段传来的拉力传至土层深部，由周围土体来承担支护结构上的力。锚杆杆体可以采用钢绞线、普通钢筋、热处理钢筋或中空螺纹钢管，当采用钢绞线时，亦可称为锚索，锚杆示意如图 5-1 所示。

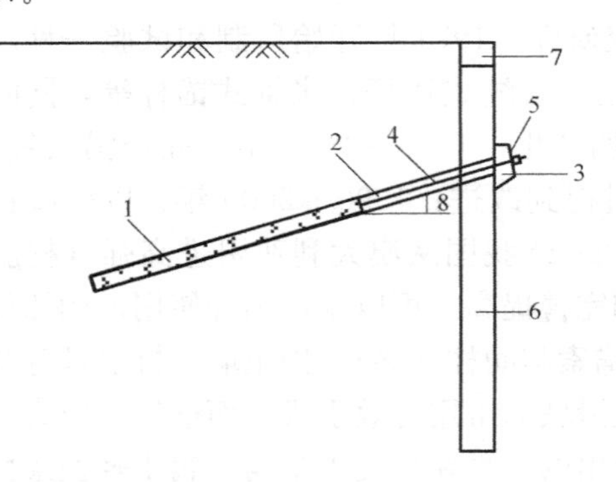

图 5-1 锚杆支护构造示意图

1—锚固段；2—自由端；3—腰梁；4—锚杆杆体；5—外锚具；6—挡土结构；7—顶圈梁；8—锚杆倾角

5.2.2 锚杆类型

根据不同的工程要求，可以采用不同类型的锚杆，因此，可从不同角度对锚杆进行分类：

按照工作年限，锚杆可分为临时性锚杆、永久性锚杆。

按照工作机理，锚杆可分为主动锚杆、被动锚杆，主动锚杆是施加预应力的锚杆，而被动锚杆则是不施加预应力，只有锚杆发生轴向变形后才受力。

按照锚固机理，即杆体与锚固体之间的接触方式分为拉力型锚杆和压力型锚杆。拉力型锚杆的杆体与锚固体之间全部接触，依靠杆体与锚固体界面上的剪应力将传递；而压力型锚杆的杆体是借助特制承载体和无粘结钢绞线或带套管钢筋使之与锚固体分隔开，将荷载直接传至锚杆的底部，传递到土体中的力是从锚杆底部开始的，因此，锚固体承受的荷载为压力。

按照回收方式，锚杆可分为机械式回收锚杆、化学式回收锚杆和力学式回收锚杆。可回收锚杆一般用于临时性支护工程，在工程结束后可以回收预应力钢筋，从而达到降低成本和不影响后续工序的目的。

按照锚杆杆体材料，可以分为钢绞线锚杆、钢筋锚杆和钢管锚杆。钢绞线锚杆可以细分为多种类型，最常用的是拉力型预应力锚杆，还有拉力分散型锚杆、压力预应力锚杆、压力分散型锚杆，压力型锚杆还可实现钢绞线回收技术。预应力钢绞线杆体的锚杆，其抗拉强度设计值是普通热轧钢筋的 4 倍左右，在张拉锁定的可操作性、施加预应力的稳定性方面也优于普通钢筋。强度高、性能好、运输安装方便等优点使预应力钢绞线锚杆成为应用最多、最具发展前景的杆体。

在基坑工程手册（第二版）中给出了锚杆的分类，如图 5-2 所示，这一分类是以锚固机理为分类依据的，总体上分为全长粘结型锚杆、端头锚固型锚杆、摩擦型锚杆和其他类型锚杆。其中端头锚固型锚杆中的机械式锚固应用较少。

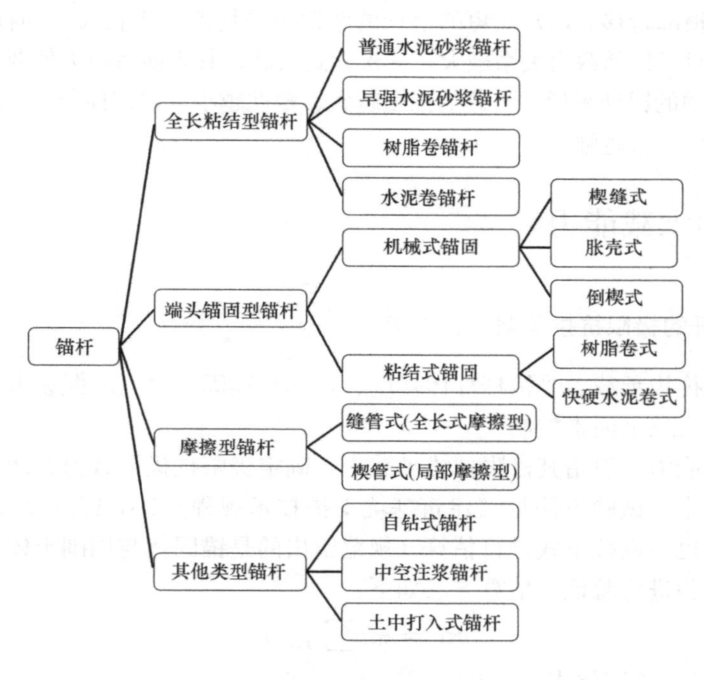

图 5-2 锚杆的分类

5.3 锚杆抗拔作用

锚杆为轴向受力构件，在支护结构中主要承受拉力，即发挥着抗拔作用。作用在锚杆外锚具位置的荷载为由支护基坑边坡外潜在滑动面向里的土中的土、水压力所引起，该荷载首先由挡土结构传递到圈梁上，再通过圈梁传递到外锚具，经过外锚具后再传递给锚杆杆体，再由杆体传递到锚杆的锚固段，最后由锚固段传递给潜在滑动面外的稳定土体，即锚杆实际上在稳定土体与潜在滑动土体之间起着桥梁作用。类似将一块板钉在墙上，墙体相当于稳定土体，板相当于潜在滑动面以里的滑动土体，钉子就相当于锚杆，如图 5.3 所示。

锚杆的抗拔作用最终由稳定土体提供，因此，土体的性质是影响锚杆抗拔作用的主要因素，同样的锚杆在砂性土与在黏性土中的抗拔作用就不同。

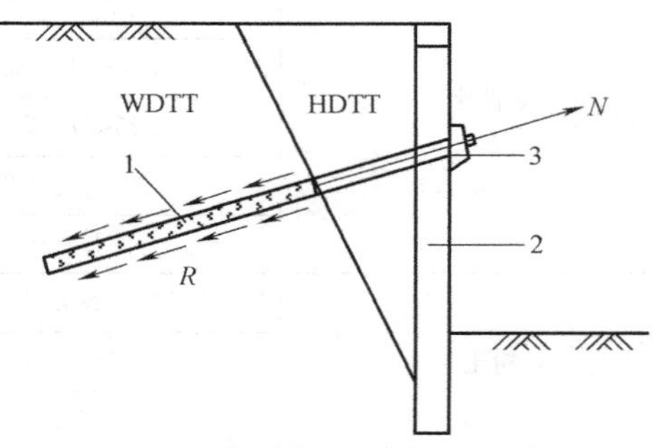

图 5-3 锚杆的抗拔作用示意

WDTT—稳定土体；HDTT—滑动土体；

N—荷载；R—抗拔力

1—锚固段；2—挡土结构；3—外锚具

德国学者 Ostermayer 对砂土中锚杆的受力特性进行了研究，得到如下结论：(1) 当锚固长度超过 7m 后，锚杆的极限抗拔力增长较小，在砂性土中锚杆的最佳长度为 6～7m。(2) 密砂最大表面摩擦力值分布在很短的锚杆长度范围内；但在松砂和中密砂中摩擦力的分布接近于理论假定的均匀分布的情况。(3) 随着荷载的增加，摩擦力峰值向锚杆根部转移。(4) 较短的锚杆的摩擦力平均值大于较长的锚杆表面的平均值。(5) 砂的密实度对锚杆承载力关系极大，从松砂到密砂，其表面摩擦力值要增加约5倍。

对于黏性土中的锚杆来说，土体的强度越大、塑性越小，锚固体与土体之间的平均摩擦力就越大，抗拔作用就越强。

5.4 锚杆的承载能力

5.4.1 锚杆的极限抗拔承载力标准值

锚杆的极限抗拔承载力受锚杆杆体强度、杆体与锚固体之间的握裹力、锚固体与周围土体之间的摩阻力三个因素控制。

锚杆的承载能力一般指其极限抗拔承载力，确定极限抗拔承载力有两种方法：其一是通过抗拔试验确定，试验方法见《建筑基坑支护技术规程》JGJ 120—2012；其二极限抗拔承载力标准值也可以按下式进行估算（规范给出的是锚固体与周围土体之间的摩阻力），但应通过抗拔试验进行验证，估算方法如下：

$$R_{\mathrm{k}} = \pi d \sum q_{\mathrm{sk},i} l_i \tag{5-1}$$

式中 d——锚杆的锚固体直径（m）；

l_i——锚杆的锚固段在第 i 土层中的长度（m）；锚固段长度为锚杆在理论直线滑动面以外的长度；

$q_{\mathrm{sk},i}$——锚固体与第土层的极限粘结强度标准值（kPa），可根据工程经验并结合表5-1取值。

锚杆的极限粘结强度标准值 **表 5-1**

土的名称	土的状态或密实度	q_{sk}(kPa)	
		一次常压注浆	二次压力注浆
填土		16～30	30～45
淤泥质土		16～20	20～30
黏性土	$I_{\mathrm{L}}>1$	18～30	25～45
	$0.75<I_{\mathrm{L}}\leqslant1$	30～40	45～60
	$0.50<I_{\mathrm{L}}\leqslant0.75$	40～53	60～70
	$0.25<I_{\mathrm{L}}\leqslant0.50$	53～65	70～85
	$0<I_{\mathrm{L}}\leqslant0.25$	65～73	85～100
	$I_{\mathrm{L}}\leqslant0$	73～90	100～130
粉土	$e>0.90$	22～44	40～60
	$0.75\leqslant e\leqslant0.90$	44～64	60～90
	$e<0.75$	64～100	80～130
粉细砂	稍密	22～42	40～70
	中密	42～63	75～110
	密实	63～85	90～130

续表

土的名称	土的状态或密实度	q_{sk}(kPa)	
		一次常压注浆	二次压力注浆
中砂	稍密	54～74	70～100
	中密	74～90	100～130
	密实	90～120	130～170
粗砂	稍密	80～130	100～140
	中密	130～170	170～220
	密实	170～220	220～250
砾砂	中密、密实	190～260	240～290
风化岩	全风化	80～100	120～150
	强风化	150～200	200～260

注：1. 采用泥浆护壁成孔工艺时，应按表取低值后再根据具体情况适当折减；
2. 采用套管护壁成孔工艺时，可取表中的高值；
3. 采用扩孔工艺时，可在表中数值基础上适当提高；
4. 采用分段劈裂二次压力注浆工艺时，可在表中二次压力注浆数值基础上适当提高；
5. 当砂土中的细粒含量超过总质量的 30%时，按表取值后应乘以 0.75 的系数；
6. 对有机质含量为 5%～10%的有机质土，应按表取值后适当折减；
7. 当锚杆锚固段长度大于 16m 时，应对表中数值适当折减。

从中可以看出，锚杆的极限抗拔承载力由锚杆锚固段的长度、直径、锚杆倾角和锚杆的极限粘结强度标准值计算而得，若已经得到锚杆的极限抗拔承载力之后，就可以对锚杆的长度和直径进行设计了。而锚杆的极限抗拔承载力是根据锚杆上所受的实际轴向力来确定的，因此，为了确定锚杆的极限抗拔承载力必须首先确定锚杆轴向拉力标准值。

5.4.2 锚杆轴向拉力标准值

锚杆的极限抗拔承载力是由锚杆轴向拉力标准值乘以一定的安全系数得到，锚杆轴向拉力标准值可以按下式计算：

$$N_k = \frac{F_h s}{b_a \cos\alpha} \tag{5-2}$$

式中 N_k——锚杆轴向拉力标准值（kN）；

F_h——挡土结构计算宽度内的弹性支点水平反力（kN）；

s——锚杆水平间距（m）；

b_a——挡土结构计算宽度（m）；

α——锚杆倾角（°）。

N_k 是指单根锚杆上所受的力，F_h 是在挡土结构内力计算中宽度为 b_a 时作用在挡土结构锚杆点处的力，应该通过锚杆的水平间距换算到单根锚杆上的力，而且还应注意，F_h 的方向为水平方向，N_k 的方向为轴向，二者相差一个锚杆的倾角，因此必须除以一个 $\cos\alpha$。

锚杆的极限抗拔承载力与锚杆轴向拉力标准值之间应符合下式要求：

$$\frac{R_k}{N_k} \geqslant K_t \tag{5-3}$$

式中　K_t——锚杆抗拔安全系数，安全等级为一级、二级、三级的支护结构，K_t 分别不应小于 1.8、1.6、1.4；

N_k——锚杆轴向拉力标准值（kN）；

R_k——锚杆极限抗拔承载力标准值（kN）。

得到 N_k 之后，再通过式（5-3）和式（5-1），基坑侧壁的安全等级，以及锚杆的极限粘结强度标准值，就可以设计锚杆的锚固段长度和直径了，如果勘察资料中没有给出锚杆的极限粘结强度标准值，可以参考表 5-1，根据不同的土质特性进行取值。

当锚杆锚固段主要位于黏土、淤泥质土层、填土层时，还应考虑土的蠕变对锚杆预应力损失的影响，并应根据蠕变试验确定锚杆的极限抗拔承载力。

上述锚杆抗拔试验中的基本试验、验收试验以及蠕变试验方法和要求可参见现行《建筑基坑支护技术规程》JGJ 120—2012 中的附录 A。

除了锚杆本身的长度与直径，以及周围土体的性质之外，注浆压力对砂土中锚杆承载力的影响也很大，试验表明，当注浆压力不超过 4MPa 时，锚杆承载力随着注浆压力的增大而增大，这是由于注浆压力越大，水泥浆液向周围土中裂缝中渗透得就越多、越远，使实际的锚固体直径大于钻孔的直径，增大了锚固体与土体之间的摩擦力；另外，由于水泥浆液的压力很高，增大了锚固体对周围土体的法向应力，同样提高了锚固体与土体之间的摩擦力，从而提高了锚杆的承载能力。

5.4.3　锚杆杆体本身的抗拉承载力

锚杆的承载力还受锚杆杆体本身的抗拉承载力控制，即不仅要求锚杆锚固段外围土体具有足够的承载力，锚杆杆体本身也不能被拉断而发生破坏，因此，锚杆抗拉承载力需符合下式规定：

$$N=\gamma_0\gamma_F N_k \leqslant f_{py}A_p \tag{5-4}$$

式中　N——锚杆轴向拉力设计值（kN）；

f_{py}——杆体预应力筋抗拉强度设计值（kPa），当锚杆杆体采用普通钢筋时，取普通钢筋的抗拉强度设计值；

A_p——预应力筋的截面面积（m^2）；

γ_0——支护结构重要性系数，对于安全等级为一级、二级、三级的支护结构，其值分别不应小于 1.1、1.0、0.9；

γ_F——支护结构构件按承载力能力极限状态设计时，作用基本组合的综合分项系数，不应小于 1.25。

5.4.4　锚杆与注浆体之间的握裹力

锚杆的承载力还受锚杆与注浆体之间的握裹力控制，若握裹力过小，锚杆杆体再大、周围土体对锚固体的摩阻力再大，锚杆的承载力也能由握裹力决定，因此，握裹力是一个非常重要的参数。

5.5　锚杆设计

锚杆设计前首先应对其适用性进行评价，主要从工程地质条件、基坑开挖要求和周边环境特别周边地下管线分布等多方面进行调查后综合评价。确定采用锚杆支护方案之后，主要设计的内容包括锚杆长度、水平间距、竖向间距、锚孔直径、倾角、杆体、腰梁、张拉锁定、注浆以及承压板和锚具等。设计首先从挡土结构的内力计算开始，一般先采用弹性支点法计算出锚固点处单位计算宽度内的水平反力，再由根据经验假设的锚杆水平间距、倾角等对锚固体直径、长度进行设计，经过反复计算出合理值之后，再进行杆体、腰梁、张拉锁定、注浆以及承压板和锚具进行选择或设计。

锚杆设计流程如图 5-4 所示。

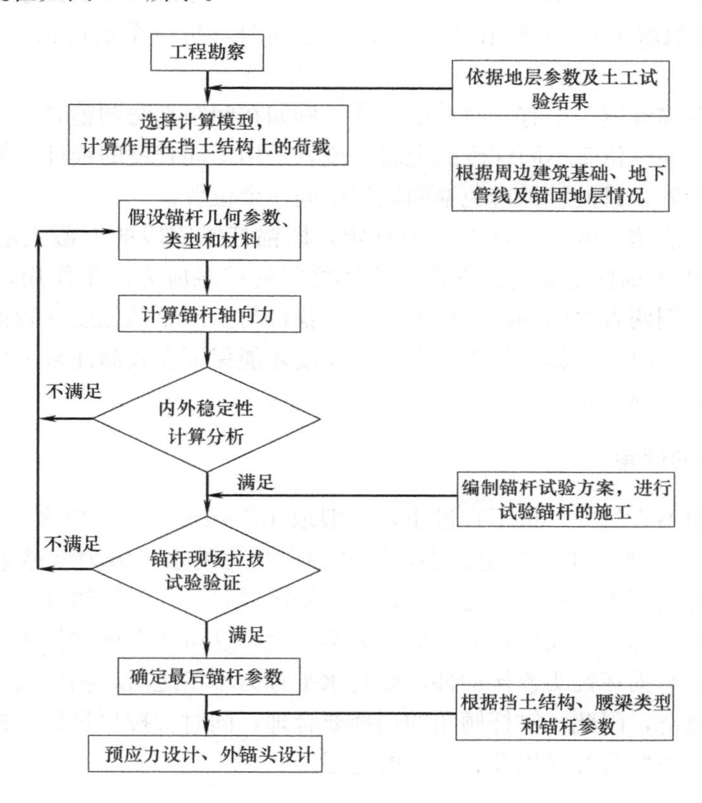

图 5-4　锚杆设计流程图

5.5.1　锚杆的水平间距与竖向间距

锚杆位置布置包括确定水平间距和竖向间距，竖向间距在采用弹性支点法进行内力计算时根据挡土结构的内力、位移、稳定性满足规范要求而定，一般当基坑开挖深度较浅，基坑土体工程性质较好，周边环境保护要求不高时，设置一排锚杆应能满足强度、变形和稳定性要求。若基坑开挖深度较深、场地条件较差、周边环境也比较复杂时，需要在竖向设置两层甚至多层锚杆。

锚杆水平位移的布置主要考虑单列锚杆的影响范围，间距过大时，要求单列锚杆的影响范围较大，这时设计出的锚杆长度较长、直径较大，对于周围土体的极限粘结强度、杆体本身的强度要求均较大，若周围土体的极限粘结强度和杆体强度均不达要求时，应该适当减小锚杆的水平间距，但是锚杆的间距也不能过小，过小可能产生“群锚效应”，所谓

"群锚效应"是指当锚杆间距（含竖向间距）太小时，会引起锚杆锚固段周围的高应力区叠加，从而影响锚杆抗拔力和增加锚杆位移，当影响过大时，可以导致相邻几根锚杆被同时拔出，产生基坑边坡的破坏。

为了避免群锚效应，《建筑基坑支护技术规程》JGJ 120—2012 中有如下规定：锚杆的水平间距不宜小于 1.5m；多层锚杆竖向间距不宜小于 2.0m；当锚杆的间距小于 1.5m 时，应根据群锚效应对锚杆抗拔承载力进行折减或相邻锚杆应取不同的倾角。根据有关参考资料，当土层锚杆间距为 1.0m 时，考虑群锚效应的锚杆抗拔力折减系数可取 0.8，大于 1.5m 时折减系数取 1.0，间距在 1.0～1.5m 之间时，折减系数可在 0.8～1.0 之间进行内插确定。

为了避免"群锚效应"还有一些其他建议：例如在间距无法调整时，可以调整锚杆的倾角，使锚杆的锚固体位于不同深度的土层；或者采用不同长度的锚杆，使锚杆的锚固段在水平向相互错开等，目的就是避免锚固段集中同一个位置。

此外，对于顶层锚杆的布置还有如下规定，即锚杆锚固段的上覆土层厚度不宜小于 4.0m，这主要是由于锚杆是通过锚固段与土体之间的接触应力产生作用，如果锚固段上覆土层厚度太薄，则两者之间的接触应力也小，锚杆与土的粘结强度会较低。另外，当锚杆采用二次高压注浆时，上覆土层需要有一定厚度才能保证在较高注浆力作用下，浆液不会从地表溢出或流入地下管线内。

5.5.2 锚杆的倾角

锚杆水平倾角不宜过大，也不宜过小，一般取 15°～25°，且不应大于 45°，不应小于 10°，这主要是因为，如果水平倾角过小，锚杆轴向拉力的水平分力就越大，但是同时又会减弱浆液向锚杆周围土层内的渗透作用，影响锚固效果。而如果锚杆水平倾角过大，锚杆拉力的水平分力就越小，而锚杆的竖向分力会增大，这可能会增加挡土结构及边坡的垂直向下变形，也容易损坏锚头连接构件，而且水平分力小了之后，锚杆长度就要加长，从成本上考虑也不经济，因此，锚杆倾角的选择要合理，同时应按尽量使锚杆锚固段位于粘结强度较高土层，还要避开易塌孔、变形的地层。

5.5.3 锚杆直径与长度

锚杆的直径是指锚杆的成孔直径，确定锚杆直径主要是考虑锚杆的承载力、锚杆类型以及施工设备等因素。对钢绞线锚杆、普通钢筋锚杆，锚杆成孔直径一般要求取 100～150mm。

锚杆杆体长度包括自由段、锚固段和外锚具段，如图 5-5 所示。

（1）锚杆自由段长度

锚杆自由段是锚杆杆体不受注浆固结体约束可自由变形的部分，其长度必须能使锚杆锚固段达到比潜在滑动更深的稳定土层中，从而保证锚杆支护的整体稳定性。锚杆的自由段长度越长，预应力损失就越小，锚杆拉力越稳定。自由段长度越短，锚杆张拉锁定后的弹性伸长就越小，锚具变形、预压力筋回缩等因素引起的预应力损失越大，同时受支护结构位移的影响也越敏感，锚杆拉力会随支护结构位移有较大幅度增加，严重时锚杆会因杆体应力超过其强度发生脆性破坏。因此，锚杆的自由段一般不应小于 5.0m，且穿过潜在滑动面进入稳定土层的长度不应小于 1.5m。

在施工中锚杆自由段可以通过在杆体外加设套管与注浆固结体隔离开来实现。在设计时钢绞线、钢筋杆体在自由段应设置隔离套管，或采用止浆塞，阻止注浆浆液与自由端杆体的固结。

潜在滑动面的确定采用极限平衡理论，锚杆的自由段长度可按下式计算：

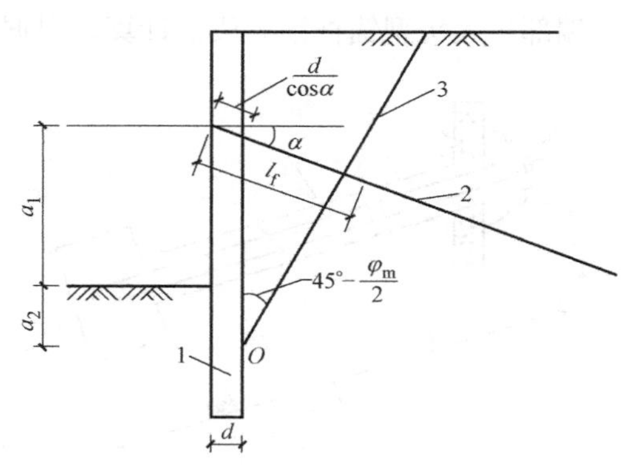

图 5-5　锚杆自由段长度计算图

1—挡土结构；2—锚杆；3—理论直线滑动面

$$l_f \geqslant \frac{(a_1+a_2-d\tan\alpha)\sin\left(45°-\frac{\varphi_m}{2}\right)}{\sin\left(45°+\frac{\varphi_m}{2}+\alpha\right)}+\frac{d}{\cos\alpha}+1.5 \tag{5-5}$$

式中　l_f——锚杆非锚固段长度（m）；

a——锚杆倾角（°）；

a_1——锚杆的锚头中点至基坑底面的距离（m）；

a_2——基坑底面至基坑外侧主动土压力强度与基坑内侧被动土压力强度等值点 O 的距离（m）；对于成层土，当存在多个等值点时应按其中最深的等值点计算；

d——挡土构件的水平尺寸（m）；

φ_m——O 点以上各土层按厚度加权的等效内摩擦角（°）。

（2）锚固段长度

锚杆的锚固段通常用水泥浆或水泥砂浆将杆体与土体粘结在一起而形成。根据土体类型、工程特性与使用要求，锚杆锚固体结构可设计为圆柱形、端部扩大头型或连续球体型三种。一般来说，对于砂质土、硬黏土层并要求较高承载力时，宜采用端部扩大头型锚固体；对于淤泥、淤泥质土层并要求较高承载力的锚杆，宜采用连续球体型锚固体。

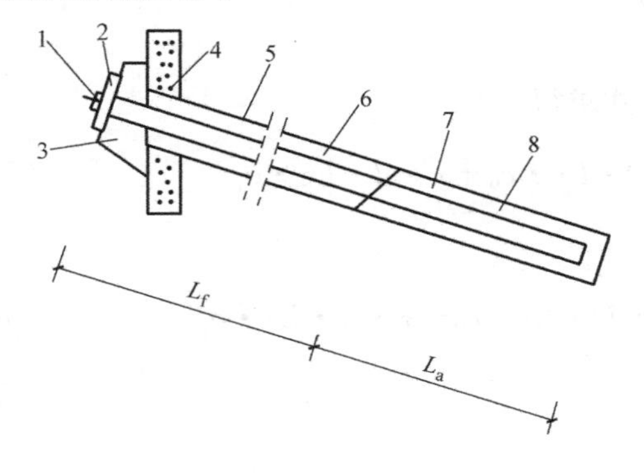

图 5-6　圆柱体型锚固体锚杆

1—锚具；2—承压板；3—台座；4—支挡结构；5—钻孔；6—二次注浆防腐处理；7—预应力筋；8—圆柱形锚固体；L_f—自由段长度；L_a—锚固段长度

不同形式锚杆的锚固体，其锚固段长度的计算方法也不同，下面对不同类型锚固体的长度计算方法依次进行介绍。

锚杆锚固段长度主要取决于满足极限抗拔承载力要求，圆柱体型锚固体的极限抗拔承载力主要由摩擦力决定，如前锚杆极限承载力一节，可以采用公式（5-1）来反算锚固段长度，锚固段总长度由分布在各层土中的各分段长度之和构成，先由锚杆轴向拉力标准值确定极限承载力，再通过试算法反算锚固段长度。对于土层锚杆，若计算出锚固段长度不足 6m，则应取 6m。

端部扩大头型锚杆锚固段的计算，根据是砂土还是黏土的不同分为两种，如果是砂土地层，端部扩大型锚固体的极限抗拔承载力主要由摩擦力和面承力决定。砂土中端部扩体型锚固体的面承力计算可近似地借鉴国外砂土中锚锭板抗力计算成果。Mitsch 和 Clemence（1985 年）从锚锭板的试验结果发现，埋置深度 h 与圆板直径 D 之比与锚固力因子间的线性关系只能维持到 $h/D=10$ 左右，当 h/D 比值继续增加时，则趋于定值，不再受 h/D 比值的影响。而也随砂土摩擦角的增大而增大。计算简图如 5-7 所示。

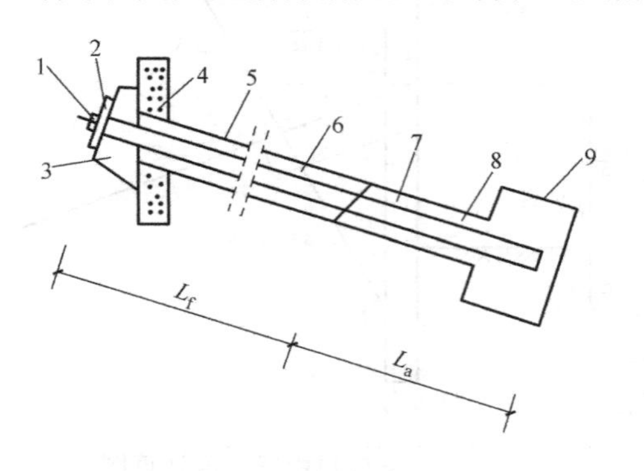

图 5-7　端部扩大头型锚固体锚杆
1—锚具；2—承压板；3—台座；4—支挡结构；5—钻孔；6—二次注浆防腐处理；7—预应力筋；8—圆柱形锚固体；9—端部扩大头；L_f—自由段长度；L_a—锚固段长度

砂土中锚杆扩体型锚固体的极限锚固力可按下式计算：

$$P=\frac{\pi(D^2-d^2)}{4}\beta_c \cdot \gamma \cdot h+\pi \cdot D \cdot L_1 \cdot q_r+\pi \cdot d \cdot L_2 \cdot q_r \tag{5-6}$$

则在外力作用下锚固体长度由下式求得：

$$K \cdot N=\frac{\pi(D^2-d^2)}{4}\beta_c \cdot \gamma \cdot h+\pi \cdot D \cdot L_1 \cdot q_r+\pi \cdot d \cdot L_2 \cdot q_r \tag{5-7}$$

式中　P——锚杆极限锚固力（kN）；
β_c——锚固力因子；
N——锚杆轴向拉力设计值（kN）；
K——安全系数；
D、d、L_1、L_2——锚固体结构尺寸（m）；
q_r——灌浆体与地层间的粘结强度（kPa）；
γ——岩土的重力密度（kN/m³）；
h——扩体上覆的地层厚度（m）。

黏土中的扩体型锚固体

黏土中扩体型锚固体的极限锚固力可按下式求得：

$$P=\frac{\pi(D^2-d^2)}{4}\beta_c \cdot c_u+\pi \cdot D \cdot L_1 \cdot c_u+\pi \cdot d \cdot L_2 \cdot q_r \tag{5-8}$$

则锚固体长度可由下式求得：

$$K \cdot N=\frac{\pi(D^2-d^2)}{4}\beta_c \cdot c_u+\pi \cdot D \cdot L_1 \cdot c_u+\pi \cdot d \cdot L_2 \cdot q_r \tag{5-9}$$

式中　β_c——锚固力固子，取 9.0；
N——锚杆轴向拉力设计值（kN）；
c_u——地层不排水抗剪强度（kPa）。

锚固力因子 β_c 取 9.0，是因为黏土中锚锭板抗拔试验结果表明，当埋置深度 h 与锚锭板直径 D 之比大于 6 时，β_c 趋于定值，该数值约为 9.0。

连续球型锚杆是由若干个单元球体组成的。其锚固体的尺寸设计应同时满足锚固体局部抗压承载力和锚固灌浆体与周边地层间的粘结摩阻力的要求。计算简图如5-8所示。

1）锚固体承压面积

$$P/n=1.5A_p\cdot\beta\cdot\zeta\cdot f_c \tag{5-10}$$

式中 P——连续球体形锚杆的总承载力（kN）；

n——单元球体数量；

A_p——单元锚杆承载体与灌浆体接触面积（mm^2）；

β——锚固段灌浆体局部受压时强度提高系数，$\beta=(A/A_p)^{0.5}$，A 为灌浆体截面积；

ζ——锚固段灌浆体受压时侧向地层约束力作用的抗压强度提高系数，由试验确定；

f_c——灌浆体轴心抗压强度标准值（kPa）。

2）锚固体长度

$$P=\pi\cdot d\cdot L_1\cdot q_{r1}+\pi\cdot d\cdot L_2\cdot q_{r2}+\pi\cdot d\cdot L_3\cdot q_{r3}+\cdots \tag{5-11}$$

式中 P——连续球体形锚杆的总承载力（kN）；

d——锚固体直径（m^2）；

L_1、L_2、L_3——各单元锚杆锚固段长度（m）；

q_{r1}、q_{r2}、q_{r3}——各单元锚杆锚固段灌浆体与周边地层间的粘结强度（kPa）。

（3）外锚具段

外锚具段的长度应满足放置台座、承压板，并要满足张拉锁定的要求，还要有一定的出露长度。

5.5.4 锚杆杆体

基坑工程锚拉式支挡结构中主要采用拉力型钢绞线锚杆，当设计的锚杆承载力较低时，也可采用普通钢筋锚杆，当环境保护不允许在支护结构使用功能完成后锚杆杆体滞留于基坑周边地层内时，应采用可拆芯钢绞线锚杆。对于锚杆杆体用钢绞线的，应符合现行国家标准《预应力混凝土用钢绞线》B/T 5224的有关规定；钢筋锚杆的杆体宜选用预应力螺纹钢筋或HRB400、HRB500级螺纹钢筋。预应力值较大的锚杆通常采用高强钢丝和钢绞线，有时也采用精轧螺纹钢筋或中空螺纹钢材。自钻式锚杆采用中空的具有国际标准螺纹的钢管，可根

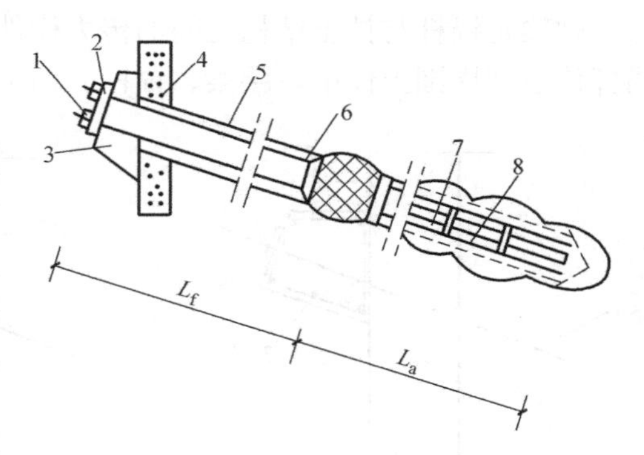

图5-8 连续球体型锚固体锚杆

1—锚具；2—承压板；3—台座；4—支挡结构；5—钻孔；6—塑料套管；7—止浆密封装置；8—预应力筋；9—注浆套管；10—连续球体型锚固体；L_f—自由段长度；L_a—锚固段长度

据需要接长锚杆，利用钢管中孔作为注浆通道，将锚杆成孔、注浆、锚固在一个过程中一次性完成。另外有时也采用玻璃纤维锚杆采用玻璃纤维作锚杆杆体，它具有质量轻、强度高、抗腐蚀性强，以及抗震强度低、具有脆性等优点，但同时由于弹性模量小，因此，相对来说变形比较大，基坑对变形要求较高时应慎重采用。

锚杆杆体还应具有一定的防腐蚀性，不同的钢材对腐蚀的灵敏程度是不同的，对腐蚀

引起的后果应预先估计并采取相应的预防措施。一般来说，高强度预应力钢材腐蚀的程度与后果要比普通钢材严重得多，因为它直径相对较小，较小的锈蚀就能显著减小钢材的横截面积，从而引起应力增加。

为了保证锚固效果，必须使锚杆杆体位于锚孔中央，需要沿锚杆杆体全长方向设置定位支架，定位支架的设置规格应能使相邻定位支架中点处锚杆杆体的注浆固结体保护层厚度不小于10mm。定位支架的间距宜根据锚杆杆体的组装刚度确定，对自由段宜取1.5～2.0m，对锚固段宜取1.0～1.5m。对于采用多肢钢绞线的，定位支架同时又相当于分离器，应能使各根钢绞线相互分离。

自由段套管用于锚杆体与周围注浆体隔离，使锚杆杆体能自由伸缩，而且还可以防止杆体腐蚀，阻止地下水通过注浆体向锚杆杆体渗透，自由段的套管一般采用聚乙烯、聚丙乙烯或聚丙烯材料，本身具有足够的厚度、柔性和抗老化性能，并能在锚杆工作期间抵抗地下水等对锚杆体和腐蚀。波纹套管是设置在注浆体内部，使管内的注浆体与管外的注浆体形成相互咬合的沟槽，起到保证锚固段应力向地层内有效传递的作用，一般采用具有一定韧性和硬度的塑料或金属制成。

锚杆杆体的截面面积可以根据自身的抗拉强度按式（5-4）确定，同时还应保证锚杆杆体与注浆体之间有足够的握裹力，若握裹力过小，在锚杆作用时可能会先从杆体-注浆体之间的界面处被拉出而发生破坏，关于握裹力在规范中没有给出具体的计算方法，实际应用时可以参照锚固体的抗拔承载力，查阅相关资料进行计算。

5.5.5 腰梁设计

腰梁是锚杆与挡土结构之间的传力构件，它将挡土结构上的荷载传递到锚杆上，再由锚杆传递到周围土体中，腰梁、锚杆、挡土结构相对位置示意图如图5-9所示。

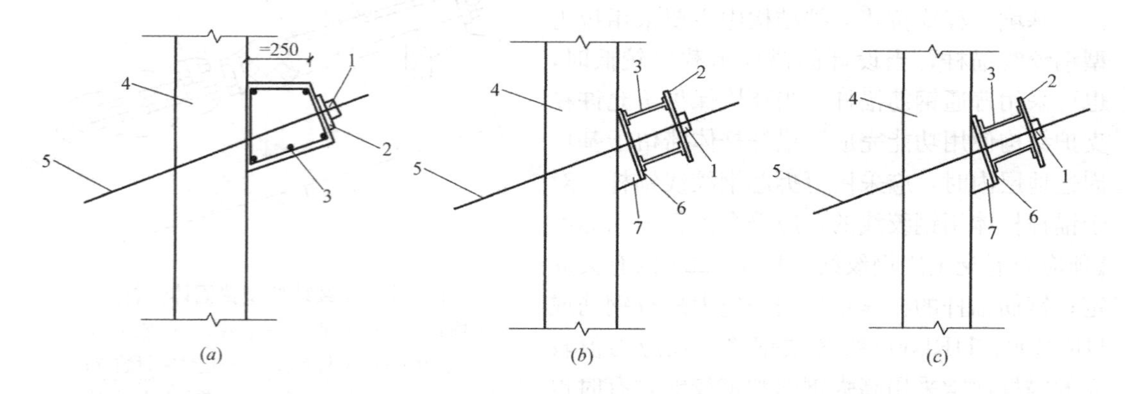

图5-9 腰梁连接示意图

(*a*) 钢筋混凝土腰梁 (*b*) 双工字钢组合腰梁 (*c*) 双槽钢组合腰梁

1—锚具；2—承压板；3—挡土构件；4—锚杆杆体；5—缀板；6—垫板

锚杆腰梁可以采用型钢组合梁或混凝土梁。锚杆腰梁的正截面、斜截面承载力，对混凝土腰梁，应符合现行国家标准《混凝土结构设计规范》GB 50010的规定；对型钢组合腰梁，应符合现行国家标准《钢结构设计规范》GB 50017的规定。当锚杆锚固在混凝土冠梁上时，冠梁应按受弯构件设计，其截面承载力应符合上述国家标准的规定。

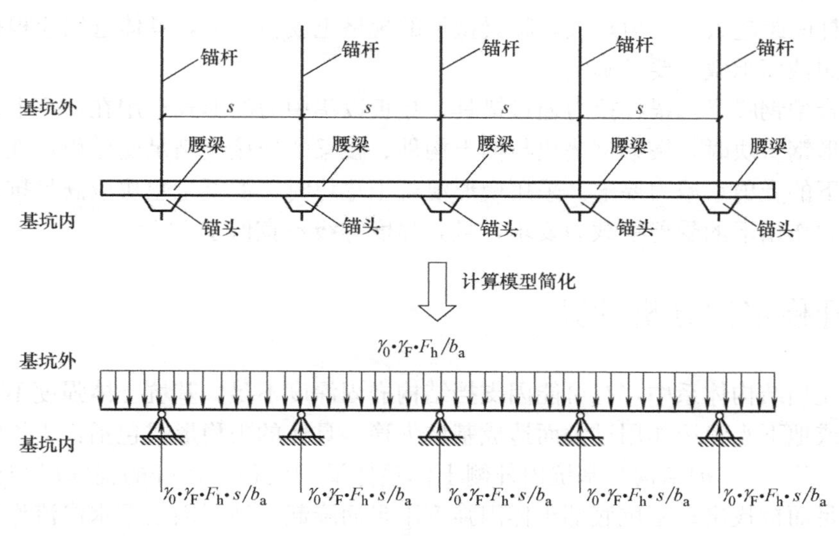

图 5-10　腰梁内力计算简图

锚杆腰梁应按受弯构件设计，并根据实际约束条件按连续梁或简支梁计算（如图5-10所示）。计算腰梁的内力时，腰梁的荷载假设为均布荷载，其值取结构内力分析时得到的支点力设计值 $\gamma_0 \cdot \gamma_F \cdot F_h / b_a$，腰梁的支点位于锚固点处，其值为 $\gamma_0 \cdot \gamma_F \cdot F_h \cdot s / b_a$，杆上的受力已知后，求出腰梁上的弯矩、剪力，按照最大弯矩进行腰梁的设计。如果是型钢腰梁，则进行腰梁型号的选择；如果是混凝土腰梁则进行钢筋混凝土结构的配筋设计。

（1）钢筋混凝土腰梁

钢筋混凝土腰梁的混凝土强度等级不宜低于 C25，剖面形状应采用斜面与锚杆轴线垂直的梯形截面。考虑到混凝土浇筑、振捣的施工尺寸要求，梯形截面的上边水平尺寸不宜小于 250mm，见图 5-4。

钢筋混凝土腰梁一般是整体现浇，梁的长度较长，应按连续梁设计，其正截面受弯和斜截面受剪承载力计算，应符合现行国家标准《混凝土结构设计规范》GB 50010 的规定。

锚杆的混凝土腰梁、冠梁宜采用斜面与锚杆轴线垂直的梯形截面；腰梁、冠梁的混凝土强度等级不宜低于 C25。采用梯形截面时，截面的上边水平尺寸不宜小于 250mm。采用钢筋混凝土梁时，第一道锚杆可以把冠梁作为腰梁。

（2）型钢组合腰梁

型钢组合腰梁可选用双槽钢或双工字钢，槽钢之间或工字钢之间应用缀板焊接为整体构件，能增加腰的整体稳定性，保证双型钢共同受力。型钢之间的连接应采用贴角焊焊接。双槽钢或双工字钢之间的净间距应满足锚杆杆体平直穿过的要求。

采用型钢组合腰梁时，腰梁应满足在锚杆集中荷载作用下的局部受压稳定与受扭稳定的构造要求。当需要增加局部受压和受扭稳定性时，可在型钢翼缘端口处配置加劲肋板。

组合型腰梁需在现场安装拼装，每节一般按简支梁设计，焊接形成的腰梁较长时，可按连续梁设计。其正截面受弯和斜截面受剪承载力计算，应符合现行国家标准《钢结构设计规范》GB 50017 的规定。

根据工程经验，槽钢的规格常在［18～［36 之间选用，工字钢的规格常在I16～I32之间选用。具体工程锚杆腰梁取多大的规格与锚杆的设计拉力和锚杆间距有关，锚杆的设计拉力或锚杆间距越大，内力越大，腰梁型钢的规格也就会越大，具体选用应根据计算的腰梁内力按照截面承载力要求确定。

对于组合型钢腰梁，锚杆拉力通过锚具、垫板以集中力的形式作用在型钢上。

采用楔形钢垫块时，楔形钢垫块与挡土构件、腰梁的连接应满足受压稳定性和锚杆垂直分力作用下的受剪承载力要求。采用楔形混凝土垫块时，混凝土垫块应满足抗压强度和锚杆垂直分力作用下的受剪承载力要求，且其强度等级不宜低于C25。

5.6　锚杆稳定性分析计算

在锚杆支挡结构体系中，有可能因支挡结构嵌固深度不足、基坑土体强度不足、锚杆抗拔力不足或地下水渗透作用过大而造成基坑失稳。具体的失稳形式包括：支护结构倾覆失稳（嵌固失稳）、支护结构与基坑内外侧土体整体滑动失稳；锚杆的锚固段与土体之间的摩阻力不足而被拔出；基坑底部土体因强度不足而隆起；地层因地下水渗流作用引起流土（砂）、管涌以及承压水突涌等。因此，在锚杆设计过程中必须对基坑稳定性进行验算。锚杆稳定性验算请参考第3章内容。

5.7　锚杆的抗拔试验

在采用弹性支点法计算锚拉式支挡结构内力时需要事先知道刚度系数 K_R；在初步确定锚杆的极限抗拔承载力 R_k 之后进一步验证 R_k 的合理性，都需要进行锚杆的抗拔试验。

锚杆的抗拔试验包括基本试验、蠕变试验和验收试验三种。试验要求包括：(1) 试验锚杆的参数、材料、施工工艺及其所处的地质条件应与工程锚杆相同。(2) 锚杆抗拔试验应在锚固段注浆固结体强度达到15MPa或达到设计强度的75%后进行。(3) 加载装置（千斤顶、油泵）的额定压力必须大于最大试验压力，且试验前应进行标定。(4) 加载反力装置的承载力和刚度应满足最大试验荷载的要求，加载时千斤顶应与锚杆同轴。(5) 计量仪表（测力计、位移计、压力表）的精度应满足试验要求。(6) 试验锚杆宜在自由段与锚固段之间设置消除自由段摩阻力的装置。(7) 最大试验荷载下的锚杆杆体应力，对预应力钢筋，不应超过其抗拉强度标准值的0.9倍；对普通钢筋，不应超过其屈服强度标准值。

1. 基本试验

(1) 同一条件下的极限抗拔承载力试验的锚杆数量不应少于3根。(2) 确定锚杆极限抗拔承载力的试验，最大试验荷载应大于预估破坏荷载。必要时，可增加试验锚杆的杆体截面面积。(3) 锚杆极限抗拔承载力试验宜采用循环加载法，其加载分级和锚头位移观测时间应按表5-2确定。

循环加载试验的加载分析与锚头位移观测时间　　**表5-2**

循环次数	分级加载与最大试验荷载的百分比(%)						
	初始荷载	加载过程			卸载过程		
第一循环	10	20	40	50	40	20	10
第二循环	10	30	50	60	50	30	10
第三循环	10	40	60	70	60	40	10
第四循环	10	50	70	80	70	50	10

续表

循环次数	分级加载与最大试验荷载的百分比(%)						
	初始荷载	加载过程			卸载过程		
第五循环	10	60	80	90	80	60	10
第六循环	10	70	90	100	90	70	10
观测时间(min)		5	5	10	5	5	5

注：1. 锚杆加载前应预先施加初始荷载，初始荷载应取锚杆轴向拉力标准值的10%；
2. 每级加、卸荷载稳定后，在观测时间内测读锚头位移不应少于3次；
3. 在每级荷载的观测时间内，当锚头位移增量不大于1.0mm时，可视为位移稳定；当观测时间内锚头位移增量大于1.0mm时，应在该级荷载下再延长观测时间60min，并应每隔10min测读锚头位移1次；当该60min内锚头位移增量小于2.0mm时，可视为锚头位移收敛；当锚头位移稳定或收敛后，方可施加下一级荷载；
4. 加至最大试验荷载后，当锚杆尚未出现下述终止加载情况，且继续加载后满足对钢筋强度的要求时，宜按最大试验荷载10%的荷载增量继续进行下一循环加载，此时，每级加载中间过程的分级荷载与最大试验荷载的百分比应分别相应增加10%，其观测时间应为10min。

锚杆抗拔试验中终止荷载的标准如下，只要符合其中之一就可终止试验：(1) 从第二级加载开始，后一级荷载产生的锚头位移增量达到或超过前一级荷载产生位移增量的2倍；(2) 锚头位移不收敛；(3) 锚杆杆体破坏。

循环加载试验应绘制锚杆的荷载-位移（Q-s）曲线、荷载-弹性位移（Q-s_e）曲线和荷载～塑性位移（Q-s_P）曲线。锚杆的位移不应包括试验反力装置的变形。

锚杆极限抗拔承载力应按下列方法确定：(1) 单根锚杆的极限抗拔承载力，在某级试验荷载下出现上述终止继续加载情况时，应取终止加载的前一级荷载值；未出现时，应取最大试验荷载值。(2) 参加统计的试验锚杆，当极限抗拔承载力的极差不超过其平均值的30%时，锚杆极限抗拔承载力标准值可取平均值；当级差超过其平均值的30%时，宜增加试验锚杆数量，并应根据级差过大的原因，按实际情况重新进行统计后确定锚杆极限抗拔承载力标准值。

2. 蠕变试验（请查阅相关规范）

3. 验收试验

锚杆抗拔承载力检测试验的最大试验荷载，应按5.7节检测部分取值，同时尚应符合检测对锚杆杆体钢筋强度的要求。锚杆抗拔承载力检测试验可采用逐级加载法，其加载分级和锚头位移观测时间应按表5-3确定。

逐级加载试验的加载分析与锚头位移观测时间　　表5-3

最大试验荷载	分级加载与锚杆轴向拉力标准值 N_k 的百分比(%)							
$1.4N_k$	加载	10	40	60	80	100	120	140
	卸载	10	30	50	80	100	120	—
$1.3N_k$	加载	10	40	60	80	100	120	130
	卸载	10	30	50	80	100	120	—
$1.2N_k$	加载	10	40	60	80	100	—	120
	卸载	10	30	50	80	100	—	—
观测时间(min)		5	5	10	5	5	5	10

注：1. 锚杆加载前应预先施加初始荷载，初始荷载应取锚杆轴向拉力标准值的10%；
2. 每级加、卸荷载稳定后，在观测时间内测读锚头位移不应少于3次；
3. 在每级荷载的观测时间内，当锚头位移增量不大于1.0mm时，可视为位移稳定；当观测时间内锚头位移增量大于1.0mm时，应在该级荷载下再延长观测时间60min，并应每隔10min测读锚头位移1次；当该60min内锚头位移增量小于2.0mm时，可视为锚头位移收敛；当锚头位移稳定或收敛后，方可施加下一级荷载；
4. 锚杆验收试验，也可在逐级加载至最大试验荷载后一次卸载至初始荷载。

锚杆试验时，当遇前述规定的终止继续加载情况时，应终止继续加载。单根锚杆的极限抗拔承载力应按本文前述规定确定。逐级加载试验应绘制锚杆的荷载-位移（*Q*-*s*）曲线。锚杆的位移不应包括试验反力装置的变形。验收试验中，符合下列要求的锚杆应判定合格：(1) 在最大试验荷载下，锚杆位移稳定或收敛；(2) 对拉力型锚杆，在最大试验荷载下测得的总位移量应大于自由段长度理论弹性伸长量的 80%，且应小于自由段长度与 1/2 锚固段长度之和的理论弹性伸长量。

锚杆的检测应符合下列规定：(1) 检测数量不应少于锚杆总数的 5%，且同一土层中的锚杆检测数量不应少于 3 根；(2) 检测试验应在锚杆的固结体强度达到设计强度的 75%后进行；(3) 检测锚杆应采用随机抽样的方法选取；(4) 检测试验的张拉值参照表 5-4 取值；(5) 当检测的锚杆不合格时，应扩大检测数量。

锚杆的抗拔承载力检测值 **表 5-4**

支护结构的安全等级	一级	二级	三级
锚杆抗拔承载力检测值与轴向拉力标准值 N_k 的比值	≥1.4	≥1.3	≥1.2

5.8 锚杆施工

在不同地层施工不同类型的锚杆时应注意：对于易塌孔的松散或稍密的砂土、碎石土、粉土层，高液性指数的饱和黏性土层，高水压力的各类土层，钢绞线锚杆、普通钢筋锚杆宜采用套管护壁成孔工艺；锚杆注浆宜采用二次压力注浆工艺，锚杆锚固段不宜设置在淤泥、淤泥质土、泥炭、泥炭质土及松散填土层内。在复杂地质条件下，应通过现场试验确定锚杆的适用性。

当锚杆穿过的地层附近存在既有地下管线、地下构筑物时，应在调查或探明其位置、走向、类型、使用状况等情况后再进行锚杆施工。锚杆的成孔应符合下列规定：(1) 应根据土层性状和地下水条件选择套管护壁、干成孔或泥浆护壁成孔工艺，成孔工艺应满足孔壁稳定性要求；(2) 对松散和稍密的砂土、粉土，卵石，填土，有机质土，高液性指数的黏性土宜采用套管护壁成孔护壁工艺；(3) 在地下水位以下时，不宜采用干成孔工艺；(4) 在高塑性指数的饱和黏性土层成孔时，不宜采用泥浆护壁成孔工艺；(5) 当成孔过程中遇不明障碍物时，在查明其性质前不得钻进。

钢绞线锚杆和普通钢筋锚杆杆体的制作安装应符合下列规定：(1) 钢绞线锚杆杆体绑扎时，钢绞线应平行、间距均匀；杆体插入孔内时，应避免钢绞线在孔内弯曲或扭转；(2) 当锚杆杆体采用 HRB335、HRB400 级钢筋时，其连接宜采用机械连接、双面搭接焊、双面帮条焊；采用双面焊时，焊缝长度不应小于 $5d$，此处，d 为杆体钢筋直径；(3) 杆体制作和安放时应除锈、除油污、避免杆体弯曲；(4) 采用套管护壁工艺成孔时，应在拔出套管前将杆体插入孔内；采用非套管护壁成孔时，杆体应匀速推送至孔内；(5) 成孔后应及时插入杆体及注浆。

钢绞线锚杆和普通钢筋锚杆的注浆应符合下列规定：(1) 注浆液采用水泥浆时，水灰比宜取 0.50～0.55；采用水泥砂浆时，水灰比宜取 0.40～0.45，灰砂比宜取 0.5～1.0，拌和用砂宜选用中粗砂；(2) 水泥浆或水泥砂浆内可掺入能提高注浆固结体早期强度或微膨胀的外掺剂，其掺入量宜按室内试验确定；（3）注浆管端部至孔底的距离不宜大于200mm；注浆及拔管过程中，注浆管口应始终埋入注浆液面内，应在水泥浆液从孔口溢出后停止注浆；注浆后，当浆液液面下降时，应进行孔口补浆；（4）采用二次压力注浆工艺时，二次压力注浆宜采用水灰比0.50～0.55的水泥浆；二次注浆管应牢固绑扎在杆体上，注浆管的出浆口应采取逆止措施；二次压力注浆时，终止注浆的压力不应小于1.5MPa；（5）采用分段二次劈裂注浆工艺时，注浆宜在固结体强度达到5MPa后进行，注浆管的出浆孔宜沿锚固段全长设置，注浆顺序应由内向外分段依次进行；（6）基坑采用截水帷幕时，地下水位以下的锚杆注浆应采取孔口封堵措施；（7）寒冷地区在冬期施工时，应对注浆液采取保温措施，浆液温度应保持在5℃以上。

锚杆的施工偏差应符合下列要求：（1）钻孔深度宜大于设计深度0.5m；（2）钻孔孔位的允许偏差应为50mm；（3）钻孔倾角的允许偏差应为3°；（4）杆体长度应大于设计长度；（5）自由段的套管长度允许偏差应为±50mm。

组合型钢锚杆腰梁、钢台座的施工应符合现行国家标准《钢结构工程施工质量验收规范》GB 50205的有关规定；混凝土锚杆腰梁、混凝土台座的施工应符合现行国家标准《混凝土结构工程施工质量验收规范》GB 50204的有关规定。

预应力锚杆张拉锁定时应符合下列要求：（1）当锚杆固结体的强度达到设计强度的75%且不小于15MPa后，方可进行锚杆的张拉锁定；（2）拉力型钢绞线锚杆宜采用钢绞线束整体张拉锁定的方法；（3）锚杆锁定前，应按表5-4的张拉值进行锚杆预张拉；锚杆张拉应平缓加载，加载速率不宜大于$0.1N_k$/min，此处，N_k为锚杆轴向拉力标准值；在张拉值下的锚杆位移和压力表压力应保持稳定当锚头位移不稳定时，应判定此根锚杆不合格；（4）锁定时的锚杆拉力应考虑锁定过程的预应力损失量；预应力损失量宜通过对锁定前、后锚杆拉力的测试确定；缺少测试数据时，锁定时的锚杆拉力可取锁定值的1.1～1.15倍；（5）锚杆锁定尚应考虑相邻锚杆张拉锁定引起的预应力损失，当锚杆预应力损失严重时，应进行再次锁定；锚杆出现锚头松弛、脱落、锚具失效等情况时，应及时进行修复并对其进行再次锁定；（6）当锚杆需要再次张拉锁定时，锚具外杆体的长度和完好程度应满足张拉要求。

5.9 工程实例

5.9.1 工程简介及特点

该工程为建科研试验大楼基坑支护工程，拟建工程位于北京市朝阳区北三环东路30号中国建筑科学研究院内。拟建建筑物由两栋科研主楼、裙房、地下车库组成，形成大底盘多塔楼联体结构；科研主楼部分地上20层、钢筋混凝土框架-剪力墙结构，裙房部分地上2层，裙房及地下部分为钢筋混凝土框架结构；主楼、裙房及地下车库均地下4层，筏板基础。本工程基坑开挖深度约19.11m，面积约6160m^2，周长约312m。

本工程基坑深、周边环境复杂、基坑周边建构筑物较多、周边环境敏感，且施工期间地下水水位较浅，施工难度、施工风险较大。该工程基坑平面呈不规则的矩形，基坑整体采用桩锚支护结构，南侧局部采用支护桩＋内支撑支护结构。东侧采用中心岛式支护方案，对该处进行二次开挖，第一次开挖采用支护桩+预留土台结构，第二次开挖采用支护桩+内支撑结构。降水采用搅喷桩止水帷幕+坑内疏干的排水方案。

5.9.2 工程地质条件

1. 地质条件

根据岩土工程勘察报告，拟建场地地面下勘察深度范围内的土层划分为人工堆积层、第四纪沉积层，按地层岩性及其物理力学指标进一步划分为8个大层，详细分层参见表5-5，典型地质剖面如图5-11所示。

2. 水文地质条件

地区地下水丰富，根据勘察时水平观测材料，勘察深度范围内，实测到3层地下水：第一层为潜水，静止水位埋深4.1～6.4m；第二层为层间潜水，水位埋深13.0～15.5m；第三层为微承压水，水位埋深20.1～22.5m。历年最高地下水位绝对标高在45.0m左右，近3～5年最高地下水位标高为42.5m左右。

地下水对混凝土结构无腐蚀性，在干湿交替作用条件下对钢筋混凝土结构中的钢筋有弱腐蚀性。

场地土层主要物理力学参数　　表5-5

土层编号	土层名称	重度 $\gamma(kN\cdot m^{-3})$	孔隙比 e	塑性指数 I_p	液性指数 I_L	c(kPa)	φ(°)	压缩模量 E_s(kPa)
②	黏质粉土	19.8	0.63	8.1	0.5	25	18	8.2
②$_{-1}$	砂质粉土	20.2	0.57	6.8	0.67			11.4
②$_{-2}$	粉质黏土	19.4	0.71	11.4	0.42	40	11	5.5
②$_{-3}$	黏土	18.4	0.89	16.7	0.3	30	15	5.7
③	粉质黏土	19.8	0.67	11.2	0.42	34	13	7.6
③$_{-1}$	黏质粉土	20.1	0.58	9.1	0.33	28	16	8.7
④	黏质粉土	20.1	0.58	8.4	0.39	34	10	14.6
④$_{-1}$	细砂							28
④$_{-2}$	粉质黏土	20.1	0.62	10.8	0.36	36	13	14.2
⑤	中细砂							32
⑥	粉质黏土	19.9	0.65	11.9	0.2			16.2
⑥$_{-1}$	黏质粉土	19.6	0.65	8.8	0.39			15.9
⑥$_{-2}$	黏土	18.9	0.85	15.7	0.18			11.4
⑦	卵石							50
⑦$_{-1}$	中细砂							35
⑦$_{-2}$	圆砾							40
⑧	卵石							55
⑧$_{-1}$	粉质黏土	20.2	0.61	11.9	0.07			17.6
⑧$_{-2}$	圆砾							45

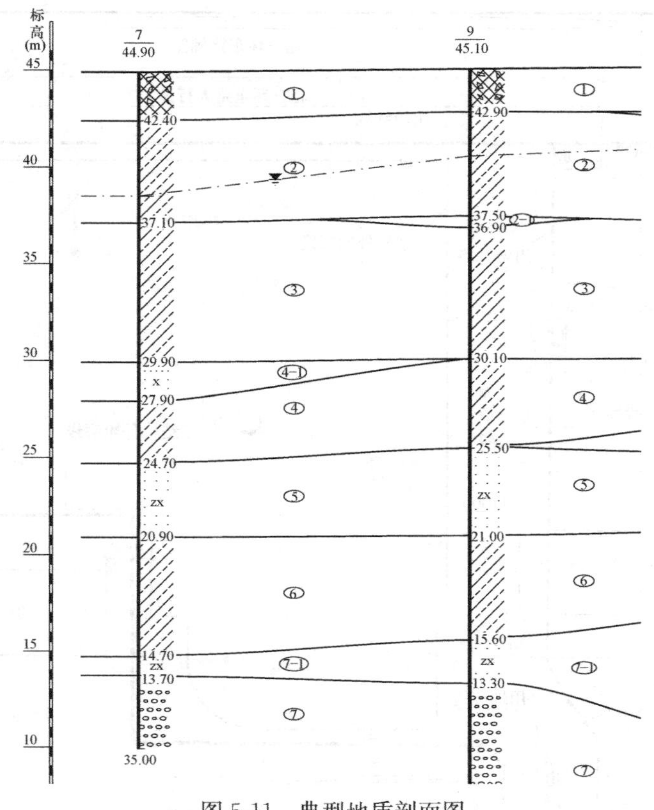

图 5-11　典型地质剖面图

5.9.3　基坑周边环境

本工程基坑周边环境复杂如图 5-12 所示，基坑周边建构筑物较多，给基坑支护的设计和施工带来很大困难。

基坑西侧 16m 处为中国建筑科学研究院主楼，地上 20 层，基础埋深约 10m，箱形基础，天然地基，支护结构为支护桩，预计桩长 15m；基坑西侧南部 11m 处为 2 层办公楼，无地下室，天然地基；基坑北侧为北三环东路；基坑东侧北部 8m 处为 6 层办公楼，1 层地下室，天然地基；基坑东侧中部 8.5m 处为 16 层住宅楼，1 层地下室，基础埋深约 5m，采用预制桩基础，梅花形布置，桩长 10m；基坑东侧南部 7m 处为 3 层办公楼，无地下室，天然地基；基坑南侧 9m 处为 7 层办公楼，1 层地下室，采用夯扩挤密桩复合地基，桩位不详。

基坑北侧三环辅路边上管线较多，距基坑约 4m，有一电信光缆，埋深在 0.7m 左右；距基坑约 8m，有一电缆，埋深在 0.7m 左右；距基坑约 10m，有一上水管道，埋深在 1.5m 左右。基坑其他侧在用的地下管线距基坑较远，可以不考虑。

5.9.4　基坑支护与地下水控制

1. 基坑支护

基坑支护是为保护地下主体结构施工和基坑周边环境的安全，对基坑采用的临时性支

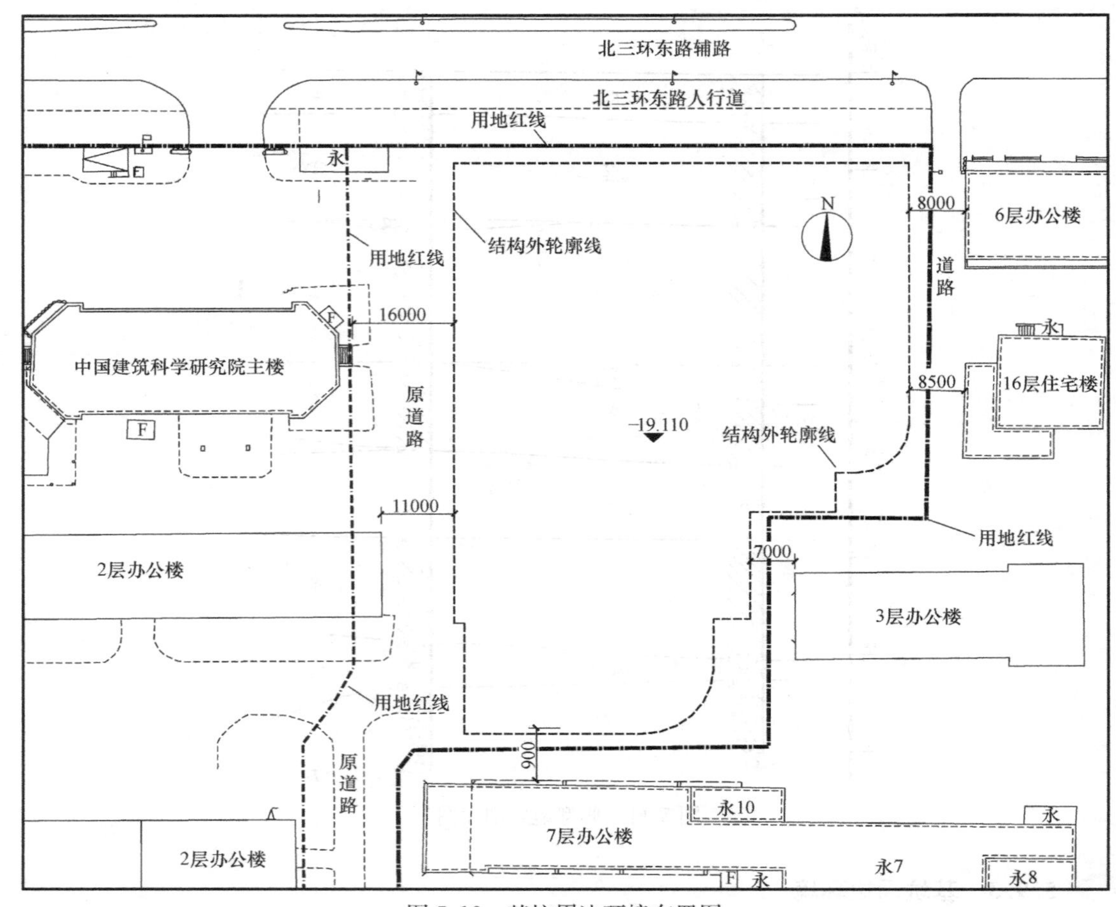

图 5-12 基坑周边环境布置图

挡、加固、保护与地下水控制的措施。它可分为桩、墙式支护结构、重力式支护结构、土钉墙、组合式支护结构等。其中桩、墙式支护结构易于控制支护结构变形，尤其适用于开挖深度较大的深基坑，并能适应各种复杂的地质条件，设计计算理论较为成熟，各地区的工程经验也较多，是深基坑工程中经常采用的主要结构形式。内支撑和锚杆是两种为桩、墙式支护结构提供约束的方式，各有其特点和适用范围。支护桩、墙与内支撑系统形成的支护体系结构受力明确，计算方法比较成熟，施工经验丰富，在软土地区基坑工程中应用广泛，但是内支撑结构给土方开挖、主体结构施工造成困难，且造价较高。采用支护桩、墙加锚杆为支护结构的基坑支护，基坑内部开敞，为挖土、结构施工创造了空间，有利于提高施工效率和工程质量，但是锚杆不应设置在未经处理的软弱土层、不稳定土层和不良地质地段，及钻孔注浆引发较大土体沉降的土层，而且锚杆的设置受周边环境的影响制约，当基坑周边有地下结构、管线等且距离基坑较近时，锚杆无法施工。当受周边环境限制，不能采用锚杆而采用内支撑又不经济时，可以考虑采用中心岛式支护方案。即在支护桩、墙施工完毕后，先放坡开挖，预留土台，基坑开挖到底后进行主体结构施工，主体结构施工至自然地面以上后进行二次开挖，在支护桩、墙与已完成的主体结构之间安装水平支撑，挖除留下的土体。

拟建建筑基坑开挖时为保证已有建筑的安全，采用支挡式支护结构，基坑平面布置图详见图 5-13。针对周边建构筑物对基坑开挖引起的变形的敏感程度，将基坑分为 3 个区，其中基坑南侧 7 层办公楼、基坑东侧中部 16 层住宅楼对变形比较敏感，需重点保护，因此分别为Ⅰ区、Ⅱ区，其他部分为一般保护区，即Ⅲ区。

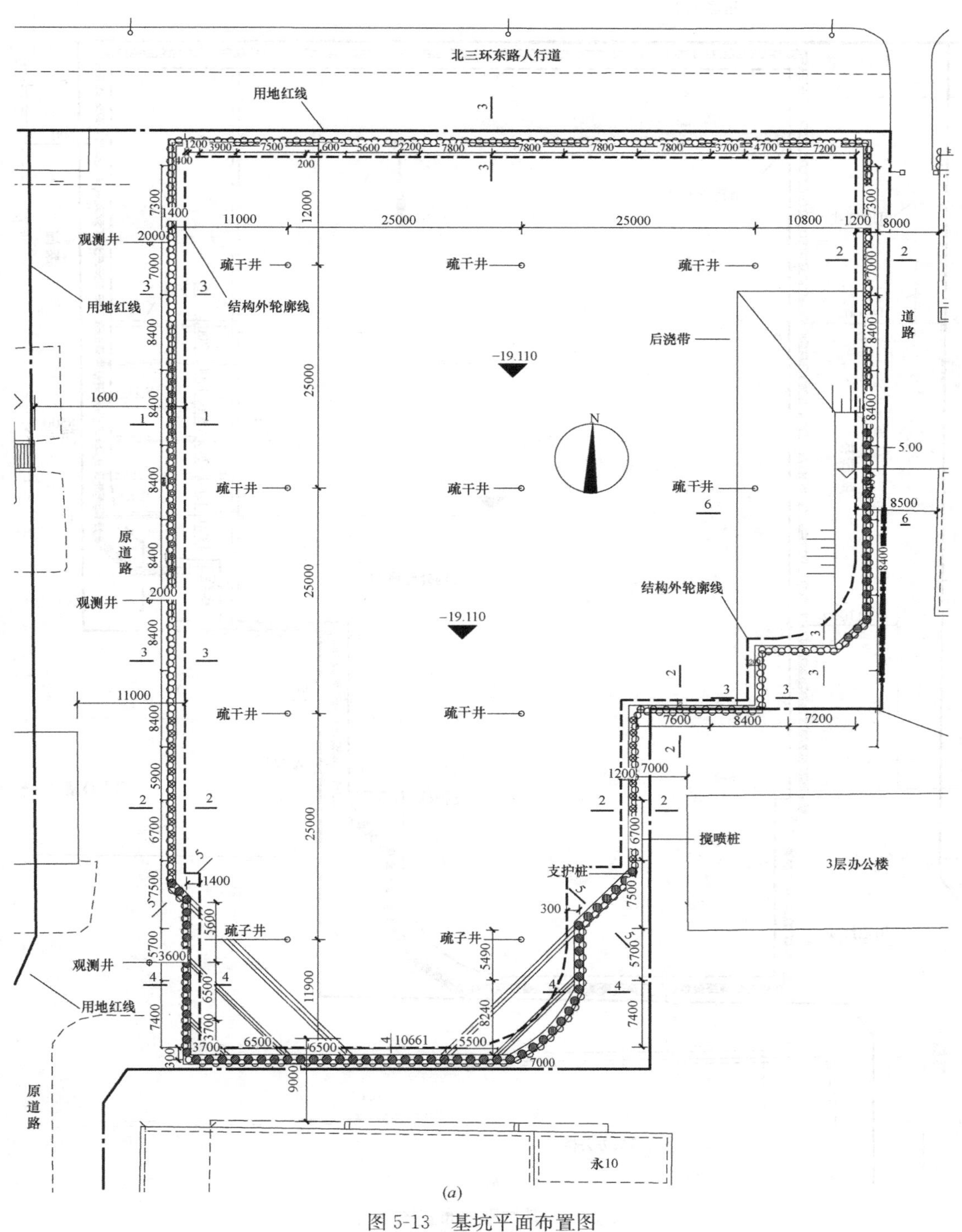

图 5-13 基坑平面布置图

（a）一次开挖基坑平面布置图

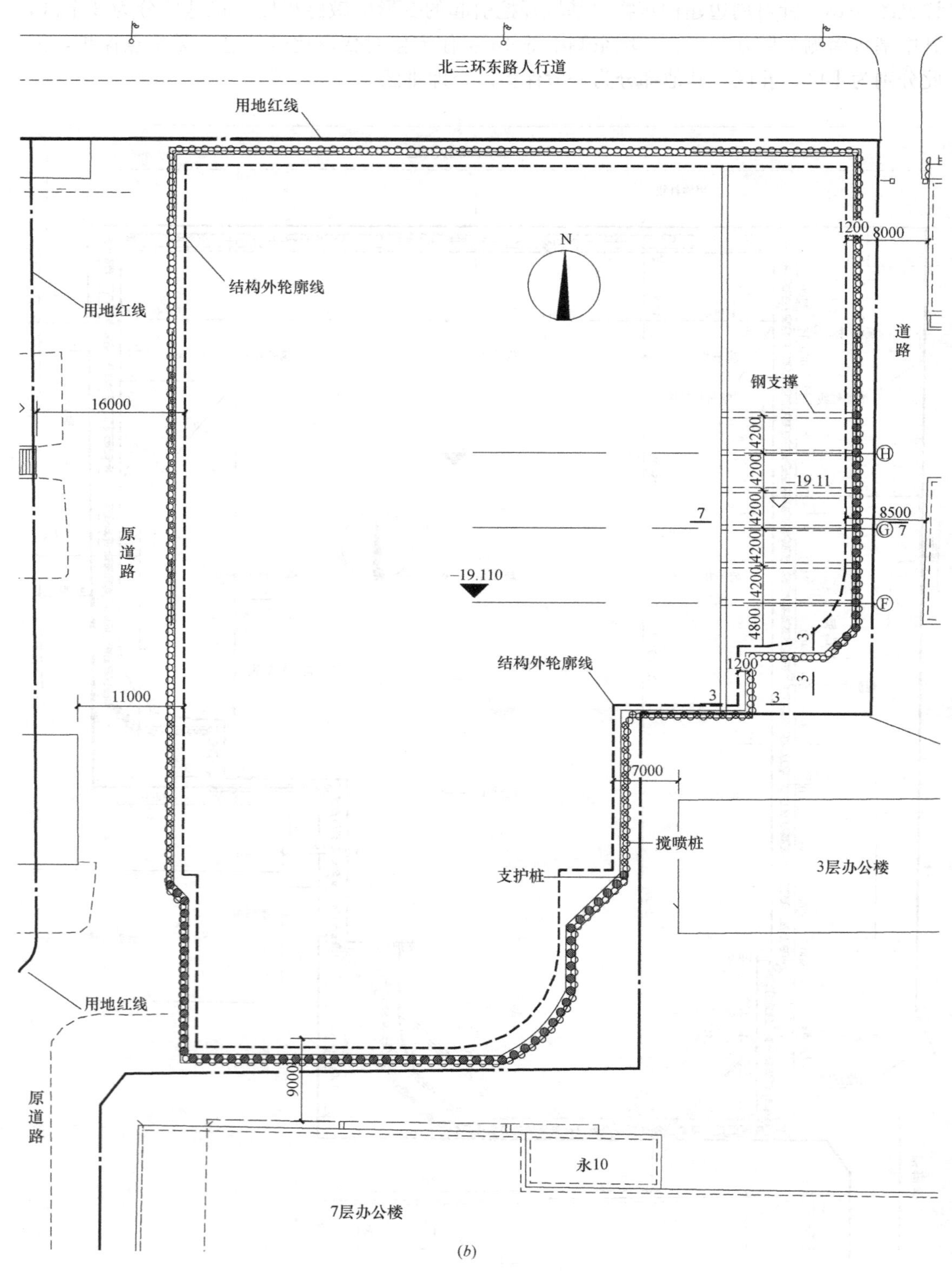

(b)

图 5-13　基坑平面布置图（续）

(b) 二次开挖基坑平面布置图

（1）基坑南侧Ⅰ区

基坑南侧距离周边建筑物较近，且建筑物下采用夯扩挤密桩复合地基（桩位不详），为避免支护结构施工对周边建筑物产生影响，该部位支护桩需要四道约束，其中上部三道采用内支撑、第四道采用锚杆。Ⅰ区所在的位置基坑宽度约40m，上面三道内支撑采用角撑，为了方便主体结构施工，支撑设置在地下结构楼板标高上1m处（－5.4m、－9m、－12.6m）。为了减少基坑支护对主体结构施工的影响、同时节约工程造价和工期，预估南侧建筑桩长不超过15m，最下面采用一道锚杆（剖面图略）。

（2）基坑东侧Ⅱ区

该基坑工程整体采用支护桩加锚杆的支护结构，对于基坑东侧局部的住宅楼，由于地下室及基础下桩基础的存在，锚杆无法施工；如果完全改为内支撑结构，由于支撑跨度约80m，会大大增加基坑支护工程的造价，且给土方及后续结构施工造成困难。为保证基坑工程顺利进行，又保证周边建筑物的安全，该部位采用中心岛式支护方案，对该处进行二次开挖。第一次开挖时在基坑的该部位先放坡开挖，预留土台保证基坑的稳定，基坑开挖到底后进行主体结构施工，主体结构施工至±0.00后，再进行二次开挖，在支护桩与主体结构之间设置内支撑，再挖除留下的土坡（剖面图略）。

（3）基坑其他侧Ⅲ区

Ⅲ区基坑周边环境相对较好，采用支护桩加锚杆的支护体系，该区剖面见图5-14。

2. 地下水处理

本工程采用搅喷桩止水帷幕＋坑内疏干的排水方案。搅喷桩桩径800mm，桩顶标高－4m，桩长20m，桩距1400mm，布置于支护桩间。

基坑内部布置10口疏干井，间距25m，井深为24m，降水井成孔直径为$\phi600$，全孔下入外径$\phi400$，内径$\phi300$的水泥砾石（无砂）滤水管，管底封死，管外填滤料。滤料的规格为2～10mm。滤料填至孔口以下1～2m，上部回填黏土封至孔口。在基坑四周设置排水管道，并设置沉淀池，将疏干井中的出水经沉淀后引入市政下水道。

5.9.5 变形控制及基坑监测

1. 变形控制

（1）支护桩施工过程中的变形控制

支护桩的施工工艺很多，不同的施工工艺对周边环境的影响不同。本工程根据工程经验、各种工艺的施工能力及对周边环境的影响等因素综合确定，采用旋挖钻机成孔的灌注桩。施工时采用隔桩跳打的施工顺序，降低施工对周边环境的影响。为了控制孔壁坍塌、减小钻孔周围土体变形，在每根桩施工的过程中严格泥浆比重。

（2）锚杆施工过程中的变形控制

锚杆施工会影响相邻建筑物地基以及周边环境。为了减小锚杆施工对周边道路管线、建构筑物的影响，本工程采用套管跟进成孔工艺，注浆工艺采用二次高压注浆。在建筑物下施工时，为了进一步降低对建筑物的影响，采用隔孔跳打的施工顺序。

（3）土方开挖

土方开挖严格按设计要求施工，开挖时间、开挖部位及开挖高度等严格与设计工况相一致，施工过程中加强施工管理和监督，避免对周边环境等造成不利影响。

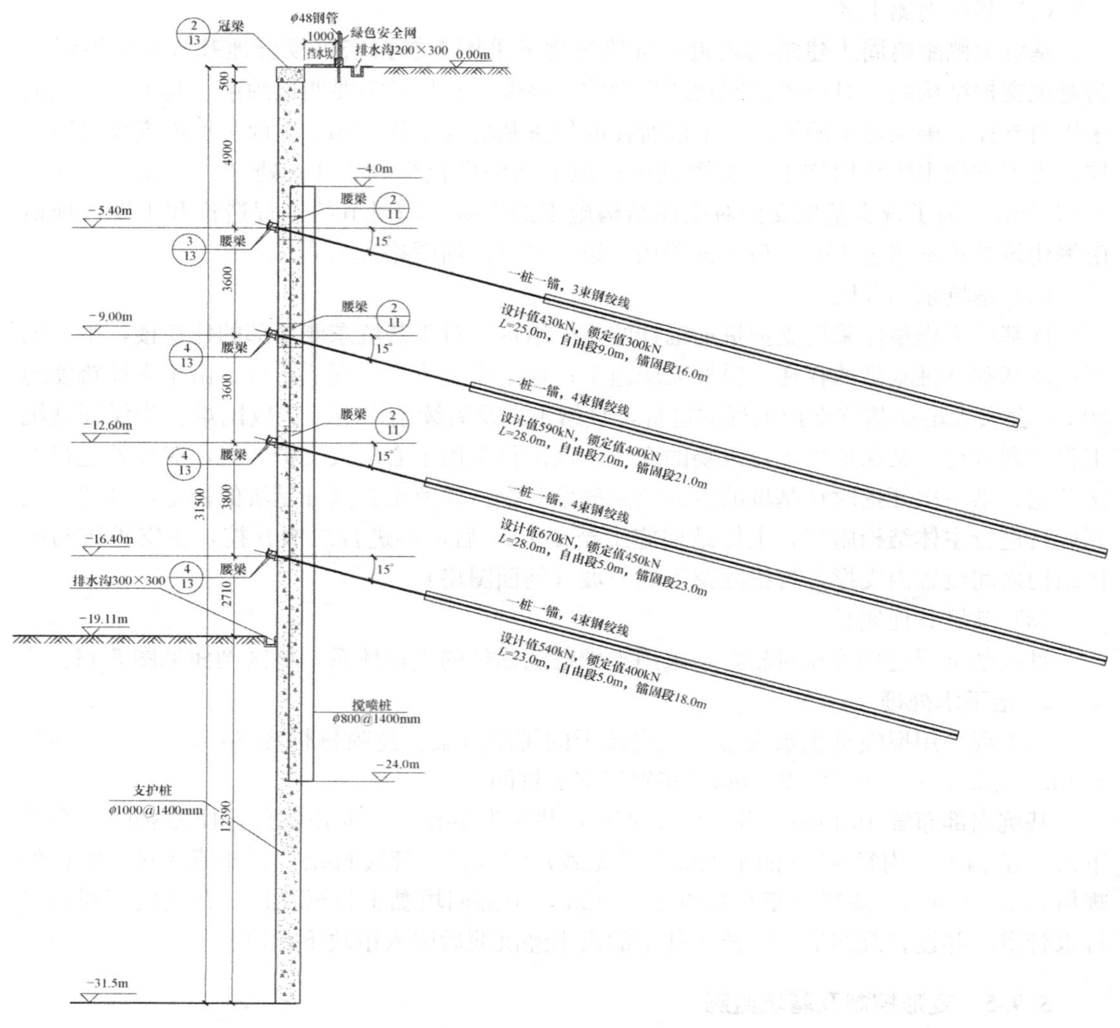

图 5-14　Ⅲ区支护剖面图

基坑施工的过程中，每步土方开挖都在相应的支护结构应达到设计要求的强度后进行；每步土方开挖后及时施工支护结构，以减少基坑暴露时间。

基坑开挖采用分层开挖。土钉或锚杆作业面的开挖深度应在满足施工的前提下尽量减少，本工程每步土方开挖至土钉或锚杆标高下 0.5m。

2. 变形观测

在基坑施工的过程中，对周边建筑物进行了沉降观测，对基坑支护桩冠梁顶进行了沉降、水平位移观测以及支护桩深层水平位移观测（测斜仪）。

5.9.6　总结

本基坑工程为保证基坑工程的稳定，又保证周边建筑物的安全，局部采用中心岛式支护方案是成功的，总结如下：

（1）支挡式支护结构是深基坑工程的主要支护形式，内支撑和锚杆是两种为桩、墙式支护结构提供约束的方式，各有其特点和适用范围。当工程地质条件及周边环境适宜时应优先采用锚杆。当受周边环境限制，不能采用锚杆时，而采用内支撑又不经济时，可采用内支撑结构或利用原状土结构（预留土台）作支撑、采用中心岛式支护方案。

（2）周边环境复杂的基坑工程，设计前应通过周边环境调查，确定基坑的变形控制指标，分区域进行设计、施工。施工过程中应从支护结构施工、地下水控制、土方开挖等方面采取措施，保护周边环境。

（3）工程环境保护要求严格时，基坑工程的设计从强度控制转向变形控制。基坑工程应加强变形观测，尤其是对支护结构、周边建（构）筑物的位移观测，实施信息化施工，必要时应进行动态设计、动态施工。

思考题：

1. 锚杆的极限承载力由哪些因素决定？
2. 简述锚杆的作用机理，并阐述锚杆与土钉的异同。
3. 锚杆支护结构稳定性分析包括哪些内容？
4. 锚杆与腰梁连接有哪几种形式？
5. 什么是群锚效应？如何避免群锚效应发生？
6. 采用锚杆支护，在施工安全上应遵守哪些规定？
7. 锚杆的设计内容包括哪些？
8. 锚杆支护工艺流程和注意事项？
9. 某建筑基坑开挖深度7.0m，地基土分为3层，各层土的参数如下表所示，不考虑地下水，采用钻孔灌注桩与锚杆结合的支护结构形式，桩径为0.9m，桩间距为1.0m，桩长为16m，锚杆作用在地表以下2m处，倾角为15°，钻孔直径为150mm，锚杆间距为2m，锚杆杆体的抗拉强度设计值f_{py}为1200MPa。

土层编号	土层名称	天然重度（kN/m³）	内摩擦角（°）	黏聚力(kPa)	厚度（m）	极限粘结强度标准值（kPa）
①	黏质粉土	18.9	25	23	4	70
②	黏土	17.8	12	36	6	50
③	粉质黏土	18.5	15	25	15	60

求如下内容：

（1）计算作用在支挡构件上的主动土压力强度标准值和被动土压力强度标准，确定嵌固深度是否满足稳定性要求？

（2）对支挡结构进行嵌固稳定性、整体稳定性、抗隆起稳定性验算，确定嵌固深度是否满足稳定性验算要求；

（3）分别采用全截面均匀配筋以及局部均匀配筋方式进行桩身配筋计算；

（4）按构造要求进行冠梁设计；

（5）确定锚杆的长度和杆体直径；

（6）腰梁分别采用工字钢、槽钢和钢筋混凝土时，进行腰梁设计。

第 6 章　基坑降水与土方开挖

本章学习要点：

了解基坑降水基本原则，各种降水方法（集水明排法、井点降水法、截水和回灌）及其适用条件；

了解基坑降水对邻近建筑的影响及防治措施，熟悉人工井点降水各种方法，掌握井点降水法的设计；

了解基坑工程中的土方开挖问题及开挖施工基本原则，熟悉无支护开挖和有支护开挖放坡规定和施工组织设计，掌握基坑稳定性评价方法；

了解基坑开挖施工机械设备，熟悉机械数量配置方法。

6.1　基坑降水

基坑工程施工时，往往要求将地下水位降至坑底以下某一深度再进行基坑开挖，尤其是高层建筑结构，其地下室层数多，并配有地下停车场，故基础埋深很大，更需预先降水。基坑开挖过程中若地下水渗入造成基坑浸水，将使地基土强度降低，开挖基坑稳定性下降，严重时可能导致基坑突涌和滑坡现象，造成工程地质灾害；同时，土层浸水也将增加土的自重应力，导致土层的压缩性增大，引发地基附加沉降，严重时导致建筑物产生过大沉降，影响建筑物安全。因此，在基坑开挖时，必须采取有效的降水和排水措施，使基坑处在干燥状态下施工。

基坑开挖前采用人工降水方式排水时，一般应考虑以下几个因素：(1) 地下水位的标高及基坑要求降低水位的标高，原则上地下水位应降低至基坑底面以下 0.5～1.0m。(2) 土的类别及渗透系数。(3) 基坑面积大小及采用何种形式的深基坑壁支护方式。(4) 工程特点及设备条件等。

目前基坑降水采用的主要方法分为三类：一是集水明排法，二是人工井点降水，三是截水与回灌。其中以人工井点降水为主，其方法是在基坑开挖前，预先在基坑四周埋设一定数量的滤水管（井），用抽水设备抽水，使地下水位下降到坑底以下；同时在基坑开挖时仍不断抽水。井点降水包括轻型井点、喷射井点、管井井点、深井井点、渗水井点等。具体选择人工降水的方法，详见表 6-1 和表 6-2。

人工井点降水方法和渗透系数的关系　　　　**表 6-1**

井点分类	渗透系数(cm/s)	土层类别
轻型井点	10^{-3}～10^{-6}	砂质粉土、黏质粉砂、粉砂，含薄层粉砂的粉质黏土
喷射井点	10^{-3}～10^{-6}	砂质粉土、黏质粉砂、粉砂，含薄层粉砂的粉质黏土
管井井点	渗透系数较大	粗砂、卵石
深井井点	$>10^{-4}$	砂质粉土、粉砂，含薄层粉砂的粉质黏土
电渗井点	$<10^{-6}$	黏土、粉质黏土

人工井点降水方法和挖土深度的关系　　表 6-2

挖土深度（m）	土名			
	粉质黏土、粉土、粉砂	细砂、中砂	粗砂、砾石	大砾石、粗卵石（含有砂粒）
<5	单层井点（真空法、电渗法）	单层普通井点	1. 井点 2. 表面排水	3. 用离心泵自竖井内抽水
1～12	多层井点、喷射井点（真空法、电渗法）	多层井点		
12～20		喷射井点		
>20		深井或管井		

6.1.1 集水明排法

集水明排法，是在基坑开挖至地下水位时，在基坑周围内基础范围以外开挖排水沟或者在基坑外开挖排水沟，在一定距离设置集水井，地下水沿排水沟流入集水井，然后用水泵将水抽走。集水明排法（图 6-1）采用的主要是离心泵，如抽水量较小，也可用活塞泵或隔膜泵。该方法可单独采用，或与其他方法联合使用。单独使用时，降水深度不宜大于5m，否则在坑底容易产生软化、泥化，坡脚出现流砂、管涌，边坡塌陷、地面沉降等问题。与其他方法结合使用时，其主要功能是收集基坑中和坑壁局部渗出的地下水和地面水。其排水沟和集水井可按下列规定布置：

（1）在基础轮廓线以外，不小于 0.3m 处（沟边缘离坡脚）挖排水沟，一般沟底宽 0.3m，坡度 1%～5%，并设置集水井。

（2）挖土面、排水沟底和集水井底三者之间均应保持一定的高差。排水沟底应低于挖土面 0.3～0.5m，集水井的井底低于排水沟底 1m。

（3）集水井的直径一般为 0.7～1.0m，井壁可砌干砖、水泥管、挡土板或其他临时支护，井底反滤层铺 0.3m 厚的碎石、卵石。

（4）当基坑侧壁出现分层渗水时，可按不同高程设置导水管、导水沟等构成明排系统；当基坑侧壁渗水量较大或不能分层明排时，宜采用导水降水法。基坑明排尚应重视环境排水，当地表水对基坑侧壁产生冲刷时，宜在基坑外采取截水、封堵、导流等措施。

集水井法由于设备简单，使用较广，但当地下水头较大而又为细砂、粉砂时，集水井法往往会发生流砂现象，难于施工，此时必须采用人工降低地下水位方法。

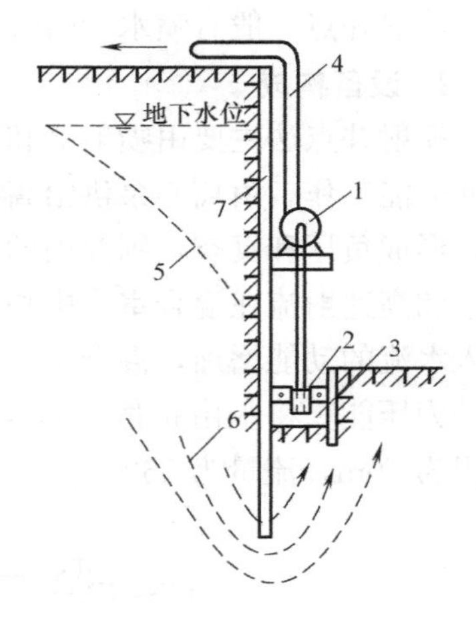

图 6-1　集水井法示意图
1—水泵；2—排水沟；3—集水井；4—压力水管；5—降落曲线；6—水流曲线；7—板桩

6.1.2 轻型井点法

轻型井点法主要是利用"下降漏斗"。当在井内抽水时，井水位开始下降，周围地下水流向井内，经过一段时间后达到稳定，水位就形成了向井弯曲的下降曲线，似"漏斗"。地下水位逐渐降低到坑底设计标高以下，这样就可以在干燥无水的情况下进行基坑开挖施工。

1. 井点系统及连接

轻型井点系统包括滤管、集水总管、连接管和抽水设备（图 6-2）。用连接管将井点管与集水总管和水泵连接，形成完整系统。抽水时，应先开真空泵抽出管路中的空气，使之形成真空，这时地下水和土中的空气在真空吸力作用下被吸入集水箱，空气经真空泵排出，当集水管存了相当多的水时，再开动离心泵抽水。有关滤管、集水总管、连接管和抽水设备等型号和参数可查阅相关手册。

2. 井点布置

根据基坑的大小、平面尺寸和降水深度的要求，以及含水层的渗透性能和地下水流向等因素，综合进行井点布置，如图 6-2 所示。若要求降水深度在 4～5m，可用单排井点；若降水深度要求大于 6m，则可采用两级或多级井点。如基坑宽度小于 10m，则可在地下水流的上游设置单排井点。当基坑面积较大，可设置不封闭井点或封闭井点（如环形、U形），井点管距基坑壁不小于 1～2m。

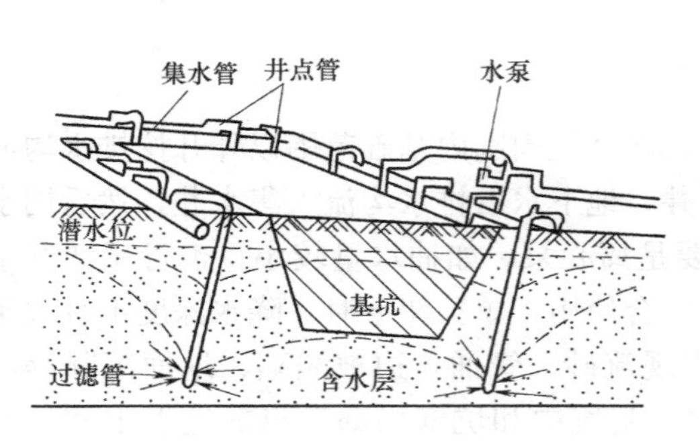

图 6-2　轻型井点系统布置简图

3. 降水系统启动

降水系统接通以后，试抽水。若无漏水、漏气和淤塞等现象，即可正式使用：应控制真空度。在系统中装真空表，一般真空度不低于 55.3～66.7kPa。管路井点有漏气时，能造成真空度达不到要求。为保证连续抽水，应配置双套电源；待地下建筑回填后，才能拆除井点，并将井点孔填土。冬期施工时，应对集水总管做保温处理。

6.1.3　喷射井点法

喷射井点一般有喷水和喷气两种，井点系统由喷射器、高压水泵和管路组成。

1. 设备构成

喷射井点法主要由喷射器和高压水泵构成，其中喷射器的工作原理是利用高速喷射液体的动能工作，由离心泵供给高压水流入喷嘴①高速喷出，经混合室②造成在此处压力降低，形成负压和真空，则井内的水在大气压力作用下，将水由吸水管⑤压入吸水室④，吸入水和高速射流在混合室②中相互混合，射流的动能将本身的一部分传给被吸入的水，使吸入水流的动能增加，混合水流入扩散室③，由于扩散室截面扩大，流速下降，大部分动能转为压能，将水由扩散室送至高处，喷射器的构造见图 6-3。高压水泵功率为 55kW，扬程为 70m，流量为 160m^3/h，每台高压泵可带动 30～40 根井点管。

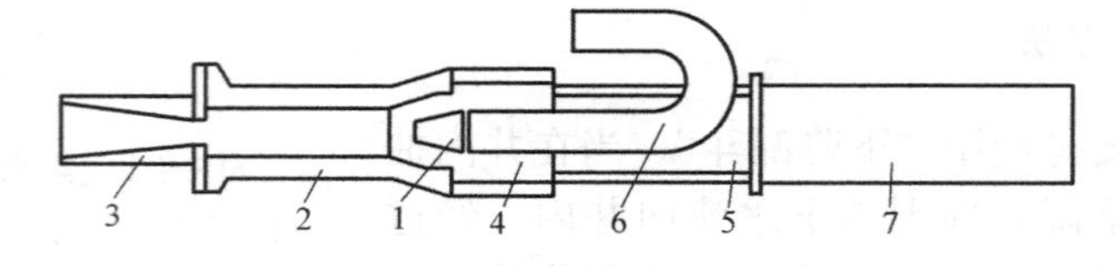

图 6-3　喷射器的构造简图

1—喷嘴；2—混合室；3—扩散室；4—吸水室；5—吸水管；6—喷射管；7—滤管

2. 管路系统

管路系统布置和井点管的埋设可参照轻型井点法，与其基本相同。井管间距 2～3m，管井应比滤管底深 1m 以上。可用套管法成孔或是成孔后下钢筋笼以保护喷射器。每下一井点管立即与总管接通（不接回水管），单管试抽排泥，测真空度。一般不得小于 93.3kPa，试抽直至井管出水变清即停。全部接通后，经试抽，工作水循环进行后，方可正式工作。工作水应保持清洁。

6.1.4 管井井点法

1. 管井井点的确定

先根据基坑总涌水量验算单根井管极限涌水量，再确定井的数量。井管由两部分组成，一是井壁管，一是滤水管，详见图 6-4。井壁管可用直径 200～350mm 的铸铁管、无砂混凝土管、塑料管。滤水管可用钢筋焊接骨架，外包滤网（孔眼为 1～2mm），长 2～3m（图 6-4），也可用实管打花孔垫助，外缠镀锌铅丝，或用无砂混凝土管。

2. 管井井点的设置

按已确定的数量沿基坑外围均匀设置管井。钻孔可用泥浆护壁套管法，也可用螺旋钻。但孔径应大于管井外径 150～250mm，将孔底部泥浆掏净，下沉管井，用集水总管将管井连接起来。并在孔壁与管井之间填 3～15mm 砾石作为过滤层。吸水管用直径 50～100mm 胶皮管或钢管，其底端应在抽水时最低水位以下。洗井方面，铸铁管可用管内活塞拉孔及空压机洗，对其他材料的管井可用空压机洗，洗至清水为止；在排水时需经常对电动机等设备进行检查，并观测水位，记录流量。

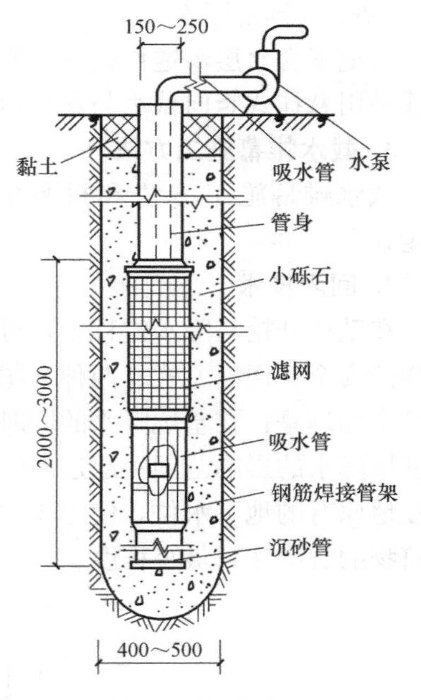

图 6-4 管井井点

6.1.5 深井泵井点法

深井泵井点法由深井泵（或深井潜水泵）和井管滤网组成。

井孔钻孔可用钻孔机或水冲法。孔的直径应大于井管直径 200mm。孔深应考虑到抽水期内沉淀物可能沉淀的厚度而适当加深。

井管放置应垂直，井管滤网应放置在含水层适当的范围内。井管内径应大于水泵外径 50mm，孔壁与井管之间填大于滤网孔径的填充料。

应注意潜水泵的电缆要可靠。深井泵的电机宜有阻逆装置，在换泵时应清洗滤井。

6.1.6 截水与回灌

当降水对基坑周围建（构）筑物和地下设施带来不良影响时，如对邻近建筑物或管线产生不均匀沉降或开裂等危害，可考虑采用竖向截水帷幕或回灌的方法避免或减小该影响。

1. 竖向截水帷幕结构形式

竖向截水帷幕通常用水泥搅拌桩、旋喷桩等做成，其结构形式有两种：一种是当含水层较薄时，穿过含水层，插入隔水层中；另一种是当含水层相对较厚时，帷幕悬吊在透水层中。前者作为防渗计算时，只需计算通过防渗帷幕的水量，后者尚需考虑绕过帷幕涌入基坑的水量。截水帷幕的厚度应满足基坑防渗要求，截水帷幕的渗透系数宜小于 1.0×10^{-6}cm/s。

2. 竖向截水帷幕插入深度

落底式竖向截水帷幕适用于含水层较薄时，使用时应插入下卧不透水层，其插入深度可按下式计算：

$$l=0.2h_{w}-0.5b \tag{6-1}$$

式中 l——帷幕插入不透水层的深度；

h_w——作用水头；

b——帷幕厚度。

当地下含水层渗透性较强，厚度较大时，可采用悬挂式竖向截水与坑内井点降水相结合或采用悬挂式竖向截水与水平封底相结合的方案。

3. 截水帷幕施工方法

截水帷幕施工方法和机具的选择应根据场地工程水文地质及施工条件等综合确定。

4. 回灌技术

在基坑开挖与降水过程中，可采用回灌技术防止因周边建筑物基础局部下沉而影响建筑物的安全。回灌方式有两种（图 6-5）：一种采用回灌沟回灌，另一种采用回灌井回灌，其基本原理是：在基坑降水的同时，向回灌井或沟中注入一定水量，形成一道阻渗水幕，使基坑降水的影响范围不超过回灌点的范围，阻止地下水向降水区流失，保持已有建筑物所在地原有的地下水位，使土压力仍处于原有平衡状态，从而有效地防止降水的影响，使建筑物的沉降达到最小程度。

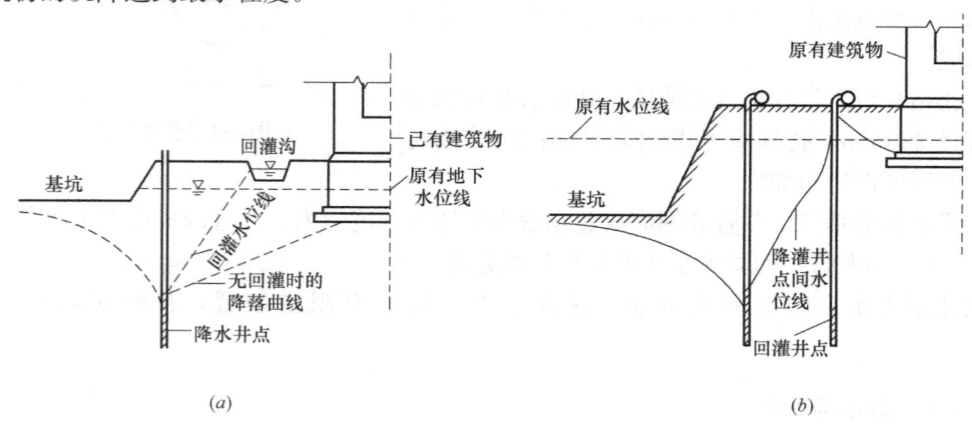

图 6-5 井点降水与回灌示意图

(*a*) 回灌沟技术；(*b*) 回灌井技术

如果建筑物离基坑稍远，且为较均匀的透水层，中间无隔水层，则采用最简单的回灌沟方法进行回流较好，且经济易行；但如果建筑物离基坑近，且为弱透水层或透水层中间夹有弱透水层和隔水层时，则需用回灌井点进行回灌，见图 6-5。

回灌井点系统的工作条件恰好和抽水井点系统相反，将水注入井点以后，水从井点向周围土层渗透，在井点周围形成一个和抽水相反的回转漏斗，有关回灌井点系统的设计，应按水井理论进行计算与优化，详见 6.1.7 节。

此外，若基坑支护采用钢板桩，在拔桩时也可能使邻近建筑物产生沉降和裂缝，可通过减缓降水速度，采用调小离心泵阀，让水缓慢流出且不间断，达到降水曲线较平缓。

6.1.7 井点降水法的设计

工程中主要依据水井理论进行井点降水法的设计计算。根据井底是否达到不透水层，分为完整井与非完整井（非完整井未达到不透水层）；根据地下水有无压力，分为承压井与无压井（也称为潜水井），详见图 6-6，其中以无压完整井理论较为完善。

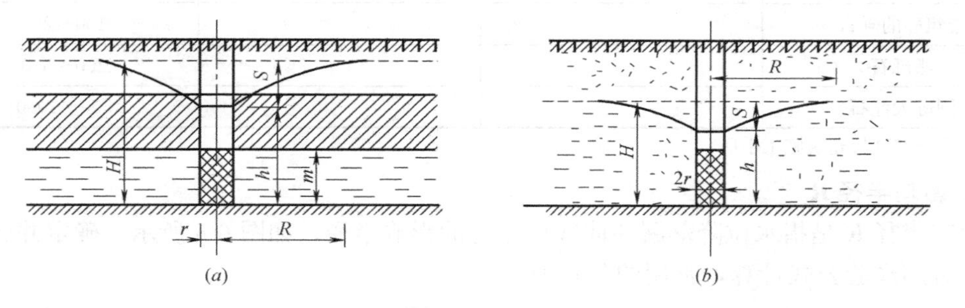

图 6-6 单井涌水量计算简图

(*a*) 有压完整井；(*b*) 无压完整井

1. 单井涌水量

无压完整井涌水量的计算公式为

$$Q=1.366\frac{k(H^2-h^2)}{\log R-\log r} \tag{6-2}$$

有压完整井涌水量计算公式为

$$Q=2.73\frac{kM(H-h)}{\log R-\log r} \tag{6-3}$$

式中 H——无压完整井含水层厚度（m）；有压完整井承压水头高度，由含水层底板算起（m）；

M——有压完整井含水层厚度（m）；

h——井中水位深度（m）；

k——渗透系数（cm/s），参考表 6-3；

R——影响半径（m）；

r——井半径（m）；

有关参数说明详见图 6-6。

渗透系数经验值 **表 6-3**

地层	地层颗粒		渗透系数 K (m/d)
	粒径(mm)	所占重量(%)	
粉质黏土			<0.05
黏质粉土			0.05～0.1
粉质黏土			0.1～0.25
黄土			0.25～0.5
粉土质砂			0.5～1
粉砂	0.05～0.1	70 以下	1～5
细砂	0.1～0.25	>70	5～10
中砂	0.25～0.5	>50	10～25
粗砂	0.5～1.0	>50	25～50
极粗的砂	1～2	>50	50～100
砾石夹砂			75～150
带粗砂的砾石			100～200
漂砾石			200～500
圆砾大浮石			500～1000

注：引自《高层建筑施工手册》。

2. 影响半径 R

影响半径 R 是指水位降落漏斗曲线稳定时的影响半径，如图 6-6 所示。确定井的影响半径，可用经验公式计算，常用的公式为

$$R=575S\sqrt{Hk} \tag{6-4}$$

式中 S——原地下水位到井内的距离（m）；

H——含水层厚度（m）；

k——土的渗透系数（cm/s）。

3. 井点系统涌水量

井点系统是由许多井点同时抽水，各个单井水位降落漏斗彼此相干扰，其涌水量就减少，所以总涌水量不等于各个单井涌水量之和。井点系统总涌水量，根据群井相互作用原理计算。

无压完整井总涌水量为

$$Q=1.366k\frac{H^2-h^2}{\log R-\frac{1}{n}\log(x_1x_2\cdots x_n)} \tag{6-5}$$

式中 x_1，x_2，…，x_n——各井至群井重心距离（m）；

n——群井个数；

H——含水层厚度（m）；

h——群井重心处渗流水头（m）；

R——群井的影响半径（m）。

有压完整井的总涌水量为

$$Q=kM\frac{H-h}{0.37\left[\log R-\frac{1}{n}\log(x_1x_2\cdots x_n)\right]} \tag{6-6}$$

式中　H——承压水头高度（m）；

M——含水层厚度（m）；其他同上式中的符号。

4. 井点系统设计

对于井点系统设计，可参考环状井点布置简图（图 6-7），并考虑如下内容。

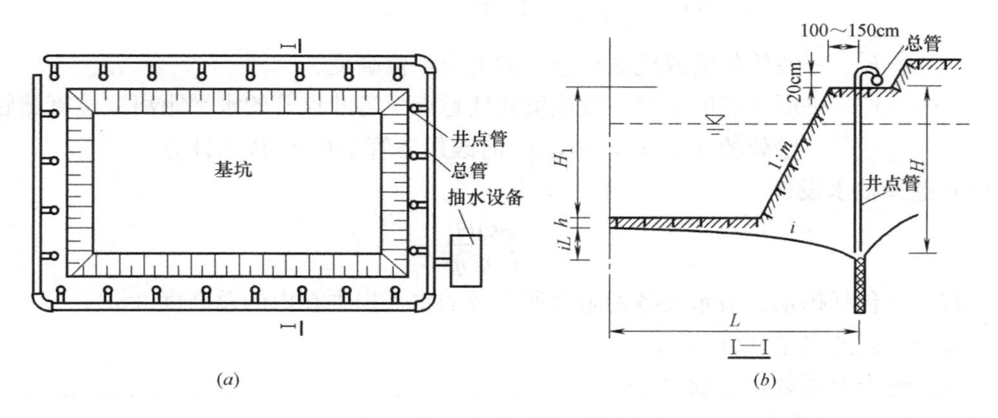

(a)　　(b)

图 6-7　环状井点布置简图

(a) 平面布置图；(b) 高程布置图

(1) 单根井点管进水量 q（m^3/d）

$$q=\pi dlv \tag{6-7}$$

式中　d——滤管外径（m）；

l——滤管工作长度（m）；

v——允许流速，$v=19.6\sqrt{k}$（m/d），k 为土的渗透系数（m/d），见表 6-3。

(2) 井点管埋置深度

对轻型井点

$$H\geqslant H_1+h+iL \tag{6-8}$$

式中　H——井点管埋置深度（m）；

H_1——从井点埋设面至坑底距离（m）；

h——地下水位降至坑底以下距离，一般取 0.5～1.0m；

i——水力坡降；

L——井点管中心至基坑中心的水平距离（m）；

此外，井点管的埋置深度 H 也应考虑增加下部的滤管长度，见图 6-7（b）。

(3) 井点数目 n

$$n=\frac{Q}{q} \tag{6-9}$$

式中　n——井点管数；

Q——总涌水量（m^3/d）；

q——单根井点管最大水量（m^3/d）。

(4) 井点管间距

$$a=\frac{C}{n} \tag{6-10}$$

式中 a——井点管间距；

C——井点环圈周长。

（5）地下水位核算

核算地下水位是否满足降低到规定标高，即 $S'=H-h'$ 是否满足要求：

$$h'=H^2-\sqrt{\frac{Q}{1.36k}(\log R-\frac{1}{n}\log x_1x_2\cdots x_n)} \tag{6-11}$$

式中 h'——滤管外壁或坑底任意点的动力水位高度。

x_1，x_2，…，x_n——所核算的滤管外壁或坑底任意点至各井点管的水平距离。核算滤管外壁处的 x_1，x_2，…，x_n 时改用滤管半径 r_0 代入计算。

（6）选择抽水设备

$$n=\frac{aQH}{75\eta_1\eta_2} \tag{6-12}$$

式中 H——包括扬水、吸水及各种阻力所造成的水头损失在内的总高度（m）；

Q——总涌水量（m^3/d）；

a——安全系数，一般取 2；

η_1——水泵效率，取 0.4～0.5；

η_2——动力机械效率，取 0.75～0.85。

6.1.8 基坑降水方法工程实例

基坑降水各方法在工程中得到了较为广泛的应用，《深基坑支护设计与施工》一书对此进行了详细总结，这里简要介绍几个代表性工程实例。

1. 集水明排法

某小区 5 栋高层塔楼住宅，基础为钢筋混凝土箱基，持力层为黏质粉土，重亚砂层，基底标高为－6.15m，水位距地表 1m。采用表面排水法，排水沟断面为 500mm×300mm，集水井为 800mm×800mm，比沟底深 1m，每 25～40m 设 1 个井，最终排水效果较好。

2. 轻型井点法

上海广播电视塔复合式深基坑埋深 12.5m，基底面积约 2700m²，采用了三级支护、二级降水、二次再挖的方案。即先在地面设置第一级轻型井点，然后进行第一阶段挖土，挖至－5.3m，放坡，用钢丝网豆石混凝土护坡，此为第一级支护。在－5.3m 处设第二级井点，按先撑后挖的原则，设置内支撑即第二级支护，随即进行第二阶段挖土，挖至－12.5m，然后再对电梯井坑（深达 20m）做第三级支护。此方案将降水与基坑支护相结合使用，达到了较好的效果。

3. 喷射井点法

中日友好医院的两个栋号，地下室面积为 7000m²，最大的边长 91.4m，宽 41.5m，深度－8.86m，地下水位在－1.5m 左右，含水层为重粉质砂土，黏质粉土和粉砂层，用了 570 个井点，做成两个封闭圈，降水效果很好。

4. 管井井点法

某研究楼工程，地质条件以粉质黏土为主，局部夹细砂层，地下水位标高为－4.8m，基坑平面尺寸为84.8m×24. 8m，坑底深度为4.4m（标高－5.45m），实际降水标高为－6.0m，管井深为12.5m，间距为18m，管井内径为500mm，降水后基坑干燥，边坡稳定，效果良好。

5. 深井泵井点法

武汉国贸中心大厦开挖面积5000m^2，深－16.8m。采用基坑内外相结合布井，井深42～47m。采取逐渐增加抽水井数量，分批开泵，使水力坡度尽量平缓，以减轻对周围地面沉降的影响。基坑支护分别采用悬臂桩和双排桩，桩顶用钢筋混凝土梁连接，并对可加支撑处加设钢筋混凝土支撑。挖土时基坑干燥，保证了地下室施工的顺利进行。

6.2 土方开挖

基坑或基槽的开挖，最常遇到的问题有两个，一是地下水的处理，即基坑降水问题，详见6.1节；另一个是基坑开挖的处理，包括有支护和无支护放坡开挖。这两大问题有时同时并存，有时其中一个起主导作用，因而在基坑开挖前，必须认真研究建筑区的地质、水文地质和气象资料，对邻近建（构）筑物、地下管线进行调查，摸清其位置、埋设标高、基础及上部结构形式，并反映在基础开挖施工平面图上，在此基础上编制施工组织设计。基坑开挖工程的施工组织设计内容包括：开挖程序，放坡标准，基坑支护方案，降水方案，开挖机械选定，机械和运输车辆行驶路线，地面和坑内排水措施，冬期、雨期、汛期施工措施等。

6.2.1 基坑稳定性分析

边坡在自重、坡顶荷载或其他外荷载作用下，不发生滑动或塌方的条件下，土体的抗滑力与滑动力之比（或力矩之比）即为坡体的稳定安全系数。稳定性计算的目的，就是找出最危险的滑动面，并确定对应的稳定性系数，以便与规范安全系数容许值进行对比，从而判断基坑是否安全。求最危险滑动面，需经过多次试算，得出一系列稳定系数 K 值，取 K 值中最小值对应的滑动面为基坑中潜在的最危险滑动面。

1. 平面型滑坡

当斜坡岩体（或土体）沿平面AB滑动时，其力系分析如图6-8所示。其平衡条件为由岩体或土体重力 G 所产生的侧向滑动分力 T 等于或小于滑动面的抗滑阻力 F。通常以稳定系数 K 表示这两个力之比。即

$$K=\frac{\text{总抗滑力}}{\text{总下滑力}}=\frac{F}{T} \tag{6-13}$$

理论上，若 $K\geqslant1.0$，则斜坡处于稳定状态或极限平衡状态；若 $K<1.0$，则斜坡的平衡条件将遭破坏而发生滑坡。而由于实际工程的复杂性和计算中的不确定性因素，为保证边坡处于稳定状态且有一定的安全储备，应使稳定性系数处于大于1.0的某一个值。

2. 圆弧形滑坡

对于土坡或强风化岩基坑常发生圆弧形滑动破坏，可采用力矩平衡法（图6-9*a*）或

力的极限平衡条分法（图 6-9b）求解。

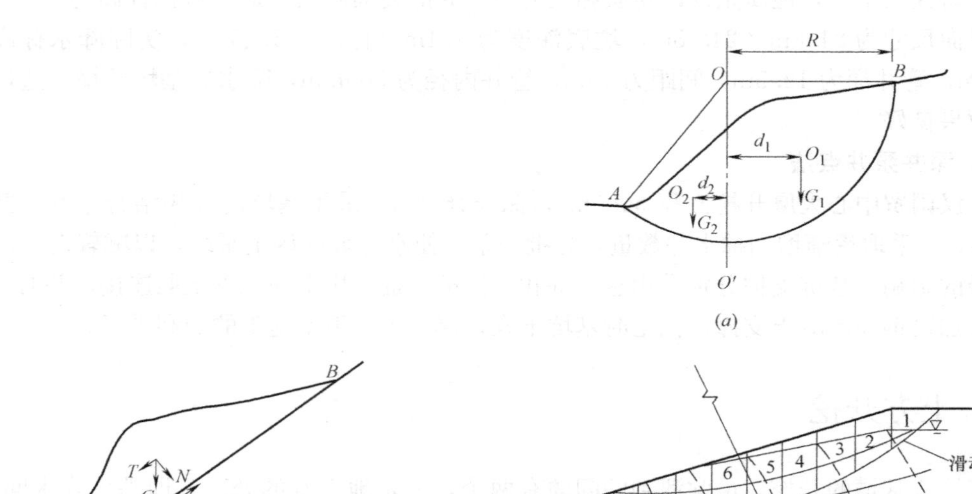

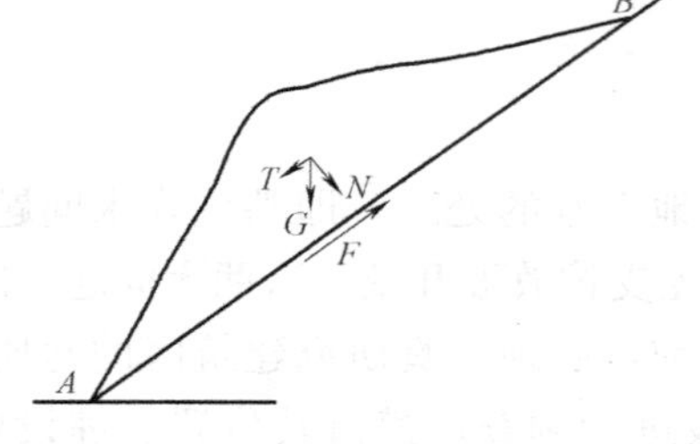

图 6-8　平面型滑坡的力平衡示意图

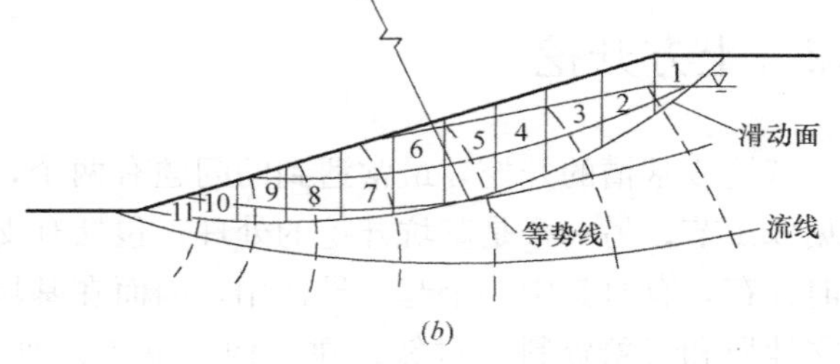

图 6-9　圆弧型滑坡示意图

（a）力矩平衡法；（b）极限平衡条分法

（1）力矩平衡法

圆弧形滑坡示意图如图 6-9（a），图中 AB 为假定的滑动圆弧面，其相应的滑动中心为 O 点，R 为滑弧半径。过滑动圆心 O 作一铅直线$\overline{OO'}$，将滑体分成两部分，在$\overline{OO'}$线右侧部分为“滑动部分”，其重心为 O_1，重量为 G_1，它使斜坡岩（土）体具有向下滑动的趋势，对 O 点的滑动力矩为G_1d_1；在$\overline{OO_1}$线左侧部分为“随动部分”，起着阻止斜坡滑动的作用，具有与滑动力矩方向相反的抗滑力矩 G_2d_2。因此，其平衡条件为滑动部分对 O 点的滑动力矩G_1d_1 等于或小于随动部分对 O 点的抗滑力矩 G_2d_2 与滑动面上的抗滑力矩 $\tau_f \cdot AB \cdot R$ 之和。即

$$G_1d_1 \leqslant G_2d_2 + \tau_f \cdot AB \cdot R \qquad (6\text{-}14a)$$

式中　τ_f——滑动面上的抗剪强度，可表达为：

$$\tau_f = c + \sigma \cdot \tan\varphi \qquad (6\text{-}14b)$$

式中　c——滑动面上的黏聚力（kPa）；

φ——滑动面上的内摩擦角（°）；

σ——滑动面上的法向应力（kPa）。

其稳定系数 K 为

$$K = \frac{总抗滑力矩}{总滑动力矩} = \frac{G_2 \cdot d_2 + \tau_f \cdot AB \cdot R}{G_1 \cdot d_1} \qquad (6\text{-}15)$$

同理，$K \geqslant 1$ 时斜坡处于稳定状态或极限平衡状态；$K < 1$ 边坡不稳定性，可能发生滑坡。

（2）极限平衡条分法

圆弧形滑坡如图 6-9（b）所示，一般发生在均质土层或节理化碎块体和散体基坑边坡中。岩土力学中通常假定为圆弧滑动面，采用极限平衡条分法进行整体稳定性计算。取单位长度 1m 分析，整体稳定性安全系数表达为

$$K=\frac{\mathring{L}\cdot c+\tan\varphi\sum N}{\sum T} \tag{6-16}$$

式中 $\mathring{L}$——滑面圆弧长度；

N、T——条块重量的垂直和平行滑面的分量；

其他参数同前。

当斜坡上部出现张裂缝时，变形体只能从坡脚计算至拉裂面时为止。确定斜坡内地下水流网后，则应在每一条块中考虑孔隙水压力（图 6-9b），滑面的具体位置由计算程序试算确定，对应稳定性系数最小的那个面为临界滑动面。当划分的若干个土条底面的黏聚力不相等时（或内摩擦角不相等时），应采用每一土条底面的黏聚力和内摩擦角参与公式（6-16）的求和计算。某些由复合结构发展而成的滑动面，也具有弧形特征，可近似采用这种计算方法。当有软弱夹层、倾斜基岩面等情况时，宜采用非圆弧滑动面进行计算。

3. 折线型滑坡

对于节理裂隙和岩层层面等控制的多阶放坡基坑，常发生折线型破坏模式，故这里采用折线型滑动面的极限平衡法求解，如图 6-10 所示。

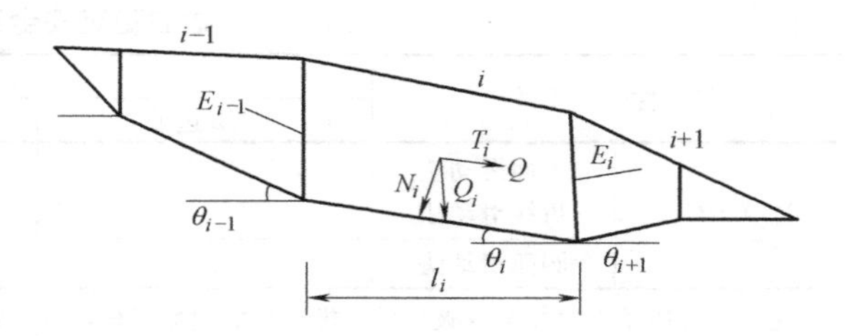

图 6-10 折线型滑坡的极限平衡分析示意图

在折线滑动面情形下，可采用分段的力学分析。沿折线滑面的转折处划分若干块段，从上至下逐块计算推力，每块滑坡体向下滑动的力与岩土体阻挡下滑力之差，称为剩余下滑力，是逐级向下传递的。即

$$E_i=K_sT_i-N_if_i-c_il_i+E_{i-1}\psi \tag{6-17}$$

式中 E_i——第 i 块滑坡体的剩余下滑力（kN/m）；

E_{i-1}——第 i-1 块滑坡体的剩余下滑力（kN/m），如为负值则不计入；

ψ——传递系数，$\psi=\cos(\theta_{i-1}-\theta_i)-\sin(\theta_{i-1}-\theta_i)\tan\varphi_i$；

T_i——作用于第 i 块段滑动面上的滑动分力（kN/m），$T_i=Q_i\sin\theta_i$；

N_i——作用于第 i 块段滑动面上的法向分力（kN/m），$N_i=Q_i\cos\theta_i$；

Q_i——第 i 块段岩土体重量（kN/m）；

f_i——第 i 块滑坡体沿滑动面岩土的内摩擦系数，$f_i=\tan\phi_i$；

φ_i、c_i——分别为第 i 块滑坡体沿滑动面岩土的内摩擦角（°）和内聚力（kN/m^2）；

θ_i、θ_{i-1}——分别为第 i 块和第 i-1 块滑坡体的滑动面与水平面的夹角（°）；

K_s——安全系数。

当任何一块剩余下滑力为零或负值时，说明该块对下一块不存在滑坡推力，当最终一块岩土体的剩余下滑力为负值或零时，表示整个滑坡体是稳定的。如为正值，则不稳定。应按此剩余下滑力设计支挡结构。由此可见，支挡结构设置在剩余下滑力最小位置处较合理。

对存在多个滑动面的边坡，应分别对各种可能的滑动面组合进行稳定性计算分析，并取最小稳定性系数作为边坡稳定性系数。对多级滑动面的边坡，应分别对各级滑动面进行稳定性计算分析。

4. 地下水作用

对存在地下水渗流作用的边坡，稳定性分析应按下列方法处理：

（1）水下部分岩土体重度取浮重度；

（2）第 i 计算条块岩土体所受的动水压力 P_{wi} 按下式计算：

$$P_{wi}=\gamma_w V_i \sin[0.5(\alpha_i+\theta_i)] \tag{6-18}$$

式中 γ_w——水的重度（kN/m^3）；

V_i——第 i 计算条块单位宽度岩土体的水下体积（m^3/m）。

（3）动水压力作用的角度为计算条块底面和地下水位面倾角的平均值，指向低水头方向。

5. 基坑边坡稳定性评价

边坡工程稳定性验算时，其稳定性系数应不小于《建筑边坡工程技术规范》要求的稳定安全系数标准（见表 6-4），否则应对基坑进行加固处理。

边坡稳定安全系数 表 6-4

稳定性安全系数		边坡工程安全等级		
		一级边坡	二级边坡	三级边坡
计算方法	平面滑动法 折线滑动法	1.35	1.30	1.25
	圆弧滑动法	1.30	1.25	1.20

注：对地质条件很复杂或破坏后果极严重的边坡工程，其稳定安全系数宜适当提高。

6.2.2 基坑放坡开挖

1. 无支护放坡开挖

基坑开挖的坡度大小对稳定性有重要影响，在施工验收规范中对使用时间较长的无支护临时挖方边坡的坡度值有明确规定，一般开挖深度在 5m 以内，具有天然湿度、构造均匀、水文地质条件良好且无地下水时，边坡的坡度可参照表 6-5 选用。

深度在 5m 以内的基坑最大坡度（无支护） 表 6-5

土的名称	边坡坡度		
	人工开挖并弃土于坑顶	机械开挖	
		在基坑底挖土	在沟边上挖土
砂土	1∶1	1∶0.75	1∶1
砂质粉土	1∶0.67	1∶0.50	1∶0.75
粉质黏土	1∶0.50	1∶0.33	1∶0.75
黏土	1∶0.33	1∶0.25	1∶0.67
含砾石、卵石土	1∶0.67	1∶0.50	1∶0.75
泥炭岩、白垩石	1∶0.33	1∶0.25	1∶0.67
干黄土	1∶0.25	1∶0.10	1∶0.33

无支护放坡开挖较经济，无支撑施工，施工主体工程作业空间宽余、工期短，适合于基坑四周无邻近建筑及设施，有空旷处可供放坡的场地；适用于硬塑、可塑黏土和良好的砂性土；对于软弱地基不宜挖深过大，且要对地基进行加固。放坡开挖应选择合理的坡度和恰当的排水措施，以保证开挖过程中边坡稳定性。开挖的斜面高度应考虑施工安全和便于作业。当达不到这两个要求时，可采用分段开挖，分段之间应设置平台。为防止大面积边坡表面强度降低，有时需要对坡面采取保护措施，如砂浆抹面等。

2. 有支护放坡开挖

有支护开挖，是在场地狭小，周围建筑物密集，地下埋设物多的情况下，先设置挡土支护结构，然后沿支护结构内侧垂直向下开挖，需要对支护结构采取支撑或锚拉措施的，则边支撑（锚系）边开挖。

不设置内支撑的支护开挖有挡墙支护、挡墙加土锚支护、重力式挡墙支护等。由于不设内支撑，有较宽阔的工作面，土方开挖和主体工程施工不受干扰，在开挖深度较浅、地质条件较好、周围环境保护要求较低的基坑，可考虑选用。

设置内支撑的支护开挖，是用钢筋混凝土或装配式钢支撑，与支护结构组成支护体系，维护基坑稳定的一种开挖方式，适合于软弱地基。

对于开挖面积较大，基坑支撑作业较复杂、困难，施工场地紧张的基坑，可将基坑中间先开挖，基坑支护结构内侧先留土堤，待部分主体工程施工后，将斜撑支在主体工程结构上，开挖靠近支护结构内侧土体。这就是“中心岛”开挖法。

对于深度很大的多层地下室基坑开挖，可先施工地下连续墙作为地下室的边墙或基坑的支护结构，同时在建筑物内部的有关位置浇筑或打下中间支承柱，然后向下开挖至第一层地下室底面标高，并浇筑该层梁板楼面工程和该层内的柱子或墙板结构，则成为地下连续墙的支撑。然后逐层向下开挖并浇筑地下室；与此同时向上逐层进行地面以上各层结构的施工，直到工程结束。这种开挖施工方式被称之为“逆作法”。

合理的开挖程序及开挖施工参数是确保基坑稳定和控制基坑变形符合设计要求的关键，各种地层的基坑开挖施工均应满足以下基本要求：

(1) 有支护基坑要分层开挖，层数为$n+1$，n为基坑内所设支撑的道数。每挖一层及时加好一道支撑或设好一道锚杆，再开挖下一层；

(2) 对设内支撑的基坑，在每层土开挖中，同时开挖的部分，在位置及深度上，要以保持对称为原则，防止基坑支护结构承受偏载；

(3) 较深基坑开挖时，土方可分层运送或递送，挖土机与运土车辆应设法深入基坑，并规划好自卸车运行的坡道和最后坡道土方的运送；尽量不采用栈桥方案，因其费用较高。

(4) 确定支撑及围檩或拉锚的质量要求，特别是加工及安装的允许偏心值，并在施工管理中，加强对支撑构件、拉锚构件的生产及安装质量的保证措施；

(5) 若邻近有建筑基础时，则基坑开挖时应保持一定的距离；

(6) 规定施工场地、土方、材料、设备的堆放地及堆放量，限定基坑旁边的超载，若有弃土堆放应考虑边坡的整体和局部稳定，必要性应采取保证基坑稳定性的相应措施；

(7) 在雨期施工前应检查现场的排水系统，保证水流畅通，确保排水、堵水及降水措施，严防支护墙体发生水土流失而导致基坑失稳；

(8) 合理确定地基加固的范围及质量要求以及检验方法；

(9) 配备满足出土数量和时间要求的开挖设备、运输车辆以及道路和堆场条件；

(10) 提出监测设计，落实按监测信息指导施工和防止事故的条件。

根据国内有流变性软土地区基坑开挖实践，人们认识到基坑开挖支撑施工过程中的每个分步开挖的空间几何尺寸和挡墙开挖部分的无支撑暴露时间，对基坑支护墙体和坑周地层位移有明显的相关性，这里反映了基坑开挖中的时空效应的规律性。选择基坑分层、分步、对称、平衡开挖和支撑的顺序，并确定各工序的时限是必要的。在施工组织设计中定出如下的施工参数：

N_i——开挖分层的层数；n_i——每层分部的数量；T_{ci}——分部开挖的时间限制；T_{si}——分部开挖后完成支撑的时间限制；P_i——支撑预加轴力（采用钢支承时）；B、h——贴靠挡土墙的支承土堤每步开挖的宽度和高度；T_r——每步开挖所暴露的部分墙体，在开挖卸荷后无支撑暴露时间。

6.2.3 基坑开挖机械及其配置

1. 开挖机械

关于开挖机具，有支护基坑的机械开挖常采用抓斗挖土机（图 6-11），对于大型基坑也可采用正向铲、反向铲等，并辅以推土机等机械设备。

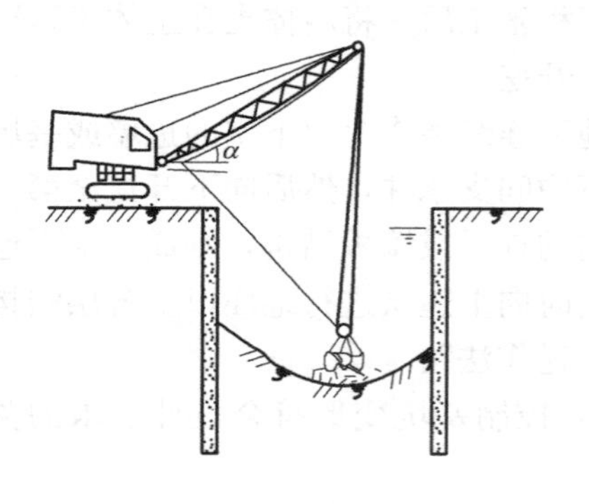

图 6-11 抓斗挖土机

抓斗挖土机可用来挖砂土、粉质黏土或水下淤泥、开挖沉井中的水下土方最为合适。抓斗挖土机一般以吊机或双筒卷扬机操作，用吊机操作时，吊车应放在稳固基础上，对于刚度差的井壁周围可能沉陷，吊车至少离开井壁 2～5m，而且井壁支护设计时应考虑该荷载的传递。用卷扬机操作时，常在坑顶装设临时吊架。

正向铲挖土机（图 6-12）具有强制性和较大的灵活性，可以直接开挖较坚硬的土和经爆破后的岩石、冻土等；可开挖大型基坑，还可以装卸颗粒材料。正向铲开挖停机平面以上的土，在开挖基坑时要通过坡道或大型吊车将其吊入坑内开挖。反向铲挖土机（图 6-13）的强制力和灵活性不如正向铲，只能开挖砂土、粉质黏土、粉土等较松散土层，它是开挖停车平面以下的土。因此，它可以挖湿土，坑内仅设简易排水即可。坑壁支护结构计算时，应考虑反向铲挖土机的传力。拉铲，又称索铲（图 6-14），其强制性较差，只能开挖砂土与粉质黏土等软土，坑内仅设简易排水即可开挖湿土，可用于大型基坑和沟渠的开挖。拉铲大多用作将土弃在土堆上，也可卸到运输工具上。与反铲比较，它挖土和卸土半径较反铲大，但开挖基坑的精确性较差。

图 6-12 正向铲挖机

采用上述机械挖土时，基坑必须有满足机具工作的足够尺寸，且在设计标高以上和坑壁支护以内各留一层土体用人工或其他可靠的方法开挖清理，以防止破坏基

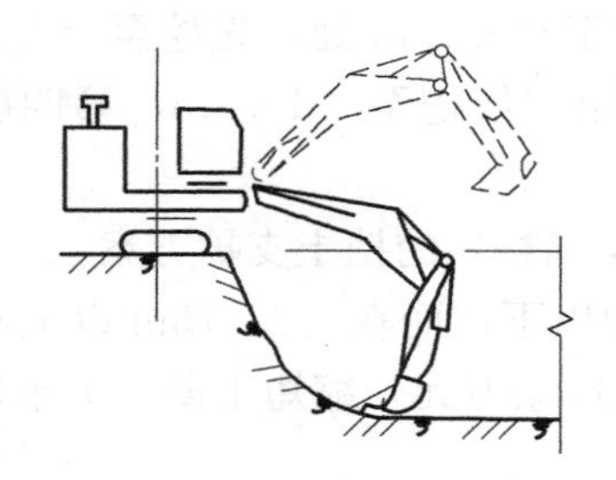
图 6-13　反向铲挖机

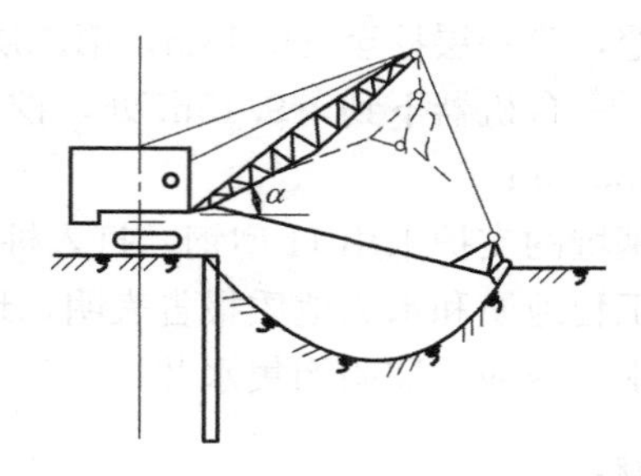

图 6-14　拉铲

底原土和损伤坑壁支护。

土方运输工具有自卸汽车、拖拉机拖车、窄轨铁路翻斗车，也可用皮带运输机、索铲挖土机等调运土方；一般配合挖土方和填方的有推土机，适用于平整场地、助铲、推平；装载机，可作短距离倒运装车；光碾压路机，可作大面积压实土方用；蛙式打夯机，这是最常用的小型打夯机，用于回填灰土和素土夯实用，较灵活轻便。

2. 机械数量配置

挖土机数量：根据土方量、工期和合理利用系数来确定需用数量，按下式估算：

$$N=\frac{Q}{P}\cdot\frac{1}{T\cdot C\cdot K} \tag{6-19}$$

式中　N——挖掘机台数（台）；

Q——土方量（m^3）；

T——工期（d）；

C——每天工作台班数（台班）；

K——时间利用系数，一般为 0．80～0．95；

P——挖掘机生产效率（m^3/台班）。

挖土机生产效率 P 可按下式计算：

$$P=\frac{8\times3600}{t}\cdot q\cdot K_1\cdot K_2 \tag{6-20}$$

式中　t——从挖土开始至卸土完毕，循环延续时间（s）；

q——斗容量（m^3）；

K_1——斗利用（充盈）系数（砂土 0.8～0.9，黏土 0.85～0.95）；

K_2——工作时间利用系数，直接装自卸汽车为 0.7 左右，侧边推土为 0.9 左右。

自卸汽车配备数量可按下式计算：

$$N=P/P_1 \tag{6-21}$$

式中　N——自卸汽车台数（台）；

P——挖土机生产效率（台班产量）（m^3/台班）；

P_1——自卸汽车生产效率（台班产量）（m^3/台班）。

6.2.4　基坑开挖实例

京城大厦基底面积 $4802m^2$，基础深达 23.76m，采用箱形基础。由于深度大，采用了内外坡道加缓冲平台的方法解决运土问题。坡道用 1：8 的坡度，内坡道 11.76m 深。分层开挖，第一层挖至−6.15m，第二层挖土时，挖土机位于−6.15m处，先挖至−9.15m标高，一台机器下到−9.15m处，挖4m（−13.15m），第三层挖至−19.3m，第四层挖至−23.76m。

基坑的支护采用H型钢，打入桩与锚杆相结合（三层锚杆）的挡土支护方案。

工程地质和水文地质报告表明，地下水在深基坑基础以下，而在−23.76m以上有两层滞水，因而采取明沟集水井排水方案。最后节约资金400余万元，缩短工期一个半月。

思考题：

1. 基坑工程开挖中存在哪些问题？有支护放坡开挖基本原则和应注意哪些要求？

2. 井点设计中埋置深度、井点数、井点管最大进水量如何确定？

3. 基坑降水的设计计算理论是什么？如何确定完整井与非完整井、有压井与无压井？其相应的涌水量计算公式如何表达？

4. 结合教材完成井点系统涌水量和井点系统设计？

5. 开挖基坑稳定性评价方法有哪些？如何针对一具体开挖基坑，利用极限平衡条分法进行稳定性计算与评价？

6. 开挖施工中常用机械设备有哪些？如何进行机械数量配置？

第 7 章　地下连续墙施工技术

本章学习要点：

了解地下连续墙的整个施工准备、过程，掌握地下连续墙的分类，工艺原理，施工工艺流程及其适用范围，熟悉地下连续墙接头处理和改进方法。

7.1　工艺原理及适用范围

7.1.1　地下连续墙工艺原理

地下连续墙是基础工程在地面上采用一种挖槽机械，沿着深开挖工程的周边轴线，在泥浆护壁条件下，开挖出一条狭长的深槽，清槽后，在槽内吊放钢筋笼，然后用导管法灌筑水下混凝土筑成一个单元槽段，如此逐段进行，在地下筑成一道连续的钢筋混凝土墙壁，作为截水、防渗、承重、挡水结构。

地下连续墙开挖技术起源于欧洲。它是根据打井和石油钻井使用泥浆和水下浇注混凝土的方法而发展起来的，1950 年在意大利米兰首先采用了护壁泥浆地下连续墙施工，20 世纪 50～60 年代该项技术在西方发达国家及苏联得到推广，成为地下工程和深基础施工中有效的技术。图 7-1 为地下连续墙施工模型图。

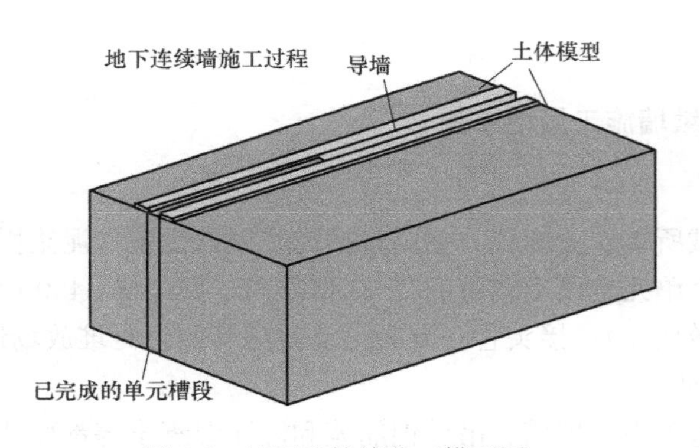

图 7-1　地下连续墙施工模型图

7.1.2　地下连续墙的分类

1. 按成墙方式可分为：(1) 桩排式，(2) 槽板式，(3) 组合式。

2. 按墙的用途可分为：(1) 防渗墙，(2) 临时挡土墙，(3) 永久挡土（承重），(4) 作为基础。

3. 按墙体材料可分为：(1) 钢筋混凝土墙，(2) 塑性混凝土墙，(3) 固化灰浆墙，

(4) 自硬泥浆墙，(5) 预制墙，(6) 泥浆槽墙，(7) 后张预应力墙，(8) 钢制墙。

4. 按开挖情况可分为：(1) 地下挡土墙（开挖），(2) 地下防渗墙（不开挖）。

7.1.3 地下连续墙适用范围

由于受到施工机械的限制，地下连续墙的厚度具有固定的模数，不能像灌注桩一样根据桩径和刚度灵活调整。因此，地下连续墙只有在一定深度的基坑工程或其他特殊条件下才能显示出经济性和特有优势。一般适用于如下条件：

(1) 开挖深度超过 10m 的深基坑工程。

(2) 围护结构亦作为主体结构的一部分，且对防水、抗渗有较严格要求的工程。

(3) 采用逆作法施工，地上和地下同步施工时，一般采用地下连续墙作为围护墙。

(4) 邻近存在保护要求较高的建（构）筑物，对基坑本身的变形和防水要求较高的工程。

(5) 基坑内空间有限，地下室外墙与红线距离极近，采用其他围护形式无法满足留设施工操作要求的工程。

(6) 在超深基坑中，例如 30～50m 的深基坑工程，采用其他围护体无法满足要求时，常采用地下连续墙作为围护结构。

本法特点是：施工振动小，墙体刚度大，整体性好，施工速度快，可省土石方，可用于密集建筑群中建造深基坑支护及进行逆作法施工，可用于各种地质条件下，包括砂性土层、粒径 50mm 以下的砂砾层中施工等。适用于建造建筑物的地下室、地下商场、停车场、地下油库、挡土墙、高层建筑的深基础、逆作法施工围护结构，工业建筑的深池、坑、竖井等。

7.2 施工准备

7.2.1 地下连续墙施工场地准备

1. 场地准备

确定和安排机械所需作业面积：主要包括泥浆搅拌设备（泥浆搅拌设备以水池为主），水池总量为挖掘一个单元槽段土方量的 2～3 倍左右，即 300～450m^3；钢筋笼加工及临时堆放场地（其地基做加固）；接头管和混凝土浇筑导管的临时堆放场地以及其他用地。

2. 场地地基加固

在地下连续墙施工中，挖槽、吊放钢筋笼和浇注混凝土等都要使用机械，安装挖槽机的场地地基对地下墙沟槽的精度有很大影响，所以安装机械用的场地地基必须能够经受住机械的振动和压力，应采取地基加固措施（换填表面软弱土层，整平和碾压地基，用沥青混凝土做简易路面为临时便道等）。

3. 给排水和供电设备

根据施工规模及设备配置情况，计算和确定工地所需的供电量，并考虑生活照明等，设置变压器及配电系统，地下连续墙施工的工程用水是十分庞大的工程，全面设计施工供水的水源及给水管系统。

4. 护壁泥浆的稳定

泥浆的主要作用是护壁，其次是携沙、冷却和润滑，泥浆具有一定的密度，在槽内对槽壁产生一定的静水压力，相当于一种液体支撑，槽内泥浆面如高出地下水位 0.6～1.2m，能防止槽壁坍塌，关于地下连续墙的槽壁稳定性问题可以通过计算公式确定如梅耶霍夫的沟槽稳定临界高度公式。

7.2.2 地下连续墙施工准备

1. 导墙

导墙通常为就地灌注的钢筋混凝土结构。图 7-2 为导墙施工图。主要作用是：保证地下连续墙设计的几何尺寸和形状；容蓄部分泥浆，保证成槽施工时液面稳定；承受挖槽机械的荷载，保护槽口土壁不破坏，并作为安装钢筋骨架的基准。导墙深度一般为 1.2～1.5m。墙顶高出地面 10～15 cm，以防地表水流入而影响泥浆质量。导墙的厚度一般为 100～200mm，内墙面应垂直，内壁净距应为连续墙设计厚度加施工余量（一般为 40～60mm）。墙面与纵轴线距离的允许偏差为±10mm，内外导墙间距允许偏盖±5mm，导墙顶面应保持水平。导墙底不能设在松散的土层或地下水位波动的部位。

图 7-2 导墙施工

2. 泥浆护壁

图 7-3 为泥浆护壁。通过泥浆对槽壁施加压力以保护挖成的深槽形状不变，灌注混凝土把泥浆置换出来。泥浆材料通常由膨润土、水、化学处理剂和一些惰性物质组成。泥浆的作用是在槽壁上形成不透水的泥皮，从而使泥浆的静水压力有效地作用在槽壁上，防止地下水的渗水和槽壁的剥落，保持壁面的稳定，同时泥浆还有悬浮土渣和将土渣携带出地面的功能。

在砂砾层中成槽必要时可采用木屑、蛭石等挤塞剂防止漏浆。泥浆使用方法分静止式和循环式两种。泥浆在循环式使用时，应用振动筛、旋流器等净化装置。在指标恶化后要考虑采用化学方法处理或废弃旧浆，换用新浆。

3. 成槽施工

图 7-4 为地下连续墙成槽施工。常使用成槽的专用机械有：旋转切削多头钻、导板抓斗、冲击钻等。施工时应视地质条件和筑墙深度选用。一般土质较软，深度在 15m 左右时，可选用普通导板抓斗；对密实的砂层或含砾土层可选用多头钻或加重型液压导板抓斗；在含有大颗粒卵砾石或岩基中成槽，以选用冲击钻为宜。槽段的单元长度一般为 6～8m，通常结合土质情况、钢筋骨架重量及结构尺寸、划分段落等决定。成槽后需静置 4 小时，并使槽内泥浆比重小于 1.3。

4. 水下灌注混凝土

采用导管法按水下混凝土灌注法进行，但在用导管开始灌注混凝土前为防止泥浆混入混凝土，可在导管内吊放一管塞，依靠灌入的混凝土压力将管内泥浆挤出。混凝土要连续灌注并测量混凝土灌注量及上升高度。所溢出的泥浆送回泥浆沉淀池。

图 7-3　泥浆护壁

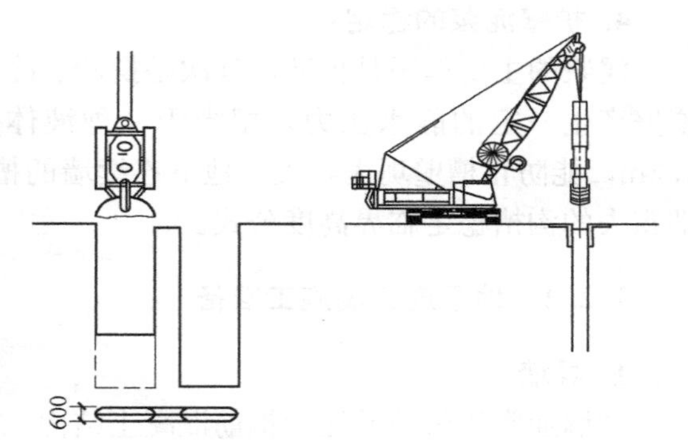

图 7-4　地下连续墙成槽施工

5. 墙段接头处理

地下连续墙是由许多墙段拼组而成，为保持墙段之间连续施工，接头采用锁口管工艺，即在灌注槽段混凝土前，在槽段的端部预插一根直径和槽宽相等的钢管，即锁口管，待混凝土初凝后将钢管徐徐拔出，使端部形成半凹榫状接状。也有根据墙体结构受力需要而设置刚性接头的，以使先后两个墙段联成整体。

7.3　施工工艺流程

在挖基槽前先作保护基槽上口的导墙，用泥浆护壁，按设计的墙宽与深分段挖槽，放置钢筋骨架，用导管灌注混凝土置换出护壁泥浆，形成一段钢筋混凝土墙。逐段连续施工成为连续墙。施工主要工艺为导墙、泥浆护壁、成槽施工、水下灌注混凝土、墙段接头处理等。

7.3.1　地下连续墙施工工艺流程

图 7-5 为地下连续墙施工工艺流程图，施工工艺复杂。

图 7-6 为地下连续墙施工过程。分布施工，完成地下连续墙。

7.3.2　导墙施工

1. 导墙测量放样

（1）根据设计图纸提供的坐标计算出地下连续墙中心线角点坐标，用全站仪实地放出地下连续墙角点，放样误差≤±5mm，并作好护桩。（2）为确保后期基坑结构的净空符合要求，导墙中心轴线应外放 a，即结构总体扩大 $2a$。

2. 导墙形式的确定

导墙采用“┓ ┏”形现浇钢筋混凝土，导墙的净距按照设计要求大于地下连续墙的设计宽度 40mm。图 7-7 为标准导墙的断面图。

3. 导墙沟槽开挖

（1）导墙分段施工，分段长度根据模板长度和规范要求，一般控制在 20～30m，深度宜为 1.2～2.0m，并使墙址落在原状土上。（2）导墙沟槽开挖采用反铲挖掘机开挖，侧面人工进行修直，坍方或开挖过宽的地方做240砖墙外模。(3) 为及时排除坑底积水，在坑底中央设置一排水沟，在一定距离设置集水坑，用抽水泵外排。(4) 在开挖导墙时，若有废弃管线等障碍物进行清除，并严密封堵废弃管线断口，防止其成为泥浆泄漏通道，导墙要坐于原状土上。(5) 导墙沟槽开挖结束，将中轴线引入沟槽底部，控制模板施工。

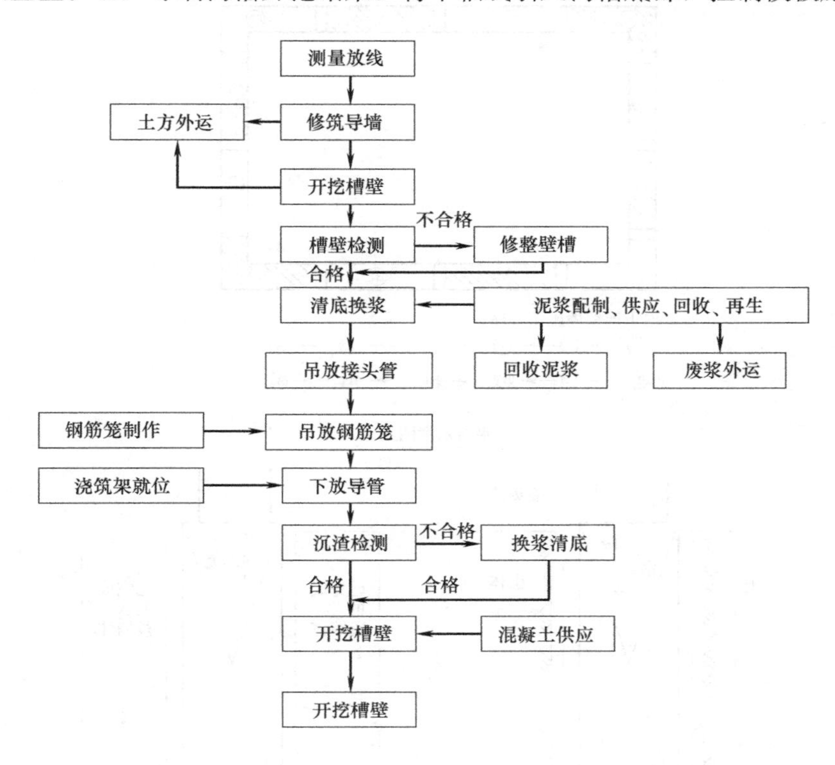

图7-5　地下连续墙施工工艺流程

4. 导墙钢筋施工

导墙钢筋按设计图纸施工，搭接接头长度不小于45d，连接区段内接头面积百分率不大于25%。单面搭接焊不小于10d，连接区段内接头面积百分率不大于50%。

5. 导墙模板施工，混凝土浇筑

模板按地连墙中轴线支立，左右偏差不大于5mm，各道支撑牢固，模板表面平整，接缝严密，不得有缝隙、错台现象。导墙混凝土必须符合设计要求，灌注时两侧均匀布料，50cm振捣一次，以表面泛浆，混凝土面不下沉为准。每次打灰留试件一组。

6. 导墙的施工允许偏差

(1) 内墙面与地下连续墙纵轴平行度为±10mm。(2) 内外导墙间距为±10mm。(3) 导墙内墙面垂直度为5‰。(4) 导墙内墙面平整度为3mm。(5) 导墙顶面平整度为5mm。

7.3.3　成槽施工

1. 单元槽段开挖

单元槽段成槽时采用"三抓"开挖，先挖两端最后挖中间，使抓斗两侧受力均匀。在转角处部分槽段因一斗无法完全挖尽时或一斗能挖尽但无法保证抓两侧受力均匀时，根据现场实际情况在抓斗的一侧下放特制钢支架来平衡另一侧的阻力，防止抓斗因受力不匀导致槽壁左右倾斜。

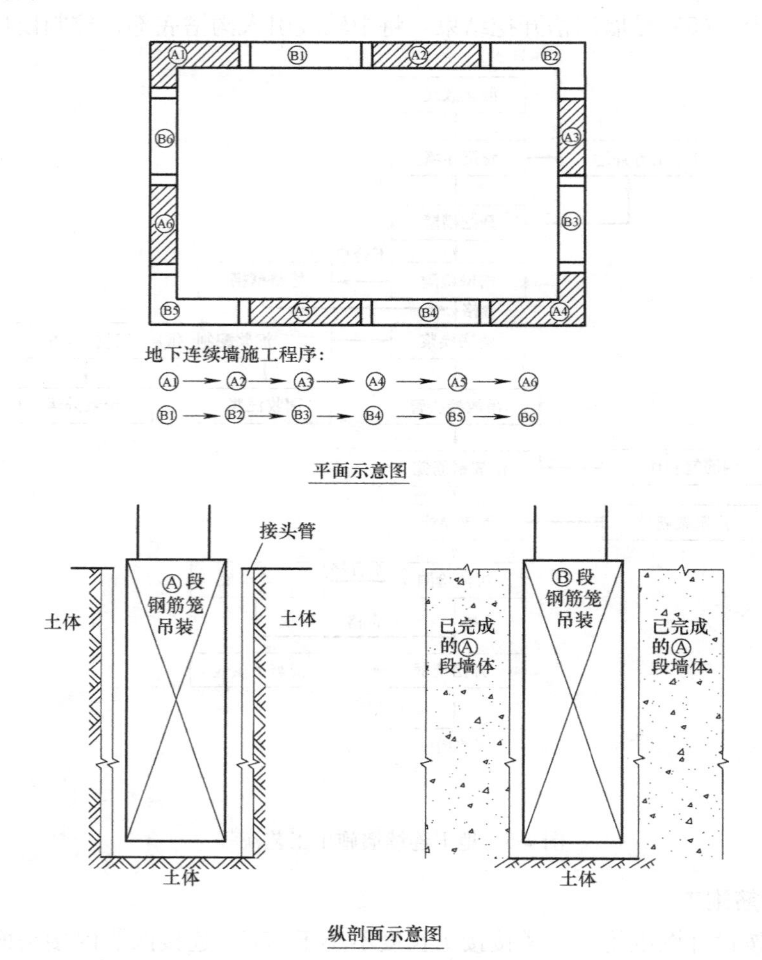

图 7-6　地下连续墙施工过程

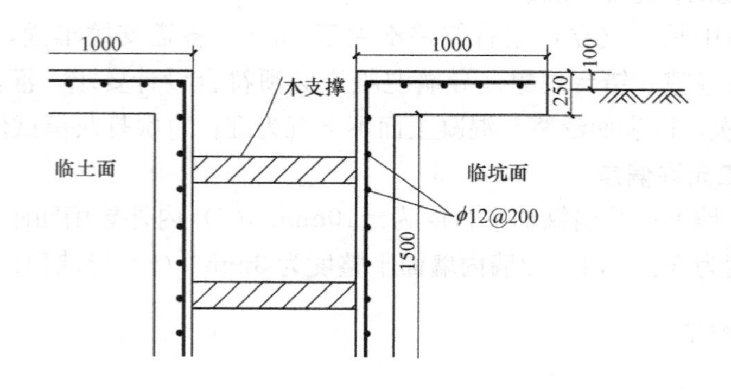

图 7-7　导墙施工示意图

2. 成槽时泥浆面控制

成槽时，派专人负责泥浆的放送，视槽内泥浆液面高度情况，随时补充槽内泥浆，确保泥浆液面高出地下水位 0.5m 以上，同时也不能低于导墙顶面 0.3m。

3. 清底

槽段挖至设计标高后，将槽壁机移位，用超声波等方法测量槽段断面，如误差超过规定的精度及时修槽；对槽段接头，用特制的刷壁器清刷先行幅接头面上的沉渣或泥皮，修槽刷壁完成后进行清底，具体施工方法要点如下：

(1) 成槽时每一抓挖至设计标高以上 50cm 后停止挖土，进行第二抓挖土施工，直至全槽达到设计标高 50cm 后进行刷壁。(2) 清底在刷壁完成后进行，采用成槽机抓斗由一端向另一端细抓，每一斗进尺控制在 15cm，这样抓斗下部由土体封闭，上部可以存装沉渣，将槽底沉渣和淤泥清除。(3) 清底至每一斗土体提出槽壁后无沉渣和淤泥、槽底标高达到设计标高为止，清底结束后测量槽深和沉渣厚度。(4) 清底结束后达到如下要求：槽深：不小于设计深度，沉渣厚度：不大于 100mm，孔底泥浆比重：不大于 1.10。

4. 刷壁

由于单元槽段接头部位的土渣会显著降低接头处的防渗性能。这些土渣的来源，一方面是在混凝土浇筑过程中，由于混凝土的流动将土渣推挤到单元槽段接头处，另一方面是在先施工的槽段接头面上附有泥皮和土渣。因此用钢刷子刷除方法进行刷壁。

刷壁是地下连续墙施工中的一个至关重要的环节，刷壁的好坏直接影连续墙接头防水效果。续槽段挖至设计标高后，用特制的刷壁器清刷先行幅接头面上的沉渣或泥皮，上下刷壁的次数不少于 10 次，直到刷壁器的毛刷面上无泥为止，确保接头面的新老混凝土接合紧密。

5. 槽段开挖精度

其精度如表 7-1 所示。

槽段开挖精度 **表 7-1**

项目	允许偏差	检验方法
槽宽	0～+50mm	超声波测斜仪
垂直度	1/300	超声波测斜仪
槽深	比设计深度深 10～20cm	超声波测斜仪

7.3.4 泥浆配制和管理

1. 泥浆配置与管理

在地下连续墙挖槽过程中，泥浆起到护壁、携渣、冷却机具、切土润滑的作用。性能良好的泥浆能确保成槽时槽壁的稳定，防止塌方，同时在混凝土灌注时保证混凝土的质量起着极其重要的作用。

(1) 泥浆采用膨润土、纯碱、CMC 按一定比例配制成，拌浆采用泵拌和气拌相结合。(2) 在施工中定期对泥浆的指标进行检查，并根据实际情况对泥浆指标进行适当调整。新拌泥浆贮存 24 小时后使用。(3) 成槽过程中应及时向槽内送浆，挖槽结束及刷壁完成后，分别取槽内上、中、下三段的泥浆进行比重、黏度、含砂率和 pH 值的指标测定验收。(4) 泥浆循环。成槽施工时，泥浆受到土体、地面杂质等污染，其技术指标将发生变化。

因此，从槽段内抽出的泥浆回送至沉淀浆池内。混凝土浇筑过程中要进行回收泥浆，回收泥浆性能符合再处理要求时，将回收泥浆抽入沉淀池，当泥浆性能指标达到废弃标准后，将回收泥浆抽入废浆池。(5) 废浆处理。抽入废浆池中的废弃泥浆每天组织全封闭泥浆运输车外运至泥浆排放点弃浆。(6) 泥浆性能指标符合表7-2中规定。

泥浆性能指标 **表7-2**

泥浆性能	配泥浆		循环泥浆		废弃泥浆		检验方法
	黏性土	砂性土	黏性土	砂性土	黏性土	砂性土	
比重(g/cm³)	1.04～1.05	1.06～1.08	＜1.10	＜1.15	＞1.25	＞1.35	比重计
黏度(s)	20～24	25～30	＜25	＜35	＞50	＞60	漏斗计
含砂率(%)	＜3	＜4	＜4	＜7	＞8	＞11	洗砂瓶
pH值	8～9	8～9	＞8	＞8	＞14	＞14	试纸

2. 泥浆池的容量确定

盛装泥浆的泥浆池的容量能满足成槽施工时的泥浆用量。泥浆池的容积计算：

$$Q_{max}=n\cdot V\cdot K$$

式中 Q_{max}——泥浆池最大容量；

n——同时成槽的单元槽段；

V——单元槽段的最大挖土量；

K——泥浆富余系数。

7.3.5 地下连续墙接头处理

在地下连续墙施工中，槽段接头一直是令人头疼的事情。目前施工接头有如下几种形式：钻凿式接头、锁口管、接头箱、软接头、隔板接头、预制混凝土接头。现以圆形锁口管接头形式进行说明：

(1) 锁口管的制作：锁口管为圆形，由钢板卷制而成，内设加劲板，6～10m一节，节与节之间套叠后用钢销连接牢固。顶部的一节锁口管每0.5m对称设一对卡槽，供提升架顶拔锁口管时使用。为吊放顺利，锁口管的直径应小于地下连续墙厚度1cm。为防止混凝土出现绕管现象，其后部空间用干硬黏土充填密实。

(2) 锁口管的安放：第一组挖槽的槽段开挖结束后，在两侧安放锁口管。用吊机起吊，紧靠原地层开挖面垂直缓慢插入槽内，底部插入槽内300mm，安放牢固后，用提升架将其外露地面部分卡紧。

7.3.6 钢筋笼制作与吊放

1. 钢筋笼制作

钢筋笼根据地下连续墙墙体设计配筋和单元槽段的划分整体制作成型。钢筋笼制作在专门搭设的加工平台上进行，加工平台保证平台面水平，四个角成直角，并在四个角点作好标志，以保证钢筋笼加工时钢筋能准确定位和钢筋笼横平竖直。

首先制作钢筋笼桁架。桁架在专用模具上加工，保证每片平直，高度一致，以确保钢筋笼的厚度。钢筋笼在平台上先安放下层水平分布筋再放下层的主筋，下层筋安放好后，再按设计位置安放桁架和上层钢筋。考虑到钢筋笼起吊时的刚度和强度的要求，每幅钢筋笼一般纵向采用3～4榀桁架，桁架间距不大于1500mm。横向5榀桁架，间距5000mm。

（1）竖向钢筋的底端500mm范围内稍向内侧弯折，以避免吊放钢筋笼时擦伤槽壁。（2）在密集的钢筋中预留出导管的位置，以便于灌注水下混凝土时插入导管，同时周围增设箍筋和连接筋进行加固。为防止横向钢筋有时会阻碍导管插入，钢筋笼制作时把主筋放在内侧，横向钢筋放在外侧。槽段的每幅预留两个混凝土浇筑的导管通道口，两根导管相距2～3m，导管距两边1～1.5m，每个导管口设5根通长的导向筋，以利于混凝土灌注时导管上下顺利。（3）钢筋笼的主筋采用对焊接头，主筋与水平筋采用点焊连接。主筋与水平筋的交叉点除四周、桁架与水平筋相交处及吊点周围全部点焊外其余部分采用50%交错点焊。（4）为保证钢筋的保护层厚度，在钢筋笼外侧焊定位垫块。按竖向间距5m焊两列垫块，横向间距标准幅为2m。垫块采用4mm厚钢板制作，梅花形布置。（5）钢筋连接器安装与控制地下连续墙内预埋中层板、顶板以及压顶梁的钢筋直螺纹连接器。钢筋连接器根据设计图纸提供的间距、规格和主体结构各层板的标高以及地下连续墙的宽度，计算出每一幅地下连续墙中每一层结构板对位置的预埋连接器的数量、标高、规格。钢筋连接器安装时，基坑内侧面每一层接驳器固定于一根主筋上，使连接器的中心标高与设计的结构板钢筋标高相同，确保每层板的连接器数量、规格、中心标高与设计一致。

由于连接器的安装标高是根据钢筋笼的笼顶标高来控制的，为确保连接器的标高正确无误，钢筋笼下放时用水准仪进行跟踪测量钢筋笼的笼顶标高，下放到位后，根据实际情况及时用垫块加以调整，确保预埋连接器的标高正确，误差不大于10mm。钢筋连接器的外侧用泡沫板加以保护。钢筋笼加工时根据设计位置安装墙趾注浆管。

2. 地下连续墙钢筋笼制作的允许偏差

允许偏差如表7-3所示。

地下连续墙钢筋笼制作的允许偏差 **表7-3**

项目	偏差(mm)	检查方法
钢筋笼长度	±50	钢尺量，每片钢筋网检查上、中、下三处
钢筋笼宽度	±20	
钢筋笼厚度	0，−10	
主筋间距	±10	任取一断面，连续量取间距，取平均值作为一点，每片钢筋网上量测四点
分布筋间距	±20	
预埋件中心置	±10	抽查

3. 钢筋笼吊放

钢筋笼起吊采用50t辅助吊机配合150t主吊一次性整体起吊入槽。地下连续墙钢筋笼起吊采用钢扁担10点起吊法，起吊时两台吊机同时平行起吊，然后缓慢起主吊，放副吊，直至钢筋笼吊竖直．吊点设于桁架筋上，施工时根据每种墙型及其重量以及吊装等情况确定吊点位置，以保证钢筋笼在起吊过程中的变形控制在允许的范围内。

钢筋笼在起吊及行走过程中小心、慢速平稳操作同时在钢筋笼下端系上拽引绳以人力操纵，防止笼抖动而造成槽壁坍塌以及钢筋笼自身产生不可恢复的变形。钢筋笼在槽口按设计要求位置对正就位后缓慢下放入槽，遇障碍物不能下放时，重新吊起，待查明原因并采取措施后再吊入。钢筋笼下放到位后，用特制的钢扁担搁置在导墙上，并通过控制笼顶标高来确保预埋件的位置准确。

7.3.7 混凝土灌注

(1) 钢筋笼安放后在4小时内浇灌混凝土，浇灌前先检查槽深，判断有无坍孔，并计算所需混凝土方量。

(2) 连续墙混凝土按设计要求强度等级进行浇注，混凝土的坍落度按规范及水下混凝土要求，采用200±20mm。

(3) 混凝土浇灌采用龙门架配合混凝土导管完成，导管采用ϕ250mm、法兰盘连接式导管，导管连接处用橡胶垫圈密封防水。导管水平布置距离不大于3m，距槽段端部不大于1.5m。导管在第一次使用前，在地面先作水密封试验。

(4) 混凝土浇筑。A. 开始浇筑时，先在导管内放置隔水球以便混凝土灌注时能将管内泥浆从管底排出，导管上方接能储备3m^{3}混凝土的料斗。确保开始灌注混凝土时埋管深度不小于500mm。B. 混凝土浇筑中保持连续均匀下料，导管随混凝土浇筑逐步提升，下口在混凝土内埋置深度控制在1.5～3.0m。混凝土浇筑过程中有现场值班技术人员及时量测混凝土面高程，全程监控，严防将导管口提出混凝土面。C. 在浇筑过程中，不能使混凝土溢出料斗流入导沟。混凝土浇筑速度不低于2m/h。D. 置换出的泥浆及时处理，不得溢出地面。E. 对采用两根导管的地下连续墙，混凝土浇筑两根导管同时浇灌，确保混凝土面均匀上升，混凝土面高差小于50cm，防止产生夹层现象。F. 混凝土浇筑面高出设计标高50cm。每单元混凝土制作抗压强度试件一组，每5个槽段制作抗渗压力试件一组。

7.3.8 接头管起拔

(1) 接头管管身外壁保证光滑，管身上涂抹黄油。

(2) 开始混凝土浇筑1小时后，将接头管旋转半周，或提起10cm。混凝土开浇2～3小时后开始起拔，以后每30分钟提升一次，每次50～100mm，直至终凝后全部拔出。

(3) 为控制拔管，混凝土灌注时做一标准试件，按其初、终凝时间控制拔管。

7.4 导墙

导墙是施工单位的一种施工措施方式，地下连续墙成槽前先要构筑导墙，导墙是保证地下连续墙位置准确和成槽质量的关键，在施工期间，导墙经常承受钢筋笼、浇注混凝土用的导管、钻机等静、动荷载的作用，因而必须认真设计和施工，才能进行地下连续墙的正式施工。

地下连续墙均应设置导墙，导墙形式有预制及现浇两种，现浇导墙形状有“L”形或倒“L”形，可根据不同土质选用。土层性质较好时，可选用倒“L”形，甚至预制钢导墙，采用“L”形导墙，应加强导墙背后的回填夯实工作。对表层地基良好地段采用简易形式钢筋混凝土导墙；在表层土软弱的地带采用现浇L形钢筋混凝土导墙。图7-8为导墙施工示意图。

导墙是地下连续墙施工的第一步，它的作用是挡土墙，测量的基准，作为重物的支承及存蓄泥浆。在挖掘地下连续墙沟槽时，接近地表的土极不稳定，容易出现槽口坍塌，此处的泥浆也不能起到护壁作用，因此在单元槽段挖完之前，导墙就起挡土墙作用。导墙规定了沟槽的位置，表明了单元槽段的划分，同时也作为测量挖槽标高、垂直度和精度的基准。导墙是挖墙机械的支承，又是钢筋笼、接头管等搁置的支点，有时还承受其他施工设备的荷载。导墙可存蓄泥浆，稳定槽内泥浆液面。

图 7-8　导墙施工示意图

导墙一般为现浇的钢筋混凝土结构，也有钢制的或预制钢筋混凝土的装配式结构，它可重复使用。导墙必须有足够的强度、刚度和精度，必须满足挖掘机械的施工要求。现浇钢筋混凝土导墙的施工顺序为：平整场地→测量定位→挖掘及处理弃土→绑扎钢筋→支模板→浇筑混凝土→拆模并设置横撑→导墙外侧回填土（如无外侧模板不进行此项工作）。导墙施工主要有以下两个问题。

（1）导墙变形导致钢筋笼不能顺利下放。

出现这种情况的主要原因是导墙施工完毕后没有加纵向支撑，导墙侧向稳定不足发生导墙变形。解决这个问题的措施是导墙拆模后，沿导墙纵向每隔一米设两道小支撑，将两片导墙支撑起来，导墙混凝土没有达到设计强度以前，禁止重型机械在导墙侧面行驶，防止导墙受压变形。

（2）导墙开挖深度范围均为回填土，塌方后造成墙撤空洞，混凝土方量增多，使回填土的方量减少，其次是导墙背后填一些素土而不用杂填土。

导墙的施工顺序是：①平整场地；②测量位置；③挖槽及处理弃土；④绑扎钢筋：⑤支立导墙模板，为了不松动背后的土体，导墙外侧可以不用模板，将土壁作为侧模直接浇注混凝土；⑥浇注导墙混凝土并养护；⑦拆除模板并设置横撑；⑧回填导墙外侧空隙并碾压密实，如无外侧模板，可省此项工序。

导墙施工是确保地下墙的轴线位置及成槽质量的有关键工序。为了保持地表土体稳定，在导墙之间每隔 1～3m 加添临时木支撑和横撑；导墙的施工精度直接关系着地下连续墙的精度，所以在构筑导墙时，必须注意导墙内侧的净空尺寸、垂直与水平精度和平面位置等。导墙的水平钢筋必须连接起来，使导墙成为一个整体，防止因强度不足或施工不善而发生事故。为保证地下墙的施工精度，便于挖槽机作业，导墙内侧净空应较地下墙的厚度稍大一些（比设计值大 5cm），导墙顶口比地面高出 5cm，导墙的深度为 1.5m。导墙的施工误差标准是：中心线误差为±10mm；顶面全长范围内标高误差为±10mm。

地下连续墙中导墙作用：（1）给成槽机成槽提供导向；（2）储存泥浆和防止槽口坍塌；（3）作为施工时水平与垂直测量的基准；（4）为钢筋笼安放、混凝土导管安置、成槽机提供标定。

7.5　泥浆

泥浆是保证地下连续墙槽壁稳定最根本的措施之一，应根据地基土的性质和其他因素选配泥浆。其主要成分为膨润土、纯碱、水及添加剂，视不同类型的成槽设备，泥浆储备量为1.5～2倍。泥浆是地下连续墙施工中深槽槽壁稳定的关键，地下连续墙的深槽是在泥浆护壁下进行挖掘的，泥浆在成槽过程中有护壁、携渣、冷却和润滑作用。泥浆具有一定的比重，如槽内泥浆液面高出地下水位一定高度，泥浆在槽内就会产生一定的静水压力，可抵抗作用在槽壁上的侧向土压力和水压力，相当于液体支撑，可以防止槽壁倒塌和剥落，并防止地下水渗入。泥浆在槽壁上还会形成一层透水性很低的泥皮，能防止槽壁剥落。泥浆具有一定的黏度，它能将钻头式挖掘机挖槽时挖下来的土渣悬浮起来，既便于土渣随同泥浆一同排出槽外，又可以避免土渣沉积在开挖面上影响挖槽机械的挖槽效率。泥浆在深槽内可以降低钻具因连续冲击或回钻而引起的温度剧升，同时又有润滑作用。

7.5.1 泥浆的作用

（1）护壁作用泥浆具有一定的相对密度，如槽内泥浆液面高出地下水位一定高度，泥浆在槽内就对槽壁产生一定的静水压力，可抵抗作用在槽壁上的侧向土压力和水压力，相当于一种液体支撑，可以防止槽壁倒塌和剥落，并防止地下水渗入；另外，泥浆在槽壁上会形成一层透水性很低的泥皮，从而可使泥浆的静水压力有效地作用于槽壁上，能防止槽壁剥落；泥浆还从槽壁表面向土层内渗透，待渗透到一定范围，泥浆就粘附在土颗粒上，这种粘附作用可减少槽壁的透水性，亦可防止槽壁坍落。

（2）携渣作用泥浆具有一定的黏度，它能将钻头式挖槽机挖下来的土渣悬浮起来，既便于土渣随同泥浆一同排出槽外，又可避免土渣沉积在工作面上影响挖槽机的挖槽效率。

（3）冷却润滑作用冲击式或钻头式挖槽机在泥浆中挖槽，以泥浆作冲洗液，钻具在连续冲击或回转中温度剧烈升高，泥浆既可降低钻具的温度，又可起滑润作用而减轻钻具的磨损，有利于延长钻具的使用寿命和提高深槽挖掘的效率。

7.5.2 泥浆有关要求

（1）槽段内泥浆液位一般高于地下水位0.5m。工程地质条件差时，宜考虑加大泥浆液位与地下水位高低差，以利于槽壁稳定。采用的主要方法有：导墙顶部加高、坑集泵排除低槽段附近地下水位及井点降水等。

（2）清底后应立即对槽底泥浆进行置换和循环。置换时采取真空吸力泵从槽底抽出质量指标差的泥浆，同时在槽段上口补充一定量的新浆。

（3）清底后对槽底泥浆密度及渣厚进行测定，保证清底达到有关规范规定的要求。

7.5.3 泥浆的制备

制备泥浆是在挖槽前利用专用设备事前制备好泥浆，挖槽时输入沟槽。膨润土泥浆是制备泥浆中最常用的一种，它的主要成分是膨润土和水，另外，还要适当地加入外加剂。常用的外加剂有分散剂（碱类、木质素磺酸盐类、复合磷酸盐类和腐殖酸类等四类），增黏剂（一般常用羧甲基纤维素CMC），加重剂，防漏剂。泥浆制作过程中应注意以下几个问题：

（1）成本控制

泥浆制作主要用三种原材料，膨润土、CMC、纯碱。其中膨润土最廉价纯碱和CMC非常昂贵。如何在保证质量的情况下节约成本，就成为一个关键问题。要解决这个问题就要在条件允许的情况下，尽可能地多用膨润土。合格的泥浆有一定的指标要求，主要有黏度、pH值、含沙量、比重、泥皮厚度、失水量等。要达到指标的要求有很多种配置方法，但要找到最经济的配置方法是需要多次试验的。

（2）泥浆制作工程整体的衔接问题

泥浆制作工艺要求，新配置的泥浆应该在池中放置一天充分发酵后才能使用。旧泥浆也应该在成槽之前进行回收和利用。当工程进行得非常紧张的时候，一天一幅的进度对泥浆制作是一个严峻的考验。

解决的方法是连夜施工，在泥浆回笼完成的时候马上开始拌制新泥浆或进行泥浆处理。另外准备一个清水箱，在不拌制新泥浆的时候用于灌满清水，里面放置一个大功率水泵，拌制时使用箱内清水，同时水管连续向箱内供水，就可最大限度的利用水流量，加快供水速度，节约拌制的时间。

7.6 挖槽

挖槽的主要工作包括：单元槽段划分；挖槽机械的选择和正确使用；制定防止槽壁坍塌的措施和特殊情况的处理方法等。挖槽约占地下连续墙施工工期的一半，因此提高挖槽的效率是缩短工期的关键。同时，槽壁形状基本上决定了墙体的外形，所以挖槽的精度又是保证地下连续墙的质量的关键之一。因此挖槽是地下连续墙施工中的关键工序。挖槽施工需要主要的问题是单元槽段划分和挖槽机械选择。成槽需要注意的主要问题主要有以下几个问题：

（1）泥浆液面控制

成槽的施工工序中，泥浆液面控制是非常重要的一环。只有保证泥浆液面的高度高于地下水位的高度，并且不低于导墙以下50cm时才能够保证槽壁不塌方。泥浆液面控制包括两个方面：

首先是成槽工程中的液面控制，解决这个问题关键是对民工做好技术交底，让民工对具体的工序有一定的了解。

其次是成槽结束后到浇筑混凝土之前的这段时间的液面控制。这项工作不容忽视，泥浆液面控制是全过程的，在浇筑混凝土之前都是必须保证合乎要求的，只要有一小段时间不合乎就会功亏一篑。

（2）清底

在挖槽结束后清除槽底沉淀物的工作称为清底，清底是地下连续墙施工中的一项重要工作。沉渣过多会造成地下连续墙的承载能力降低，墙体沉降加大沉渣影响墙体底部的载水防渗能力，成为管涌的隐患；降低混凝土的强度，严重影响接头部位的抗渗性；造成钢筋笼的上浮；沉渣过多，影响钢筋笼沉放不到位；加速泥浆变质。因此必须作好清底工作，减少沉渣带来的危害。

（3）刷壁次数的问题

地下连续墙一般都是顺序施工，在已施工的地下连续墙的侧面往往有许多泥土粘在上面，所以刷壁就成了必不可少的工作。刷壁要求在铁刷上没有泥才能停止，一般需要刷20次，确保接头面的新老混凝土结合紧密，可实际往往刷壁的次数达不到要求，这就有可能造成两墙之间夹有泥土，首先会产生严重的渗漏，其次对地下连续墙的整体性有很大影响。因此虽然刷壁的工作比较烦，而且它导致的恶果不是很快就能看出来，但它对施工质量有着至关紧要的影响，一点也马虎不得。

7.7 槽段接头及结构接头

地下连续墙施工中单元槽段的连接接头一般可分为两大类，一类是施工接头，即浇筑地下连续墙时两相邻单元墙段的纵向连接接头；另一类是结构接头，即已竣工的地下连续墙在水平向与其他构件（内部结构的楼板、柱、梁、底板等）相连接的接头。地下连续墙的接头形式很多，一般应本着满足受力和防渗要求，并方便施工的原则进行选择。

7.7.1 施工接头

常用的施工接头有以下几种形式：

（1）接头管（又称锁口管）接头。目前应用最多的一种。接头管接头的施工程序如图 7-9 所示。施工时，待一个单元槽段土方挖完后，于槽段的端部用吊车放入接头管，然后边吊放钢筋笼并浇筑混凝土，待混凝土强度达到 0.05～0.20MPa 时（一般在混凝土浇筑后 3～5h，视气温而定），开始用吊车或液压顶升架提拔接头管，上拔速度应与混凝土浇筑速度、强度增长速度相适应，一般为 2～4m/h，并应在混凝土浇筑结束后 6～8h 以内将接头管全部拔出。接头管拔出后，单元槽段的端部形成半圆形，继续施工时即形成两相邻单元墙段的接头。

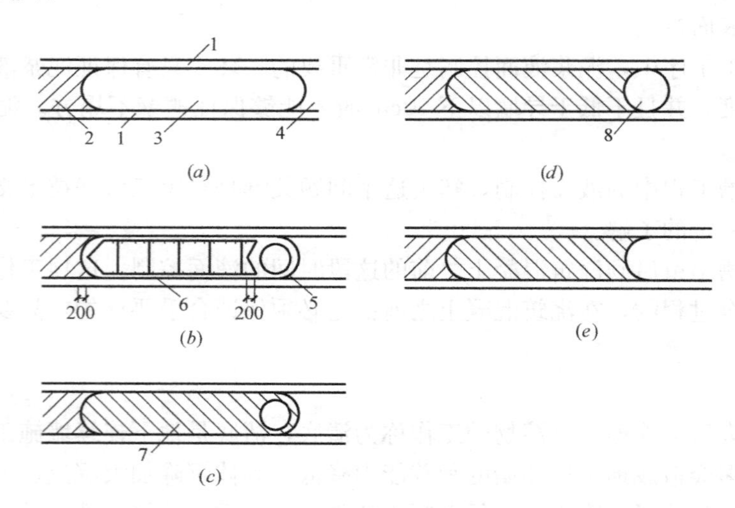

图 7-9 接头管接头的施工程序

(*a*) 开挖槽段；(*b*) 吊放接头管和钢筋笼；(*c*) 浇筑混凝土；(*d*) 拔出接头管；(*e*) 形成接头

1—导墙；2—已浇筑混凝土的单元槽段；3—开挖的槽段；4—未开挖的槽段；5—接头管；6—钢筋笼；7—正浇筑混凝土的单元槽段；8—接头管拔出后的孔

（2）接头箱接头。这是一种可用于传递剪力和拉力的刚性接头。施工方法与接头管相似，只是以接头箱代替了接头管，施工过程如图 7-10 所示。单元槽段挖完后吊下接头箱，由于接头箱在浇筑混凝土的一侧是敞开的，所以可以容纳钢筋笼端部的水平钢筋或纵向接头钢板插入接头箱内。浇筑混凝土时，由于接头箱的敞开口被焊在钢筋笼上的钢板所遮挡，因而浇筑的混凝土不会进入接头箱内。接头箱拔出后，再开挖后期单元槽段，吊放后期墙段钢筋笼，浇筑混凝土形成新的接头。这种接头形式由于两相邻单元槽段的水平钢筋交错搭接，因而所形成的接头是一种刚性整体接头。

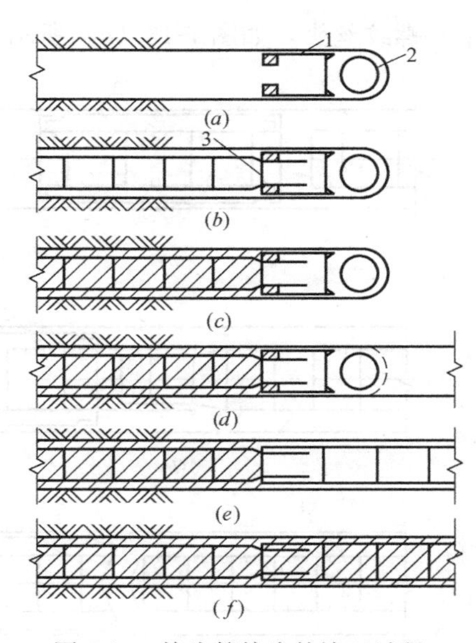

图 7-10　接头箱接头的施工过程

(a) 插头接头箱；(b) 吊放钢筋笼；(c) 浇筑混凝土；(d) 开挖后期单元槽段；(e) 吊放后一槽段的钢筋笼；(f) 浇筑后一个槽段的混凝土形成整体接头

1—接头箱；2—接头管；3—焊在钢筋笼端部的钢板

(3) 隔板式接头。隔板的形状分为平隔板、榫形隔板和 V 形隔板，如图 7-11 所示。由于隔板与槽壁之间难免有缝隙，为防止新浇筑的混凝土渗入，要在钢筋笼的两边铺贴维尼布等化纤布，化纤布可把单元槽段钢筋笼全部罩住，也可以只有 2～3m 宽。要注意吊入钢筋笼时不要损坏化纤布。在图示的三种形式隔板式接头中，榫形接头的钢筋交错搭接，能使各单元墙段连成整体，是一种较好的接头方式。但此接头方式在插入钢筋笼时较困难，且此处浇混凝土时，混凝土的流动亦受阻碍，施工中需加以注意。

7.7.2　结构接头

地下连续墙与内部结构的楼板、柱、梁、底板等连接的结构接头，常用的有下列几种：

(1) 直接连接

接头在浇筑地下连续墙墙体以前，在连接部位预先埋设连接钢筋，将该连接钢筋一端直接与地下墙的主筋连接，另一端弯折后与地下连续墙墙面平行且紧贴墙面。待开挖地下连续墙内侧土体、露出此墙面时，除去预埋件（一般为泡沫塑料）或凿去该处墙面的混凝土面层，露出预埋钢筋，然后弯成所需的形状与后浇主体结构受力筋连接，如图 7-12 所示。预埋连接钢筋一般选用 HPB235，直径不宜大于 22mm。为方便弯折，预埋钢筋时可采用加热方法。如果能避免急剧加热并精心施工，钢筋强度几乎不受影响。但考虑到连接处往往是结构薄弱环节，故实际钢筋数量应比计算需要量增加一定的余量。

采用预埋钢筋的直接接头施工容易、受力可靠，是目前用得最多的结构接头形式。

(2) 间接接头

间接接头是通过钢板或钢构件作媒介，连接地下连续墙和地下工程内部构件的接头。一般有预埋钢筋直（锥）螺纹接头法、预埋连接钢板法以及预埋剪力块法三种方法。

a. 预埋钢筋直（锥）螺纹接头法 目前应用最多的一种结构接头。它是将连接钢筋的一端（与后浇结构受力钢筋连接的一端）套上直（锥）螺纹接头连接套筒，用力矩扳手拧紧，套筒的另一端加上密封盖，预埋在地下连续墙内，待基坑开挖露出墙体时，拧下密封盖，再用力矩扳手将后浇结构的受力钢筋拧入连接套筒。钢筋连接端使用前应加工成直

（锥）螺纹丝头，如图 7-13（a）所示。

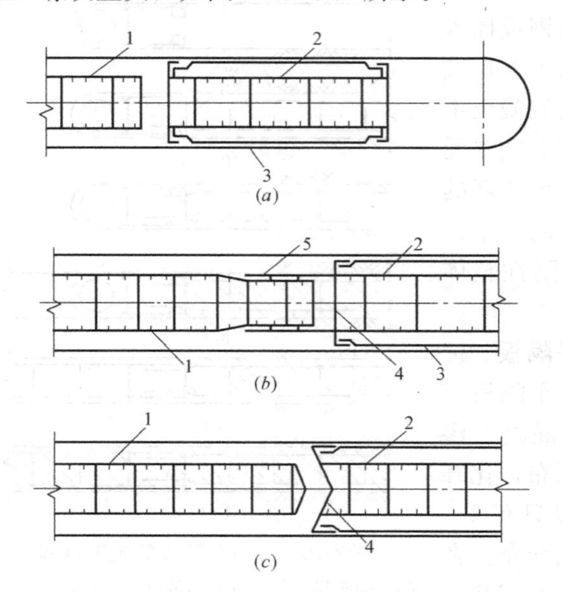

图 7-11 隔板式接头

（a）平隔板；（b）榫形隔板；（c）V 形隔板

1—正在施工槽段的钢筋笼；2—已浇筑混凝土槽段的钢筋笼；3—化纤布；4—钢隔板；5—接头钢筋

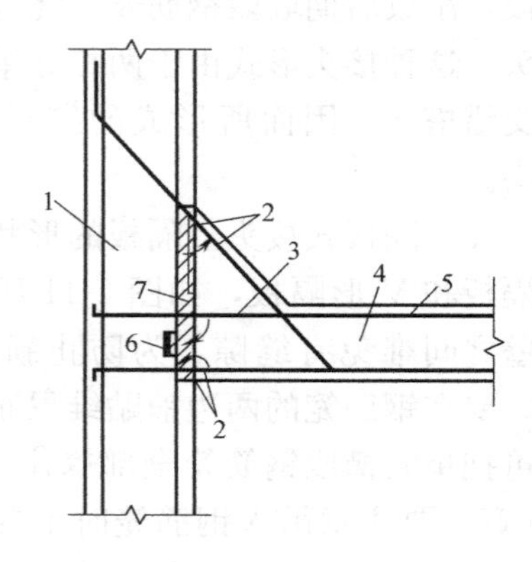

图 7-12 直接连接接头

1—地下连续墙；2—预埋钢筋；3—焊接接头；4—后浇梁板；5—后浇结构钢筋；6—剪力槽；7—泡沫塑料

b. 预埋连接钢板法它是将预埋连接钢板与槽段钢筋笼固定后，一起吊入槽内，然后浇筑混凝土墙体，待基坑开挖后露出墙体时，再凿开预埋连接钢板的墙面，用焊接方式将后浇结构中的受力钢筋与预埋连接钢板焊接牢固。如图 7-13（b）所示。

c. 预埋剪力块法预埋剪力块法与预埋连接钢板法是类似的。剪力块连接件也需事先预埋在地下连续墙内，剪力钢筋弯折放置于紧贴墙面处。待凿去面层混凝土，预埋剪力块外露后，再与后浇的构件相连接。剪力块连接件一般主要承受剪力，如图 7-13（c）、（d）所示。

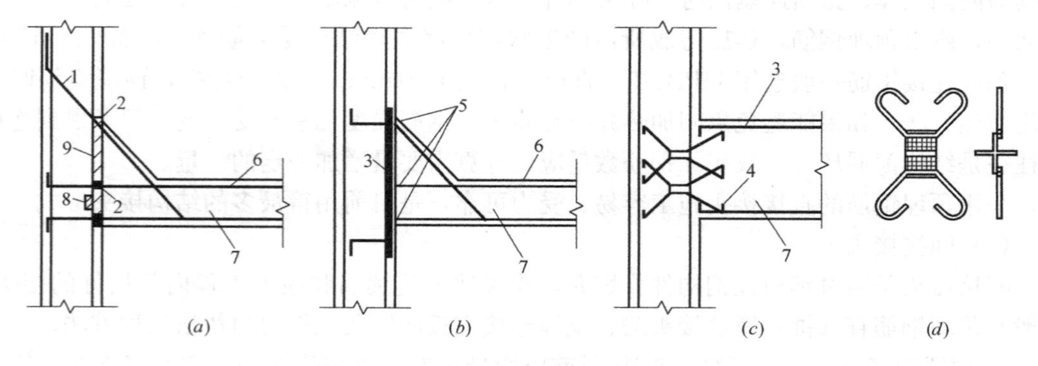

图 7-13 地下连续墙与梁、楼板的连接

（a）预埋钢筋直（锥）螺纹；（b）预埋连接钢板法；（c）预埋剪力块法；（d）剪力块件

1—预埋钢筋；2—连接套筒；3—预埋连接钢板；4—预埋剪力连接件；5—焊接接头；6—后浇结构钢筋；7—后浇梁板；8—剪力槽；9—泡沫塑料

地下连续墙中当有其他的预埋件或预留孔洞时，可利用泡沫苯乙烯塑料、木箱等进行覆盖，但要注意不要因泥浆浮力而使覆盖物移位或受到损坏，并且在基坑开挖时要易于从混凝土面上被取下。

7.8 钢筋笼

钢筋笼的制作是地下连续墙施工的一个重要环节，钢筋笼应根据地下连续墙体配筋图和单元槽段的划分来制作。单元槽段的钢筋笼应装配成一个整体。制作钢筋笼时要预先确定浇筑混凝土用导管的位置，由于这部分要上下贯通，因而周围需增设箍筋和连接筋进行加固。横向钢筋有时会阻碍导管插入，所以应把横向钢筋放在外侧，纵向钢筋放在内侧。钢筋笼的制作速度要与挖槽速度协调一致，由于制作时间长，因此必须有足够大的场地。用于钢筋笼成型的平台尺寸应大于最大钢筋笼的尺寸，并保证一定的平整度。钢筋笼制作主要有以下几点问题：

（1）焊接质量问题

焊接质量问题是钢筋笼制作过程中一个比较突出的问题，主要有：

① 头错位、弯曲

碰焊主要是由于碰焊工工作量大，注意力不集中引起的质量问题，经提醒并且不定期的抽样检查，碰焊质量会有明显提高。弯曲是因为碰焊完成后，接头部分还处于高温软弱状态，强度不够。这个问题的解决是做好技术交底。

② 钢筋焊接时的咬肉问题

这个问题的产生主要原因是工人技术水平不到位，其次是由于电焊工数量不够。如果更换生手并且配足电焊工的话，问题会解决。

（2）进度问题

① 施工时场地条件不允许设置两个钢筋制作平台。钢筋笼制作速度决定着施工进度，要保证一天一幅的施工进度，一定要两个施工平台交替作业。

② 施工时进入梅雨天气，下雨天数多，电焊工属于危险工种，尤其不能在雨天施工，在安全和文明施工的要求下在雨天停止施工。这个问题的解决是用脚手架和彩钢板分段搭设小棚子，下设滚轮，拼接起来，雨天遮雨，平时遮阳。待钢筋笼需要起吊时推开或吊车吊离。

7.9 混凝土浇筑

地下连续墙用导管法进行浇筑。由于导管内混凝土和槽内泥浆的压力不同，导管下口处存在压力差，因而混凝土可以从导管内流出。

在整个浇筑过程中，混凝土导管应埋入混凝土内 2～4m，最小埋深不得小于 1.5m，使从导管下口流出的混凝土将表层混凝土向上推动而避免与泥浆直接接触，否则混凝土流出时会把混凝土上升面附近的泥浆卷入混凝土内。但导管的最大插入深度不宜超过 9m，插入太深，将会影响混凝土在导管内的流动，有时还会使钢筋笼上浮。

浇筑时要保持槽内混凝土面均衡上升，浇筑速度一般为 30～35m^3/h，速度快的可达到甚至超过 60m³/h。导管不能作横向运动，否则会使沉渣和泥浆混入混凝土内。导管的提升速度应与混凝土的上升速度相适应，避免提升过快造成混凝土脱空现象，或提升过晚而造成埋管拔不出的事故。

在下、拔混凝土导管和浇筑混凝土过程中主要有以下几个问题：

（1）导管拼装问题

导管在混凝土浇筑前先在地面上每 4～5 节拼装好，用吊机直接吊入槽中混凝土导管口，两个导管连接起来，这样有利于施工速度。

（2）导管拆卸的问题

要根据计算逐步拆卸导管，但由于有些导管拆不下来或需要很多的时间拆卸，严重影响了混凝土的灌注工作，因为连续性是顺利灌注混凝土的关键。解决这个问题只要每次混凝土贯注完毕把每节导管拆卸一遍，螺丝口涂黄油润滑就可以了。还应注意在使用导管的时候，一定要小心，防止导管碰撞变形，难以拆卸。

（3）堵管的问题

导管堵塞后，要把导管整体拔出来，对斗上的钢丝绳来说是一个考验，整体提高二十几米是非常危险的，万一钢丝绳断掉就会造成不可估量的损失。因此拔出时应该换用直径大的钢丝绳。导管的整体拔出会因为拔空而造成淤泥夹层的事故，而且管内的混凝土在泥浆液面上倒入泥浆。会严重污染泥浆。

（4）在钢筋笼安置完毕后，应马上下导管

马上下导管是一个工序衔接的问题，这样做可以减少空槽的时间，防止塌方的产生。

（5）槽底淤积物对墙体质量的影响

① 淤积物的形成

清底不彻底，大量沉渣仍然存在；清底验收后仍有沙砾、黏土悬浮在槽孔泥浆中，随着槽孔停置时间加长，粗颗粒悬浮物在重力的作用下沉积到槽孔底部，槽孔壁塌方，形成大量槽底淤积物。

② 淤积物对墙体质量的影响

槽底淤积物是墙体夹泥的主要来源。混凝土开浇时向下冲击力大，混凝土将导管下的淤积物冲起一部分悬于泥浆中，一部分与混凝土掺混，处于导管附近的淤积物易被混凝土推挤至远离导管的端部。当淤积层厚度大或粒径大时，仍有部分留在原地。悬浮于泥浆中的淤积物，随着时间的延长又沉淀下来落在混凝土面上。一般情况下，这层淤泥比底部的淤积物细，内摩擦角小，比处于塑性流动状态下的混凝土有更大的流动性，只要槽孔混凝土面稍有倾斜，就会促使淤泥流动，沿着斜坡流到低洼处聚集起来，当槽孔混凝土面发生变化或呈覆盖状流动时，这些淤泥最易被包裹在混凝土中，形成窝泥。被混凝土推挤至槽底两端的淤积物，一部分随混凝土沿接缝向上爬升，甚至一直爬升到槽孔顶部。当混凝土挤压力小时，还会在接缝处滞留下来形成接头夹泥，这些夹泥大多来至槽底淤积物。

混凝土开始浇筑时，先在导管内放置隔水球以便混凝土浇筑时能将管内泥浆从管底排出。混凝土浇灌采用将混凝土车直接浇筑的方法，初灌时保证每根导管混凝土浇捣有 6m³ 混凝土备用量。

混凝土浇筑中要保证混凝土连续均匀下料，在浇筑过程中严防将导管口提出混凝土面，导管下口暴露在泥浆内，造成泥浆涌入导管。主要通过测量混凝土面上升情况、浇筑量和导管埋入深度。当混凝土浇捣到地下连续墙顶部附近时，导管内混凝土不易流出，一方面要降低浇筑速度，另一方面可将导管的最小埋入深度减为1m左右，若混凝土还浇捣不下去，可将导管上下抽动，但上下抽动范围不得超过30cm。

在浇筑过程中，导管不能作横向运动以防沉渣和泥浆混入混凝土中。同时不能使混凝土溢出料斗流入导沟。对采用两根导管的地下连续墙，混凝土浇筑应两根导管轮流浇灌，确保混凝土面均匀上升，以防止因混凝土面高差过大而夹层现象。

（6）混凝土面标高问题

灌注混凝土时，一定要把混凝土面灌注到规定位置。因为表层的混凝土的质量由于和泥浆的接触是得不到保证的，做圈梁的时候把表层的混凝土敲掉正是这个原因。

（7）泥浆对墙体的影响

性能指标合格的泥浆有效防止塌方，减少了槽底淤积物的形成，有很好的携渣能力，减少和延迟了混凝土面淤积物的形成，减少了对混凝土流动的阻力，大大减少了夹层现象。有人用1∶10的模型用直导管法在不同比重的膨润土泥浆下浇筑混凝土，当泥浆比重为10.3～10.4kN/m^{3}时，墙间混凝土交界面无夹泥，与一期槽混凝土接头处夹泥仅0～0.7mm；当泥浆含砂量增加，容重增加至10.6～10.8kN/m^{3}时，接缝处夹泥显著增加至2～3mm，底部拐角及腰部窝泥厚度达2～5mm；使用12.3kN/m^3，黏度为18g，夹泥相当严重。由此可见，在有效护壁的前提下，泥浆比重小，夹泥和窝泥少；而泥浆比重大时，夹泥严重。

（8）施工工艺对墙体质量的影响

① 导管间距

不同间距导管浇筑的墙段，墙间夹泥面积占垂直面积的百分数不同。导管间距小于3m时，断面夹泥很少，3～3.5m略有增加，大于3.5m夹泥面积大大增加，因此导管间距不宜太大。

② 导管埋深

导管埋深影响混凝土的流动状态。埋深太小，混凝土呈覆盖式流动，容易将混凝土表面的浮泥卷入混凝土内，导管埋深太深时，导管内外压力差小，混凝土流动不畅，当内外压力平衡时，则混凝土无法进入槽内。

③ 导管高差

不同时拔管造成导管底口高差较大，当埋深较浅的进料时，混凝土影响的范围小，只将本导管附近的混凝土挤压上升。与相邻导管浇筑的混凝土高差大，混凝土表面的浮泥到低洼处聚集，很容易被卷入混凝土内。

④ 浇筑速度

浇筑速度太快，混凝土表面呈锯齿状，泥浆和浮泥进入裂缝严重影响混凝土质量。

7.10 施工质量标准

地下连续墙施工质量依据标准：《建筑工程施工质量验收统一标准》GB 50300—2001，《建筑地基基础工程施工质量验收规范》GB 50202—2002

7.10.1 质量标准

1. 地下连续墙均应设置导墙，导墙形式有预制及现浇两种，现浇导墙形状有“L”形或倒“L”形，可根据不同土质选用。

2. 地下墙施工前宜先试成槽，以检验泥浆的配比、成槽机的选型并可复核地质资料。

3. 作为永久结构的地下连续墙，其抗渗质量标准可按现行国家标准《地下防水工程施工质量验收规范》GB 50208 执行。

4. 地下墙槽段间的连接接头形式，应根据地下墙的使用要求选用，且应考虑施工单位的经验，无论选用何种接头，在浇注混凝土前，接头处必须刷洗干净，不留任何泥砂或污物。

5. 地下墙与地下室结构顶板、楼板、底板及梁之间连接可预埋钢筋或接驳器（锥螺纹或直螺纹），对接驳器也应按原材料检验要求，抽样复验。数量每 500 套为一个检验批，每批应抽查 3 件，复验内容为外观、尺寸、抗拉试验等。

6. 施工前应检验进场的钢材、电焊条。已完工的导墙应检查其净空尺寸，墙面平整度与垂直度。检查泥浆用的仪器、泥浆循环系统应完好。地下连续墙应用商品混凝土。

7. 施工中应检查成槽的垂直度、槽底的淤积物厚度、泥浆比重、钢筋笼尺寸、浇筑导管位置、混凝土上升速度、浇筑面标高、地下墙连接面的清洗程度、商品混凝土的坍落度、锁口管或接头箱的拔出时间及速度等。

8. 成槽结束后应对成槽的宽度、深度及倾斜度进行检验，重要结构每段槽段都应检查，一般结构可抽查总槽段数的 20%，每槽段应抽查 1 个段面。

9. 永久性结构的地下墙，在钢筋笼沉放后，应做二次清孔，沉渣厚度应符合要求。

10. 每 $50m^3$ 地下墙应做 1 组试件，每幅槽段不得少于 1 组，在强度满足设计要求后方可开挖土方。

11. 作为永久性结构的地下连续墙，土方开挖后应进行逐段检查，钢筋混凝土底板也应符合现行国家标准《混凝土结构工程施工质量验收规范》GB 50204 的规定。

12. 地下连续墙的钢筋笼检验标准应符合建筑地基基础工程施工质量验收规范 GB 50202—2002 表 5.6.4.1 的规定。其他标准应符合表 7-4 的规定。

地下连续墙的钢筋笼检验标准 表 7-4

项目	序号	检查项目		允许偏差或允许值		检查方法
				单位	数值	
主控项目	1	墙体强度		设计要求		查试件记录或取芯试压
	2	垂直度：永久结构 临时结构			1/300 1/150	测声波测槽仪或成槽机上的监测系统
一般项目	1	导墙尺寸	宽度 墙面平整度 导墙平面位置	mm mm mm	W+40 <5 ±10	用钢尺量，形为地下墙设计厚度 用钢尺量 用钢尺量
	2	沉渣厚度：永久结构 临时结构		mm mm	≤100 4200	重锤测或沉积物测定仪测

续表

项目	序号	检查项目		允许偏差或允许值		检查方法
				单位	数值	
一般项目	3	槽深		mm	+100	重锤测
	4	混凝土坍落度		mm	180～220	坍落度测定器
	5	钢筋笼尺寸		见 GB 50202—2002 表 5.6.4.1		见 GB 50202—2002 表 5.6.4.1
	6	地下墙表面平整度	永久结构 临时结构 插入式结构	mm mm mm	<100 <150 <20	此为均匀黏土层，松散及易坍土层由设计决定
	7	永久结构时的预埋件位置	水平向 垂直向	mm mm	≤10 ≤20	用钢尺量 水准仪

7.10.2 应注意的质量问题

1. 地下连续墙施工，应制订出切实可行的挖槽工艺方法、施工程序和操作规程，并严格执行。挖槽时，应加强监测，确保槽位、槽深、槽宽和垂直度符合设计要求。遇有槽壁坍塌的事故，应及时分析原因，妥善处理。

2. 钢筋笼加工尺寸，应考虑结构要求、单元槽段、接头形式、长度、加工场地、现场起吊能力等情况，采取整体式分节制作，同时应具有必要的刚度，以保证在吊放时不致变形或散架，一般应适当加设斜撑和横撑补强。钢筋笼的吊点位置、起吊方式和固定方法应符合设计和施工要求。在吊放钢筋笼时，应对准槽段中心，并注意不要碰伤槽壁壁面，不能强行插入钢筋笼，以免造成槽壁坍塌。

3. 施工过程中应注意保证护壁泥浆的质量，彻底进行清底换浆，严格按规定灌注水下混凝土，以确保墙体混凝土的质量。

7.11 槽段接头改进实例

7.11.1 地下连续墙接头在上海市轨道交通四号线修复工程中的应用

上海轨道交通四号线修复工程采用以明挖基坑为主的原位修复方案。四号线修复工程平面图见图 7-14。基坑工程主要由 3 个明挖基坑组成：东基坑、中基坑和西基坑，基坑长度分别为 174，24 和 65m，宽度均为 22m。本基坑最深开挖深度达到了创纪录的 41m。

7.11.2 十字钢板接头在超深地下连续墙中的应用

本工程为超深地下连续墙施工，槽段开挖深度达到创纪录的 65m，在众多的施工工艺和参数上无类似的工程可以借鉴，施工难度和风险极大。

1. 施工难点

(1) 地下连续墙接缝渗漏的问题本工程为超深地下连续墙施工和超深基坑开挖，围护

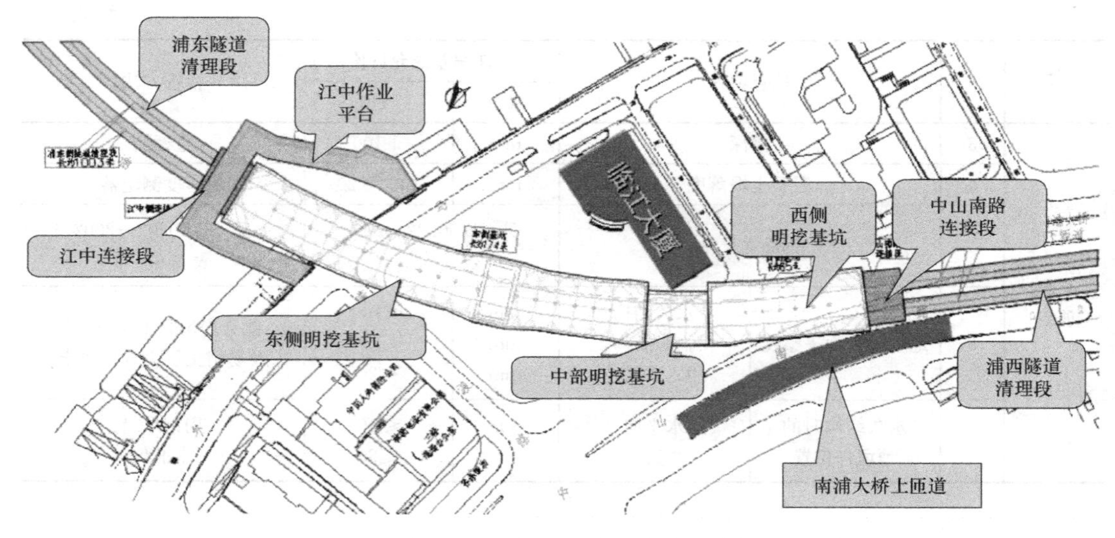

图 7-14　四号线修复工程平面图

结构的施工质量，尤其是地连墙的接缝止水性能对基坑开挖的安全至关重要。本工程由于基坑自 30m 开始进入⑦$_1$、⑦$_2$粉砂层，开挖前在坑内设置降压井实施基坑内降水，降水后坑内水位在地表下 42m 左右，而坑外的承压水水头在地表下 7～11m，水头差达到 30 多米，压力 3kg，一旦发生围护接缝渗漏水的险情，堵漏工作极其困难，将对基坑安全和周边环境带来致命的影响。

（2）地下连续墙槽段端头的处理同样由于⑦$_2$ 层和⑨$_1$ 层的存在，抓斗成槽时采用“摔斗”抓挖的形式提高速度往往无法满足端头精度要求；另外，由于之前的重大事故，该场地⑦$_1$ 层曾经发生过流变，40m 深度以下的土层易发生径缩，当端头发生径缩时会直接影响反力箱的下放：因此，必须首先要保证最初成槽时端头垂直度的要求，并在完成成槽后采取有效的措施对发生径缩的端头进行修正，确保端头最终的垂直度要求。

2. 接头形式比选

本工程针对以上难点，对上海地区常用的一些地下连续墙接头形式从多方面进行了比选，如表 7-5 所示。

连续墙接头形式的比选　　**表 7-5**

接头形式	制作难度	施工难度	防渗效果	整体刚性	防混凝土绕流	加工成本	适用范围
锁口管	易	较易	较好	差	较好	低	软土地层
十字钢板	较易	较大	好	较好	较好	中	软土地层
预制桩	较复杂	较大	好	极好	极好	较高	软土地层

经过接头形式的比选，本工程最终选用了十字钢板的接头形式，见图 7-15。相对于普通的反力箱接头，十字钢板接头的止水性能有可靠的保障，由于钢板的存在，可杜绝因接缝质量问题产生水、砂突涌的情况，提高了基坑开挖的安全度。止水钢板设置在先行幅的两侧，且伸出接头 50cm，以延长地下水的渗流路径。

3. 技术保证措施

（1）保证端头的垂直度，并提高成槽的效率，本工程采用了“两钻一抓”工艺施工先导孔并保证端头垂直度。采用超声波检测仪器对槽段的垂直度进行测量，如垂直度不能满足要求，要对端头进行修壁处理，一直到满足要求才安放接头。

（2）相邻槽段的施工，由于泥浆的粘附作用，可能在止水钢板上形成一层泥皮，成为地下水的渗漏通道。本工程专门加工止水钢板刷壁器，并利用导向配重使刷壁器上下刷壁时，紧贴止水钢板，达到良好的刷壁效果。

（3）斗上安装刮刀，清理止水钢板两侧间隙内的淤泥，见图 7-16。

（4）采用锁口管作后靠，再用底座烧焊有钢刀片的反力箱冲击十字钢板内侧的劣化泥浆。

图 7-15　十字钢板接头

图 7-16　刮刀处理十字钢板两侧淤泥

经过对四号线修复工程深基坑施工的开挖暴露检验发现，地下连续墙接头施工质量较好，接头处无明显的渗漏和夹泥，说明十字钢板接头在本工程的应用是成功的。

思考题：

1. 地下连续墙设计和施工有哪些要点？
2. 地下连续墙有哪些主要的接头方式？

第8章　逆作法施工技术

本章学习要点：

了解基坑逆作法施工的现状及发展趋势，掌握基坑逆作法施工顺序和主要施工技术。

8.1　概述

逆作法是一种利用地下主体结构的全部或部分作为土方开挖阶段支护系统、自上而下施工地下结构梁板并与基坑开挖交替进行的施工方法。与常规基坑施工相比，逆作法技术省去了大量临时结构施工和拆除，可以节约大量建筑材料与施工资源，同时地下结构梁板整体刚度大，可以有效减小施工对周边环境的影响。因此当建筑场地周边环境复杂，环境保护要求高时，逆作法技术具有明显的优势，而且，逆作法还可以解决地下结构层次多、基坑超深以及复杂形状基坑的施工问题。

常规顺作法基坑施工工序（图8-1）是逐层交接，即支撑安装、挖土、地下结构施工、拆除支撑需逐层施工，上部结构需按在地下结构完成后进行。随着地下建筑物的面积和深度增加，施工工期也明显加长，采用逆作法施工（图8-2）可同时进行地上和地下结构施工，因而能够合理地缩短工期。

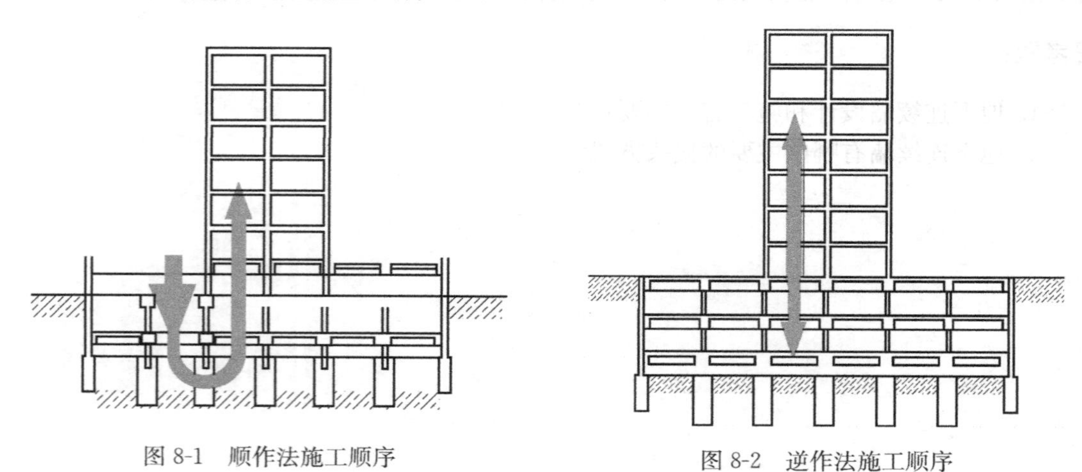

图8-1　顺作法施工顺序　　　　图8-2　逆作法施工顺序

逆作法施工技术于19世纪30年代由日本科学家首次提出，并于1935年应用于东京都千代田区第一生命保险大厦的建设，此后逐渐在欧洲和美国等地传播和发展起来。19世纪70年代以来，美、日、德、法等国家在多层地下结构施工中已广泛应用逆作法，收到良好的工程效果。我国在1955年在哈尔滨人防工程中首次应用逆作法施工技术，此后开始对逆作法施工工艺的研究和探索。20世纪90年代，上海和广州相继发布了逆作法施工规程，标志着逆作法施工在我国逐步走向成熟，同时还出现了一批采用逆作法施工的大型工程，如福州世界金龙大厦、哈尔滨秋林商厦、杭州凯悦大酒店、海口中青大厦、西安菊花园大厦、上海长峰商城等项目。

逆作法施工工程项目一般处于城市建筑密集区，施工场地有限，施工环境效应较大，施工组织和管理要求高。此外，逆作法施工技术要求高，必须掌握相关的核心技术，如支撑柱的垂直度调整技术、钢管混凝土柱和柱下桩的混凝土浇捣技术、取土技术、施工节点的处理技术以及竖向结构的钢筋绑扎和混凝土逆作浇捣技术等。

8.2 逆作法施工技术

8.2.1 结构施工顺序

与顺作法施工不同，逆作法施工在开工前就必须综合考虑施工阶段的临时结构体系与永久结构的关系。利用永久结构的围护体系的设计必须同时满足基坑施工期间围护结构的受力要求和永久使用阶段结构受力的要求，逆作法节点的设计也必须同时满足施工阶段和使用阶段的要求。围护结构作为基坑工程中最直接的挡土结构，与水平支撑共同形成完整的基坑支护体系。逆作法基坑工程采用结构梁（板）体系替代水平支撑传递水平力，因此基坑周边围护结构相当于以结构梁板作为支点的板式支护结构围护墙。围护结构一般采用沿建筑物地下室周边施工连续墙或密排桩等形式，逆作法基坑工程对围护结构的刚度、止水可靠性等都有较高的要求，目前国内常用的板式围护结构包括地下连续墙、灌注排桩结合止水帷幕、咬合桩和型钢水泥土搅拌墙等。

采用地下连续墙的围护结构一般同时用作永久结构的外墙，其施工技术前面章节已经介绍。采用地下连续墙时施工顺序如下：首先施工地下连续墙和中间支撑桩或格构柱，然后浇筑地下结构梁/板，接着逐层开挖基坑，逐层浇筑地下各层结构楼板、梁、剪力墙，最后完成基础底板的浇筑，并同步进行上部结构施工。

临时性的围护结构主要有灌注排桩结合止水帷幕、咬合桩和型钢水泥土搅拌墙等形式。采用临时围护结构时，其施工流程如下：首先施工主体工程桩和立柱桩，期间可同时施工周边的临时围护体；然后开挖第一层土，进行地下首层结构的施工，并在首层水平支撑梁板与临时围护体之间设置换撑；然后进行地下二层土的开挖，进而施工地下一层结构，并在地下一层水平支撑梁板与临时围护体之间设置换撑，顺次开挖基坑中部土体至坑底并浇筑楼板。最后施工地下室周边的外墙，并填实地下室外墙与临时围护体之间的空隙，同时完成框架柱的外包混凝土施工，至此即完成了地下室工程的施工。

同时施工主体上部结构的逆作法基坑工程，若必须在逆作阶段完成上部剪力墙等自重较大的墙体构件施工，则必须在上部剪力墙下设置托梁及足够数量的竖向支承钢立柱与立柱桩，由托梁承受逆作施工期间剪力墙部位的荷载，然后托梁将荷载传给竖向支承系统。

8.2.2 竖向支撑结构施工技术

逆作法施工期间一般采用钢立柱和大承载力立柱桩的形式承担结构的自重及施工荷载。钢立柱通常为角钢格构柱、钢管混凝土柱或 H 型钢柱，立柱桩可以采用灌注桩或钢管桩等形式。在逆作法工程中，在施工中承受上部结构和施工荷载等垂直荷载，而在施工结束后，中间支承柱又一般外包混凝土后作为正式地下室结构柱的一部分，承受上部结构荷载，所以中间支承柱的定位和垂直度必须严格满足要求。

逆作法施工的关键技术之一是实现大承载力钻孔灌注桩柱的高质量施工，桩基承载力直接决定逆作施工工艺所能实现的上部结构施工高度。大承载力桩基一般采用超大桩径或超长桩实现，其施工难度大，根据工程特点，需要制定科学可控的施工工艺流程，确保施工质量，具体施工工艺在下节工程案例介绍。临时钢立柱施工精度要求很高，一般规定，中间支承柱轴线偏差控制在±10mm 内，标高控制在±10mm 内，垂直度控制一般要求 1/300 以上，部分要求 1/500、1/600 甚至 1/1000。

逆作法钢立柱的安装质量控制技术为逆作法施工核心技术之一，根据立柱桩的种类，需要采用专用的定位措施和调整工具，控制施工精度。目前，钢立柱的调垂方法主要有气囊法、机械调垂架法和导向套筒法等。其中使用较多的是地面定位架机械调垂工艺，本节重点介绍机械调垂工艺。

机械调垂系统主要由传感器、调垂架体、机械调整装置等组成，目前测斜传感器一般采用激光铅垂装置，调垂架体为钢结构，机械调整装置采用液压系统工作。施工步骤如下：（1）对桩位进行精确定位后，硬化灌注桩周边地坪，施工灌注桩，钢立柱就位；（2）安装好调垂架，在正交的四个方向用千斤顶进行摆动控制；（3）通过测斜传感器进行引导，调整千斤顶的行程来控制立柱垂直度。

8.2.3 逆作取土工艺

逆作法可利用逆作顶板优先施工的有利条件，在顶板上进行施工场地的有序布置，解决狭小场地施工安排，确保有效的作业空间。但是，顶板也是基坑开挖期间的取土平台，必须在顶板上设置一定的取土口。取土口是地下主体结构在逆作法施工时的唯一垂直运输通道，它要满足机械设备、土方和材料构件的运输要求，平面尺寸一般不小于4m×8m。

逆作高效取土工艺主要包括取土口布置、各层土方开挖分块划分、土方开挖和转运机械的选择、结构施工流水及施工缝设置等问题。逆作土方的垂直运输机械，可选用设置在首层楼面的长臂挖机、滑臂挖机、抓斗、取土架、传输带、垂直运输机等设备。地上地下结构同步施工时，界面层净空应满足垂直取土设备的操作要求，必要时在取土口上方采取上部局部结构后施工的措施。

由于地下挖土是在顶部封闭状态下进行，基坑中还分布有一定数量的竖向支承柱和降水用井点管线等。因而对挖土机械的选择和合理使用提出了更高的要求。逆作施工中，挖土施工需合理选用开挖工艺，严禁破坏已完成的竖向支撑结构，以免造成工程损失和事故。

8.2.4 跃层施工技术

跃层施工，即在逆作法施工中利用先施工楼层结构整体刚度较大的优势，在确保安全的前提下，先施工地下第一层梁板，随后一次性跳跃开挖至地下第三层梁板，施工第三层板后再顺作第二层板的施工方式，该工艺可在围护使用承载力和变形控制范围内充分利用地下连续墙的前期支护作用，同理，B3、B5 等也可作跃层施工。本工艺适用于地下室层高较低，地下连续墙（柱）抗弯强度较大和插入比较大的情况。

8.2.5 逆作法施工模板技术

逆作法结构楼板施工可以采用常规的模板技术，但是材料转运、排架搭设、排架拆除耗时严重，而且占用场地，影响施工效率和工期。目前，国内外出现了一种用于地下结构逆作施工的降模技术，有效地改变传统施工劳动环境恶劣、占用工期长等不利因素。其主要工作原理如下：用工字钢和槽钢作为模板托架，通过固定件将荷载传给钢立柱，次龙骨采用槽钢、方钢管等构件，将模板上方的荷载传给模板托架。施工时当土方开挖至地下第一层楼板标高时，搭设模板体系，浇捣第一层梁板结构。继续开挖至地下二层楼板标高，拆除模板固定件，从第一层楼板处预留的孔洞采用电动或手动提升装置，将模板支撑体系下放至第二层模板标高，安装固定件，浇捣第二层梁板结构，依次施工未完成的地下结构（图 8-3）。

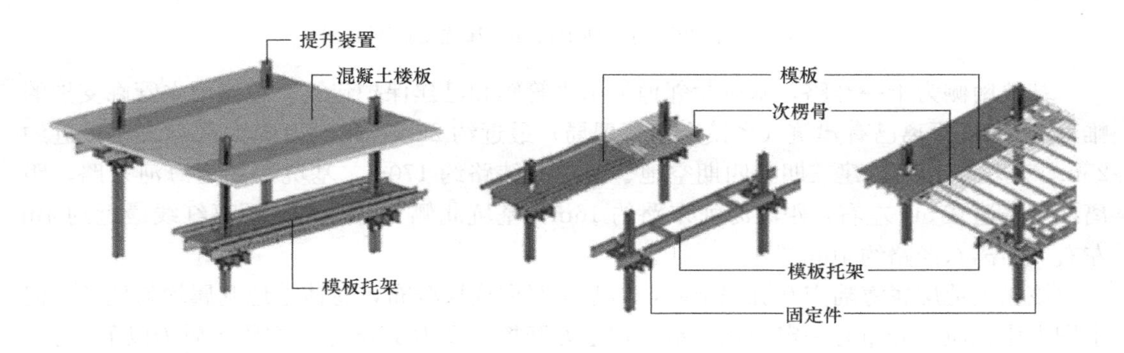

图 8-3　降模示意图

8.3　工程实例

天津中信广场首开区及二期基坑总面积约为 52067m^2（图 8-4），基坑周长约 1241m，基坑深度约为 17.0m，地下室采用盖挖逆作法施工。基坑围护结构主要为地连墙，与二期 R3、R4 之间采用支护桩分割，与二期 R1、R2 之间基坑完全贯通（图 8-5）。地连墙兼做结构外墙，墙厚 800mm、有效墙深 30.9m（非人防范围）/33.5m（人防范围）。基坑内支撑为地下三道梁板结构。二期地下室“明挖顺做”，基坑内支撑主要为三道钢筋混凝土临时支撑，呈对撑、角撑形式布置，与首开区结构梁板标高相同。

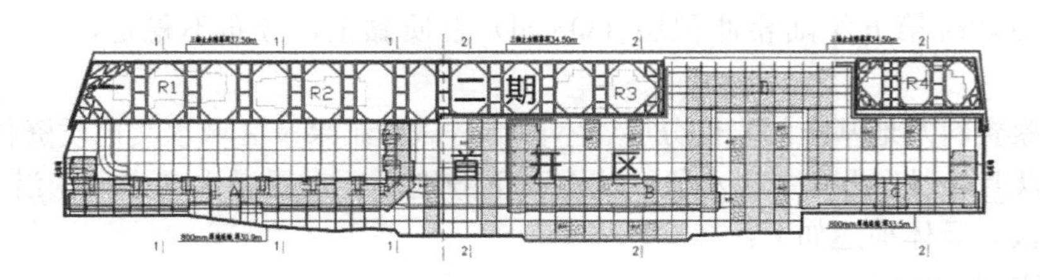

图 8-4　首开区与二期内支撑平面布置示意图

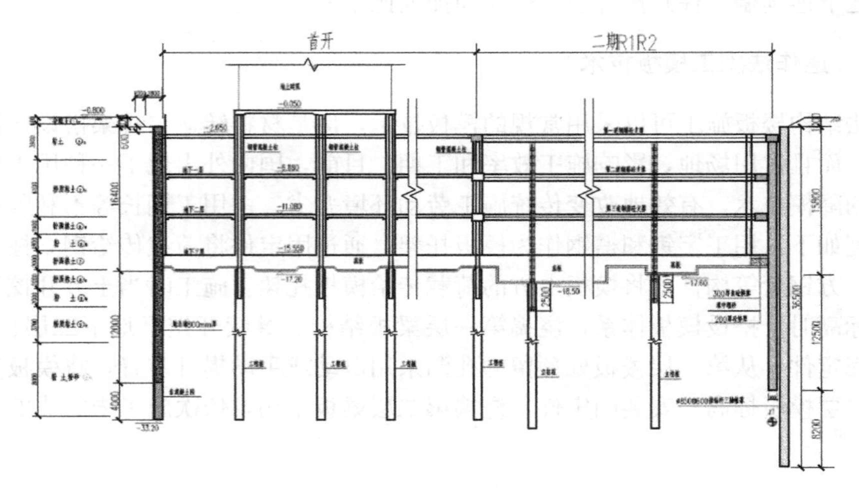

图 8-5　首开区与二期 R1、R2 基坑支护剖面图

基坑南侧为十一经路，基坑紧邻地下雨水管廊和已建保护建筑。距离雨水管廊支护的帷幕约 3m，距离已有建筑（乡镇企业管理局）最近约 22m，距离万隆太平洋大厦最近约 25m。基坑东侧为待建三期和四期空地、距离六纬路约 170m。基坑西侧为海河东路，距离红线普遍在 5m 左右，距离海河东路约 16m；基坑北侧为八经路，距离红线最近约 4m 左右，距离八经路约 10m。

该场地地层属海陆交互沉积土层，地基土竖向成层分布，总体上地基属均匀地基，但个别土层土质、分布有一定变化。本工程土方开挖深度为 17m 左右主要土质为以下土层：

（1）人工填土层（Qml），结构松散，土质不均匀，薄厚不均。

（2）新近冲积层（Q43Nal）黏土，土层尚均匀，厚度变化较大，土质较软，分布不甚稳定，局部夹淤泥质土和黏土透镜体。

（3）全新统上组陆相冲积层（Q43al）粉质黏土，在Ⅰ区内分布较稳定，在Ⅱ区内缺失。

（4）全新统中组海相沉积层（Q42m）粉质黏土，总体上呈砂粘互层状布，土质尚均匀，分布尚稳定。

（5）全新统下组沼泽相沉积层（Q41h）粉质黏土，土质尚均匀，分布较稳定，土质一般。

（6）全新统下组陆相冲积层（Q41al）粉质黏土，顶板分布较稳定，底板埋深变化较大。

（7）上更新统第五组陆相冲积层（Q3eal）粉质黏土，分布不稳定，土质砂粘有所变化。

根据勘察资料及地基土的岩性分层、室内渗透试验结果及区域水文地质资料，场地埋深 65.00m 以上可划分为 3 个含水段。从上而下分别是：上层滞水含水段，潜水含水段，微承压含水段，具体描述如下：

1. 上层滞水含水段

上层滞水含水层：不连续分布，含水层主要为人工填土（Qml）中的杂填土。上层滞水相对隔水层：新近沉积层黏土和全新统上组陆相冲积层粉质黏土。

2. 潜水含水段潜水含水层

主要指新近冲积层（Q43Nal）粉土、新统上组陆相冲积层（Q43al）粉土、全新统海相沉积层（Q42m）粉土。潜水相对隔水层：全新统下组沼泽相沉积层（Q41h）粉质黏土及新统下组陆相冲积层（Q41al）粉质黏土，厚度 3.70～6.20m。

3. 微承压含水段

根据场地地层分布，将场地埋深约 21.00～65.00m 段可分为 4 个微承压含水层及 4 个相对隔水层。

为满足成孔垂直度控制要求，成桩施工范围全面硬化，硬化地坪厚度不小于 200mm，钻头使用三翼单腰箍，钻头上面加配重杆，配重杆上设导正圈。成孔时钻机定位应准确、水平、稳固，回转盘中心与设计桩位偏差不应大于 20mm。钻机定位时，应校正钻架的垂直度，成孔中应经常观测、检查钻机的垂直、水平度和转盘中心位移。成桩前应在桩位浇筑素混凝土护筒，护桶内径大于设计桩径 100mm，护桶埋深 1.5m。护筒中心偏差不大于 20mm，垂直度偏差不大于 1/300。成孔施工应不间断地一次完成，不得无故停钻。成孔至设计深度后，对孔深进行检查。采用核定钻杆总长的方法检查孔深，控制钻杆机余。

为确保一柱一桩施工进度及质量，调直设备采用自行定制加工的调节螺栓调直架。调直架共设置三层平台，底层平台为钢管固定平台，用于钢管下放后的对中和平面位置固定；中层平台为调直平台，上部安放了 4 只调节螺栓，用于钢管测斜后的垂直度调整；上层平台为混凝土浇灌平台，其上设置了卡导管的活动钢板，用于桩基的混凝土浇筑（图 8-6）。

图 8-6　立柱垂直度调整实景

本工程逆作法土方开挖施工流程如图 8-7 所示。本工程总土方量约 88.5 万 m^3，首开区与二期 R1、R2 相邻范围土方采用“侧向掏挖”的方式，与二期土方协同开挖。首开区与二期 R3、R4 相邻范围土方采用“地下室结构板预留出土口、分步倒土”的方式，进行土方开挖。

土方开挖阶段场内交通关系到土方能否顺利外运，对施工工期影响较大。第一步土方开挖阶段，全部从六纬路与十经路交口大门出入。第二、三、四步土方开挖阶段，考虑就近出土原则，计划除十经路大门出土外，盖挖区部分土方就近从海河东路大门外运。

由于本工程采用盖挖逆作施工，在土方开挖阶段需使用大量挖掘机械，产生烟气无法顺利排出，故需要设置临时排烟系统。主体施工阶段，为了防止地下室空气潮湿导致安装设备涂料发霉，在后期施工中设置临时通风系统。通风系统的多数部件、配件及材料均采用不燃型。通风系统的风机采用弹簧或橡胶减振吊架，减少振动和噪声。

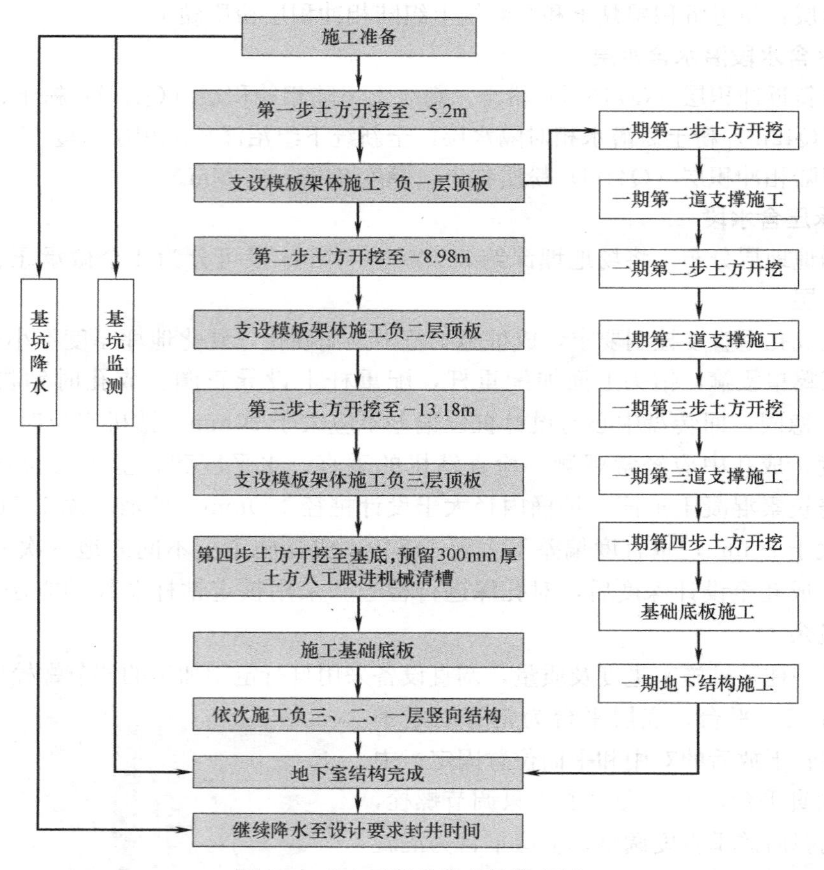

图 8-7　土方开挖阶段总体流程图

8.4　逆作法施工技术展望

近年来，随着城市大规模地下空间的开发，逆作基坑工程的深度越来越大，进而增加了竖向支撑柱的承载要求，此外，一些双向同步逆作施工的工程亦对竖向支撑柱的承载力要求提出了更高的要求，因此，必须研发不同地质条件下超大直径、超深桩基的施工技术。同时一柱一桩的垂直度要求不断也要不断提高，未来更多的复杂工程需要进一步提高一柱一桩施工精度，改进和提高一柱一桩的调垂工艺和手段。

随着工程规模和难度增加，逆作法施工过程还需要重点解决剪力墙的逆作施工、剪力墙下端托换梁的组合、双向同步施工程序和组织等问题。深入分析高层建筑逆作施工工况下工程整体结构受力性能和传力机制，完善施工中剪力墙体系的施工工艺，充分考虑临时构件和永久构件的结合和利用，改进剪力墙的托换技术，重视主楼核心筒部分的荷载转换问题的解决方案等问题。

逆作法施工过程中结构应力处于不断的变化过程中，为确保结构安全及施工过程主动控制，必须深入研究施工过程中结构荷载变化及变形发展趋势，施工过程中采用实时监控体系动态掌握结构变化，建立完善可靠的施工动态信息化控制和实时监测体系。

思考题：

1. 深基坑逆作法施工和顺作法有何差别？
2. 逆作法施工核心技术有哪些？
3. 逆作深基坑设计应考虑哪些因素？

第9章　深基坑信息化施工技术

本章学习要点：

了解基坑信息化施工的现状及发展趋势，掌握基坑信息化监测的主要技术。

9.1　深基坑工程信息化施工

城市基坑工程通常处于建筑物、重要地下构筑物和生命线工程的密集地区，为了保护这些已建建筑物和构筑物的正常使用和安全运营，需要严格控制基坑工程施工产生的位移以及位移传递在周边环境安全或正常使用的范围之内，变形控制和环境保护往往成为基坑工程成败的关键。基坑变形控制以设计为主导，但是在施工过程中，也应采用信息化手段对施工过程中结构和环境的响应进行监测，并根据监测数据及时调整施工措施，保证基坑施工的安全，减少施工对环境的影响。

值得一提的是，近年来我国各城市地区相继编写并颁布实施了各种基坑设计、施工规范和标准，其中都特别强调了基坑监测与信息化施工的重要性，甚至有些城市专门颁布了基坑工程监测规范，如《上海市基坑工程施工监测规程》等。国家标准《建筑基坑工程监测技术规范》也于近期颁布，其中明确规定“开挖深度超过5m，或开挖深度未超过5m但现场地质情况和周围环境较复杂的基坑工程均应实施基坑工程监测”。经过多年的努力，我国大部分地区开展的城市基坑工程监测工作，已经不仅仅成为各建设主管部门的强制性指令，同时也成为工程参建各方诸如建设、施工、监理和设计等单位自觉执行的一项重要工作。

9.2　监测手段与信息采集及处理技术

在基坑工程施工的全过程中，应对基坑支护体系及周边环境安全进行有效的监测，并为信息化施工提供参数。基坑信息化监测的内容包括结构内力、位移监测和环境监测，环境监测包括基坑周边土体及重要建筑物位移、变形监测和地下水位变化监测等，简介如下。

9.2.1　结构内力、位移监测

围护结构顶部水平位移和垂直沉降　围护结构顶部水平位移监测主要使用全站仪及配套棱镜组等进行观测。水平位移的观测方法可以采用视准线法、小角度法、控制网法和极坐标法等，根据现场情况和工程要求灵活应用。围护结构顶部垂直沉降监测可参考地表沉降监测。

支撑轴力　根据支撑杆件所采用的材料不同，所采用的监测传感器和方法也有所不同。对于钢支撑，轴力监测采用钢弦式频率轴力计（反力计）焊接于钢支撑固定端；对于钢筋混凝土支撑体系可采用钢筋计均匀布置在该断面的四个角上或四条边上，与主筋串联对焊，通过钢筋与混凝土变形协调条件反算支撑轴力。轴力计安装好后，须注意传感线的保护，禁止乱牵，并分股做好标志；钢筋计焊接过程中须用湿布包裹钢筋计，避免高温导致内部元件失灵，安装完毕后应注意日常监测过程中的传感线的保护，并分股做好标志。

利用用振弦式频率读数仪对轴力计或者钢筋计进行读数，然后利用各传感器的率定曲线计算其受力。支撑轴力量测时必须考虑尽量减少温度对应力的影响，避免在阳光直接照射支撑结构时进行量测作业，同一批支撑尽量在相同的时间或温度下量测，每次读数均应记录温度测量结果。

围护结构体及坑外深层土体水平位移（测斜） 围护结构内的测斜管一般采用绑扎方法固定在钢筋笼上与其一起沉入孔（槽）中。管壁内有两组互为90°的导向槽，固定时使其中一组导槽与围护结构体水平延伸方向基本垂直，长度基本与钢筋笼等长并在管内注满清水，防止其上浮，测斜管管底及管顶用布料堵塞，盖好管盖。

坑外深层土体内测斜采用地质钻机在地层中钻孔（图9-1），孔深通常要大于基坑围护结构深度3～5m左右，孔径略大于所选用的测斜管的外径，然后将测斜管封好底盖逐节放入孔内，并同时在测斜管内灌满清水，直至放到预定的标高，管壁内有二组互为90°的导向槽，固定时使其中一组导槽与围护结构体水平延伸方向基本垂直，随后在测斜管与钻孔之间孔隙内回填细砂或水泥与黏土拌和的材料，以固定测斜管，配合比应与地层的物理力学性质相匹配。

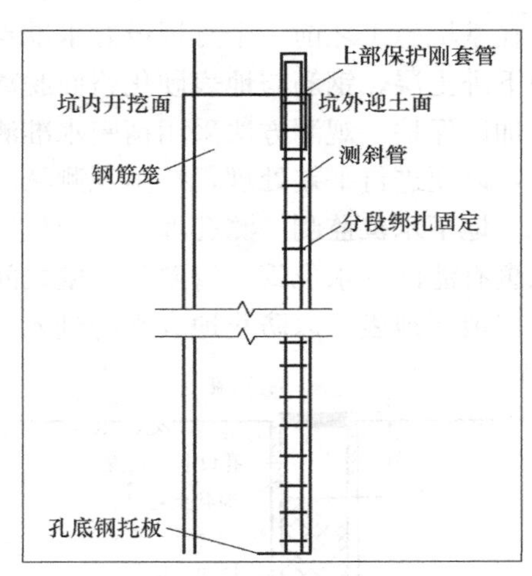

图9-1　桩体测斜孔布设示意图

对于围护结构测斜一般采用孔顶为假设不动点，以孔顶平面位移值作为测斜修正值的测斜方法，对于土体测斜则通常采用孔底为假设不动点进行计算。测试时采用带导轮的测斜探头按0.5m点距由下往上逐点进行读数，采取0°、180°双向读数。在基坑开挖前，完成测斜数据初始值测定工作，并确定初始值。

基坑隆起 回弹监测点的布设可采用回弹标钻孔法埋设法，深度应在开挖面以下0.3m～0.5m，以免开挖时被挖去，回弹标上部钻孔内回填1m高的白灰后再填砂。位移计采用类似的埋设方法，但仪器电缆线需要埋管保护。基坑回弹监测点的布设亦可采用土体分层沉降的监测方式进行布设测点。即钻机在预定孔位上钻孔，孔深由沉降管长度而定，沉降管连接时要用内接头或套接式螺纹，使外壳光滑，不影响磁环的上、下移动。在沉降管和孔壁间用膨润土球充填并捣实，至底部第一个磁环的标高，再用专用工具将磁环套在沉降管外送至填充的黏土面上，施加一定压力，使磁环上的三个铁爪插入土中，然后再用膨润土球充填并捣实至第二个磁环的标高，按上述方法安装第二个磁环，直至完成整个钻孔中的磁环埋设。

开挖前回弹标的高程可采用回弹标式和分层沉降磁环标的监测方法。土体分层沉降的监测方法是先用水准仪测出沉降管的管口高程，然后将分层沉降仪的探头缓缓放入沉降管中，当接收仪发生蜂鸣或指针偏转最大时，就是磁环的位置，自上而下依次逐点测出孔内各磁环至管口的距离，换算出各点的沉降量。回弹标开挖后的高程可采用高程传递法进行监测。位移计的监测方法是在开挖过程中，及时测取其频率，并与初始频率比较，然后根据频率与位移的换算公式，计算其竖向位移量。

立柱沉降 基坑开挖过程中由于土体卸载，基坑回弹，中间柱会向上隆起，其作为水平支撑的临时立柱，对支撑安全起着重要作用，对隆起量的监测控制，是保证支撑安全的主要因素之一。中间柱的监测方法以全站仪量测法为主，也可以采用水准仪法，但水准仪法危险系数较大，因此现场须建立安全监测的通道。具体量测方法可参考地表沉降或围护结构顶部沉降监测。

9.2.2 环境监测

道路路面、地表沉降监测 一般采用精密水准仪进行监测，测量精度须高于 1mm，并在基坑施工之前一个月埋设好水准点。硬化面地表沉降点的布设，可在地表打入钢筋至原下卧土层，钢筋与地表硬化路面脱离，孔隙处用细沙回填，不可用混凝土或水泥固牢，并加以保护。观测方法采用精密水准测量方法，在条件许可的情况下，尽可能地布设水准网，以便进行平差处理，提高观测精度，然后按照测站进行平差，求得各点高程。

地下水位监测 测孔埋设采用地质钻钻孔，孔深根据设计要求而定。成孔完成后，放入裹有滤网的水位管，管壁与孔壁之间用中粗砂或石屑回填至离地表约 0.5m 后再用黏性土回填至地表，以防止地表水的进入；对承压水水位进行观测时，则需埋设深层承压水位孔，承压水位孔的钻设基本同于上述普通水位孔，其深度必须进入承压水层，滤水段位于承压水层内，其外部用中细砂充填，而其余段直至地面均不设渗水孔，管外采用黏土球或水泥土密封，以切断地层内承压水与上部地层的水力联系（图 9-2）。

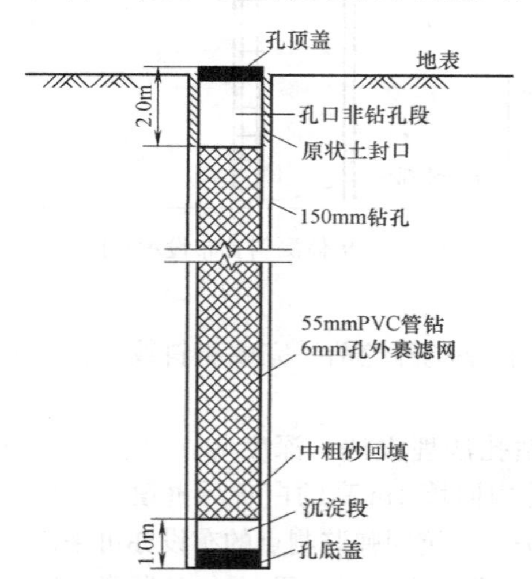

图 9-2 坑外水位监测孔布设示意图

水位孔埋设后应注意施工期间的保护，必要时加工对硬化地表下，并加盖保护，日常监测后应及时盖好顶盖，防止地表水的进入。地下水位监测时，将电测水位计的探头沿孔套管缓慢放下，当测头接触水面时，蜂鸣器响，读取孔口标志点处测尺读数 a，测得管口标高 H，水位标高即为 H-a。水位标高之差即是水位的变化数值。

土压力监测 地下水土压力是直接作用在支护体系上的荷载，是支护结构的设计依据。同时在基坑开挖施工过程中，又会引起周围水土压力变化和地层的变形。因此，在施工中对围护结构所承受的土压力进行监测，可以验算围护结构的土压力理论分析值及分布规律，监测围护结构在各种施工工况下的不稳定因素，以便及时采取相应的措施保证施工安全。工程上一般采用挂布法埋设土压力盒用于量测土体与围护结构间接触压力。具体步骤如下：

(1) 先用帆布制作一幅挂布，在挂布上缝有安放土压力盒的布袋，布袋位置按设计深度确定；

(2) 将挂布绑在钢筋笼外侧，并将带有压力囊的土压力盒放入布袋内，压力囊朝外，导线固定在挂布上引至围护结构顶部；

(3) 放置土压力计的挂布随钢筋笼一起吊入槽（孔）内；

(4) 混凝土浇筑时，挂布将受到流态混凝土侧向推力而与槽壁土体紧密接触。

测量时利用频率接收仪测量各压力盒的频率，然后利用各压力盒的率定曲线计算其所受压力。

周边建（构）筑物变形监测　在建筑物的四角、大转角处、每10～20m处或每隔2～3根承重柱上视实际情况布设沉降监测点。在满足监测建筑物整体和局部变形的前提下，尽量少布点，以提高工作效率，降低生产成本，每幢建筑物上一般至少在四个角部布置4个观测点，特别重要的建筑物布置6个或更多测点（图9-3）。

建筑物倾斜测点可通过在建筑物外表面上粘贴刻有十字刻度的贴片进行布设。建筑物变形的测点应尽量布置在不易受碰撞且易于观测的地方。反射膜片布设时应首先清洁粘贴面，避免膜片脱落，并做好明显标志。建筑物沉降监测方法和计算方法和地表沉降相同。

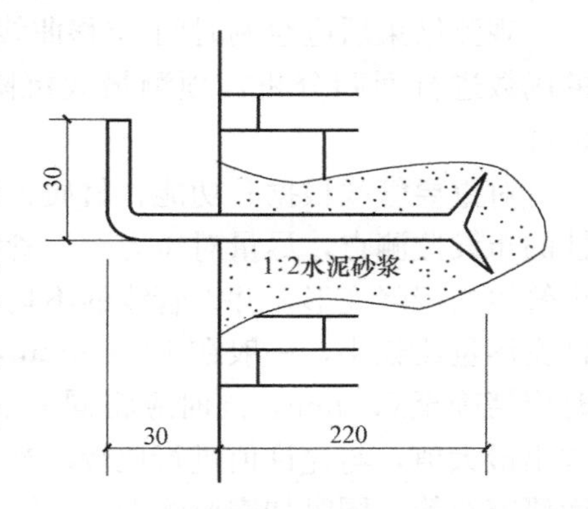

图9-3　建筑物沉降监测点布设示意图

建筑物倾斜监测仪器采用高精度免棱镜全站仪和反射膜片。在待测建筑物不同高度（应大于2/3建筑物高度）建立上、下两观测点，在大于两倍上、下观测点距离的位置建立观测站，通过全站仪按国家二级位移观测要求测定待测建筑物上、下观测点的坐标值，两次观测坐标差值即可计算出该建筑物的倾斜变化量。其特点是测量速度快、精度高，仪器可以自由设站。

建筑物倾斜监测也经常采用差异沉降法，但被测建筑物应具有较大的结构刚度和基础刚度。

建筑物的沉降和倾斜必然导致结构构件的应力调整而产生裂缝，裂缝开展状况的监测通常作为开挖影响程度的重要依据之一。采用直接观测的方法，将裂缝进行编号并划出测读位置，通过裂缝观测仪进行裂缝宽度测读。

对建筑物进行监测之前，要进行详细的建筑物调查，主要包括建筑物总层数、地上层数、地下层数、主体结构形式、结构尺寸、构件刚度和承载力、结构原有裂缝、基础形式、基础深度、标准层的高度和形式等。监测点的位置和数量应根据建筑物的体态特征、基础形式、结构种类及地质条件等因素综合考虑。为了反映沉降特征和便于分析，测点应埋设在沉降差异较大的地方，同时考虑施工便利和不易损坏。

地下管线变形监测　城市地下管线监测点的布设应尽量避免布设在行车、行人道内，否则给测点保护、日常观测带来较大的难度，如必须布设时应把测点加工到路面以下并加盖保护。管线沉降的监测方法、计算方法与地表的沉降相同。

目前地下管线测点主要有以下三种设置方法，(1) 直接式：用敞开式开挖和钻孔取土的方法挖至管线顶表面，露出管线接头或闸门开关，利用凸出部位涂上红漆或粘贴金属物(如螺帽等) 作为测点。(2) 抱箍式：由扁铁做成抱箍固定在管线上，抱箍上焊一测杆，测杆顶端不应高出地表，路面处布置阴井，既用于测点保护，又便于道路交通正常通行。(3) 模拟式：对于地下管线排列密集且管底标高相差不大，或因种种原因无法开挖的情况，可采用模拟式测点，方法是选有代表性的管线，在其邻近地表开孔后，先放入不小于钻孔面积的钢板一片，以增大接触面积，然后放入钢筋一根作为测杆，周围用净砂填实。模拟式测点的特点是简便易行，避免了道路开挖对交通的影响，但因测得的是管底地层的变形，模拟性差，精度较低。上述三种形式需灵活选用，保证监测要求精度的同时，尽量减小对环境的影响。

观测结束后应绘制时间-位移曲线散点图，当位移-时间曲线趋于平缓时，可选取合适的函数进行回归分析，预测最大沉降量。根据管线的下沉值，判断是否超过安全控制标准。

对重要管线根据其功能、材质、埋深、迁移情况以及与基坑或隧道的位置关系有针对性的布设监测点，尽量对压力刚性管线（如燃气、自来水等）埋设直接观测点，能准确测出管线的沉降变形，并以管线的不均匀沉降为主要控制指标。在管线变形监测中，由于允许变形量比较小，一般在 10～30mm，故应使用精度较高的仪器和监测方法。计算位移值时应精确至 0.1mm，同时应将同一点上的垂直位移值和水平位移值进行矢量和的叠加，求出最大值，与允许值进行比较。当最大位移值超出控制值时应及时报警，并会同有关方面研究对策，同时加密监测频率，防止意外突发事故，直至采取有效措施。

9.3 深基坑工程紧急预案

基坑施工应根据围护设计施工图编制降水、土方开挖及支撑施工方案，明确施工过程中结构及环境响应的控制目标及控制阀值，通过信息化手段实时监测，实施过程控制。同时应根据施工风险，从人员、材料、设备准备和机制两方面做好紧急预案。

9.3.1 管线及建（构）筑物变形过大的预防及应对措施

施工中应加强监测工作，对地表、管线、建（构）筑物、坑底进行沉降、位移监测；对地下水位进行监测；对建（构）筑物进行倾斜度监测；对支撑轴力进行监测。制定监测方案，确定监测频率及报警值。施工过程中，如发现管线及周边建（构）筑物出现监测报警，应立即停止施工，分析原因，采取相应措施后再进行施工。管线沉降过大时，应对管线范围土体进行加固处理。处理采用双液浆加固。加固采用塑料袖阀管埋入或 MJS，分层分段进行，掌握少量、多次、均匀的原则，加固过程中对管线或建（构）筑物进行监测，根据监测数据实时调整注浆参数。如渗漏水较多，水土流失严重，应采用填充注浆进行土体加固。在渗漏部位附近，用水泥浆进行压密注浆。

9.3.2 围护结构变形过大的应对措施

在土方开挖过程中，若监测数据显示，局部围护结构变形异常，并有异常发展的趋势时，必须立即与设计等各相关方面一起共同确定处理方案，主要有以下应对措施：

认真分析近期的监测数据，并结合现场内外的实际情况，初步确定一个变形异常需采取应急措施的区域范围及可能导致的风险程度，据此制定抢险方案。根据围护结构变形情况，对围护结构变形较大的区域如基坑支护结构出现较大变形或“踢脚”变形时，采取坑边坡顶卸载的办法。如具备条件，可考虑增加临时支撑等直接抑制变形迅速加大的方法。针对性地划小施工段，以达到减小基坑暴露及支撑形成的时间，并优先形成对撑。如已挖至坑底，在沿坑边范围适当加厚混凝土垫层，提高混凝土标号及掺早强剂，视需要可考虑配筋，混凝土垫层直接抵住地墙，以起到大底板完成前的临时支撑作用。减小基坑一次暴露的面积，且暴露时间不宜太长，这是控制基坑及立柱隆起的重要措施，并视情况调整挖土顺序，隆起过大的区域不宜卸载过早，并优先形成底板。如果土体出现整体或局部土体滑移时，基坑坍塌或失稳征兆已经很明显时，必须果断采取回填土、砂或灌水等措施，在最短的时间内迅速将基坑回填到安全面。

9.3.3 基坑隆起的预防及应对措施

基坑开挖等于基坑内地基卸荷，土体中压力减少，产生土体的弹性效应，另外由于坑外土体压力大于坑内，引起向坑内方向挤压的作用，使坑内土体产生回弹、隆起变形，其回弹变形量的大小与地质条件、基坑面积大小、围护结构插入土体的深度、坑内有无积水、基坑暴露时间、开挖顺序、开挖深度以及开挖方式等有关。基坑施工应合理组织开挖施工，较大面积基坑可采用分段开挖、分段浇筑垫层进行施工，以减少基坑暴露时间。如果发生基坑隆起的险情，应采取如下治理方法：挖去坑外一定范围内土体，从坑外卸载。坑内堆载或通过加固等措施加深围护结构，达到防止坑外土向内挤压的目的。如坑底收到承压水影响造成隆起，适当增加坑内或坑外降水措施，尽量采用坑内降水，以防止对周边建筑物产生较大影响。隆起严重时采取回填土或者回灌措施后，再采取上述办法。

9.3.4 基坑渗漏水的预防及应对措施

围护结构缺陷、地下连续墙接缝不严密、地下连续墙结构出现部分薄弱部位、地下连续墙深度不够等工程缺陷会造成渗漏。同时土方施工过程中因地质探孔封堵效果不好也会造成开挖后地下承压水通过原探孔位置释放造成水土流失。为保证安全，在预降水的过程中，应密切关注坑外观测井水位，判断围护墙渗漏水情况，如发现坑外潜水水位异常变化，及时查找原因，对可能的渗漏部位进行封堵，然后在再进行土方开挖。

土方开挖过程中，应将部分抢险设备运至现场，采取抢险队伍 24 小时跟踪值班制，即开挖过程中一发现渗漏就立即封堵，做到挖到哪里就堵到哪里，随挖随堵。如果围护结构发生渗漏，当渗漏情况不严重时，如为清水，及时用快干水泥进行封堵。如果出现由于结构缺陷造成渗漏，水土流失量较大时，可在渗漏处插入导流管，用双快水泥封堵缺陷处，等水泥强度达到一定程度后，关闭导流管。当渗漏较为严重，直接封堵困难时，在坑内向填土封堵水流，在坑外采取注聚氨酯或者双液浆进行封堵，封堵后继续开挖。如果地墙接缝漏水较严重时，可采取钢板封堵后注浆的方式。采用 5mm 厚钢板将接缝位置封堵，预留注浆孔，在缝内注双液浆。漏水止住后在坑外对应位置采取双液浆处理（图 9-4）。

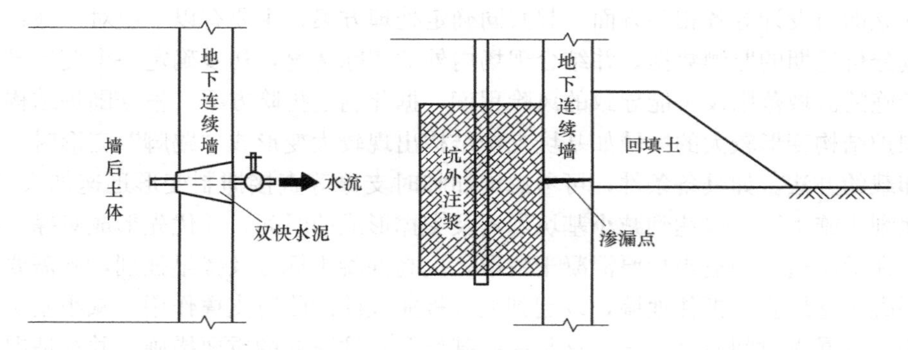

图 9-4　基坑围护墙体堵漏方法

9.3.5　流砂及管涌的应急处理

在细砂、粉砂层土中往往会出现局部流砂或管涌的情况，对基坑施工带来困难，如流砂等十分严重则会引起基坑周围的建筑、管线的倾斜、沉降。对轻微的流砂现象，在基坑开挖后可采用加快垫层浇筑或加厚垫层的方法“压注”流砂。对较严重的流砂应增加坑内降水措施，使地下水位降至坑底以下 0.5～1m。降水是防治流砂的最有效的方法。

管涌一般发生在围护墙附近，如果设计支护结构的嵌固深度满足要求，则造成管涌的原因一般是由于坑底的下部位的支护桩中出现断桩，或施打未及桩顶标高，或地下连续墙出现较大的孔、洞，或由于桩净距较大，其后止水帷幕又出现漏桩、断桩或孔洞，造成管涌通道所致。

管涌现象发生后，应立即停止开挖并加强基坑监测重点观测坑外水位和地面沉降，开动坑外备用降压井，并加强坑内降压井的降水，减小坑内外水压差是防止桩间搭接存在缺陷而产生管涌的最有效办法。若管涌或渗漏程度较轻，采用双液注浆法坑外堵漏，也可采用坑外增加深井降水，降低该处地下水位，减小坑内外压差使其不再发生管涌或渗漏。

9.3.6　地勘孔突涌的应急处理预案及预防措施

为了防止地勘孔发生突涌，土方开挖前查明勘探孔位置，在土方开挖时，挖土司机应小心轻挖，并人工辅助，一旦发现有未填实的勘探孔，应对其进行保护，尽量防止挖断勘探孔管。同时准备好水泵、引流管、软管等应急处理工具，以应付管涌承压水的突然发生。如果发生勘探孔涌水，应立即在冒水处上方用钢管搭设脚手架，用于引流管、塑料软管固定安装，同时作为抢险作业平台。然后将引流管套上勘探孔管并插入土中，入土深度 1m 以上。若承压水位过高，可套上塑料软管继续加高。尽量避免抽取承压水来降低承压水水位。待管口冒水情况基本上被抑制后，围绕钢管浇筑混凝土层予以封闭，当勘探孔冒水情况被有效抑制后，采用双液注浆工艺，采用快硬水泥浆，掺加 3％的水玻璃将勘探孔封闭。

9.4　工程实例

9.4.1　工程简介

苏州宏海国际广场位于苏州市工业园区，星都街东侧、相门塘河北侧，苏州大道南侧。本工程总建筑面积约为 91146m²，其中地下建筑面积约为 20904m²，地下 3 层（局部四层）。基坑面积约 6760m²，周长约 330.8m，基坑挖深为 14.10m～16.10m，基坑围护设计采用地连墙加三道支撑支护形式。

基坑北侧结构外墙线距离红线约 9.0m，距离运营中的轨道交通 1 号线星海街车站约 12.0m，轨道交通 1 号线位于苏州大道下方。苏州轨道交通 1 号线星海街车站位于园区苏华路下，横跨星都街、星桂街、星海街三个路口，车站主体沿苏华路布设（图 9-5）。车站主体采用现浇钢筋混凝土双层双跨及三跨箱形框架结构；外扩通道地下二层采用现浇钢筋混凝土双跨及三跨箱形框架结构。

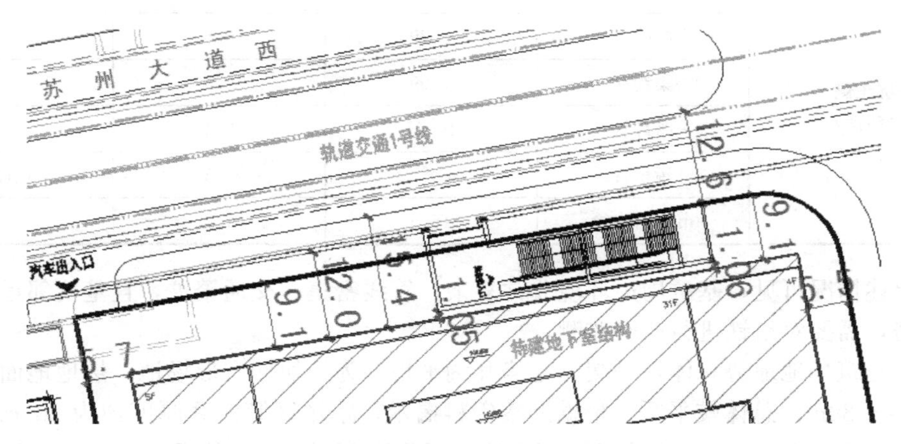

图 9-5　北侧轻轨 1 号线星海街站与本基坑关系平面图

本基坑东侧与北侧紧邻星桂街和苏州大道西路，其路下有污水管、雨水管、电线杆等（图 9-6）。根据现场调查及业主提供的地下管线图，场地周边道路下分布有各类市政管线，须采取针对可靠的措施。

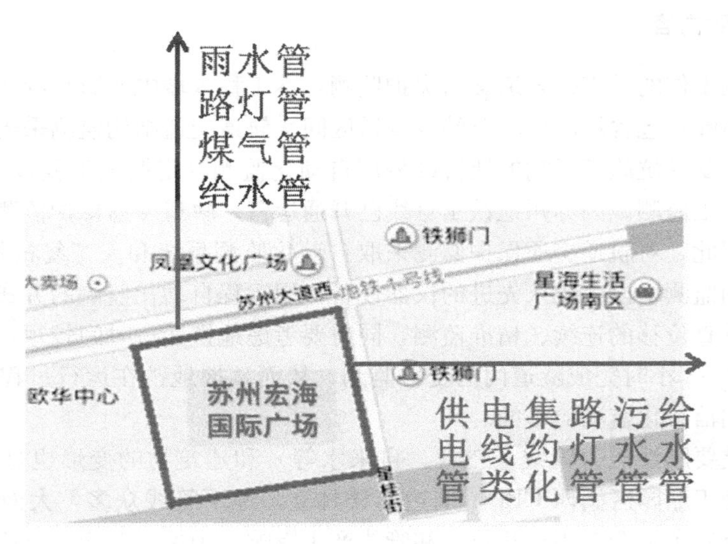

图 9-6　项目周边管线分布

各类地下管线与本工程围护实际距离等信息详见表 9-1。

基坑周边管线与基坑的距离　表 9-1

分布区域	管线类型	距地连墙的距离(m)	管线埋深(m)	备注
基坑北侧（苏州大道西路）	轨道交通	10		重点保护
	市政雨水管	13.3	2	
	路灯管	14.5	0.8	
	市政给水管	30.4	1.2	
	燃气阀门井	11.1	1.8	重点保护
基坑东侧（星桂街）	供电管	4	0.7	重点保护
	电线类	6.29	0.5	
	集约化	7.09	0.5	
	路灯管	10.07	0.4	
	污水管	8	0.5	重点保护
	市政给水管	16.5	1.7	

从上述情况可见，基坑周边环境非常复杂，管线密集，交通繁忙，且基坑邻近交通一号线站房，需要对地铁进行严密监测。

拟建建筑场地地势总体较平缓，地势开阔平坦，为一块四方形场地，场地地面一般标高 3.11～3.89m，总体较平缓。根据勘察资料揭示，本场区第四系厚度约为 200m。拟建场地自然地面以下 120.0m 以内的土层为第四系早更新世 Q_1 及其后期的沉积地层，属第四纪湖沼相、河口～滨海相沉积物，主要由表层填土、下伏黏性土、粉土和砂土等组成，具备多韵律沉积的特点。根据勘察揭露和专门水文地质工作，结合区域水文地质资料，场地对本工程有影响的地下水有潜水、微承压水和承压含水层。

9.4.2 监测内容

本工程监测工作的重点是轨道交通保护监测，本工程区域内所影响的轨道交通一号线结构长度接近 90m，包含星海广场车站及隧道区间。轨道交通结构监测采用自动化加人工的方式，其中，受基坑施工影响的轨行区采用自动化监测（定期人工复核），车站站厅层及出入口采用人工监测。因苏州地铁 1 号线已开通运营，轨道交通保护监测是本项目监测的重中之重，因此，对轨道交通保护监测采取自动化监测系统和人工复核相结合的方法，必须采用先进的监测手段，投入先进的仪器设备，用远程自动化监测的方式方可实现对隧道水平位移、垂直位移的连续、精准监测，同时要考虑地铁运行时间较短，所采用的监测系统必须要在 2～3 小时完成隧道内的变形监测，从而掌握地铁在运行过程中隧道变形特征和规律，达到信息化监测的目的。

基坑周边重要刚性压力管线（燃气、自来水等）和建筑物的变形也是本工程监测重点。本基坑地处工业园区湖西 CBD，周边高楼林立，地下管线众多，大面积的基坑降水和开挖施工不可避免地会对周边建筑物和管线产生影响。为保证对变形反应较为敏感，且容易造成重大事故的刚性压力管线的安全，必须加强监测，如果条件允许，这些管线点尽量埋设直接观测点。周边建筑物多为高层建筑，桩基较深，基坑施工过程中，须对建筑物的表层及立柱桩进行沉降变形观测，确保其安全。

本工程监测工作的第三个重点是基坑支护系统的监测，这里包括围护结构变形监测、支撑轴力监测、围护结构与立柱的差异沉降监测等，尤其是临近轨道交通一侧的围护结构的水平位移和立柱的上抬应严格控制。众所周知，围护结构水平位移过大，坑外土体也随之移动；立柱上抬过大，支撑体系受力失衡，直接导致轨道交通结构的偏移；另外，围护结构水平位移过大，也很有可能造成地连墙之间相对薄弱的接缝产生漏水漏沙的危险，直接威胁轨道交通结构的安全。因此，必须采取措施，施工过程中严格控制支护体系的变形、受力。

9.4.3 监测控制指标

本项目基坑监测应按照要求对基坑本体及周边环境实施全面监控，为基坑施工提供可靠的数据，对轨道交通 1 号线的监测应满足苏州市轨道公司相关规定。相关监测内容及参数见表 9-2。

基坑监测内容及参数 **表 9-2**

序号	监测内容	日变形量	累计变形量
1	围护结构墙顶水平位移	3mm/d	15mm(地铁侧)
			30mm(非地铁侧)
2	围护墙顶位移	2mm/d	15mm(地铁侧)
			25mm(非地铁侧)
3	立柱垂直位移	—	35mm
4	深层水平位移	3mm/d	15mm(地铁侧)
			40mm(非地铁侧)
5	基坑外地下水位	500mm/d	1000mm
6	每根支撑轴力		设计值的 70%
7	坑外地表沉降	3mm/d	20mm
8	管线沉降	2mm/d	20mm

9.4.4 监测频率及周期

所有监测项目的测点在安装、埋设完毕后，在基坑开挖之前必须进行初始数据的采集，且次数不少于三次。监测工作自基坑支护结构施工前开始，日常监测自基坑开挖时起，至地下室施工至±0.00 结构完成，且回填土完成后结束。

基坑监测频率要求如下：施工围护结构到基坑开挖前，每三天测一次；基坑开挖阶段，所有测点每天至少测 1～2 次；底板浇筑完毕后，每二天测一次；监测 3～4 周后，如监测数据变化不大，可再适当减少至 1～2 次/月。支撑拆除时，每天至少测一次。在整个施工过程中，当监测数据变化异常或达到报警值时需加密监测，待监测数据稳定后，在逐渐将监测频率恢复正常。

当出现下列情况之一时，应加强监测，提高监测频率，并及时向业主及相关单位报告监测结果：(1) 监测数据达到报警值；(2) 监测数据变化量较大或者速率加快；(3) 基坑开挖时存在勘察中未发现的不良地质条件；（4）基坑开挖超深、超长开挖或未及时支护等未按设计施工；（5）基坑大量积水、长时间连续降雨、市政管道出现泄漏；（6）基坑附近地面荷载突然增大或超过设计限值；（7）支护结构出现开裂；（8）周边地面出现突然较大沉降或严重开裂；（9）邻近的建（构）筑物出现突然较大沉降、不均匀沉降或严重开裂；（10）基坑底部或支护结构出现管涌、渗漏或流砂等现象；（11）基坑工程发生事故后重新组织施工；（12）出现其他影响隧道结构安全的异常情况。

思考题：

1. 深基坑施工信息化监测的主要内容有哪些？
2. 基坑施工过程中应该如何控制风险？

第 10 章　高层建筑深基坑支护工程实例

本章学习要点：

结合几个典型案例，介绍复杂环境条件下深基坑工程的设计方法及施工方案，重点介绍复杂环境下深基坑工程的特点及对应所采取的特殊措施，包括支护结构分析与设计（设计内容与分析方法、坑底稳定性与桩墙入土深度等）。

10.1　上海

10.1.1　工程概况

上海世纪汇广场基坑项目为背景进行研究，该基坑紧邻四线（地铁 2、4、6、9 号线）换乘枢纽车站-世纪大道站及区间，其中 6 号线明挖区间将基坑从中间一分为二，基坑设计共分为 12 个区，每区之间采用均采用地下连续墙分隔，如图 10-1 所示。基坑 1-1 区、1-2 区、2 区为地下五层结构，其他区为地下三层结构。既有世纪大道站及 6 号线明挖区间与基坑共用原地下连续墙，其中 6 号线明挖区间两侧的基坑深度超过了区间底埋深，如图 10-2 所示。

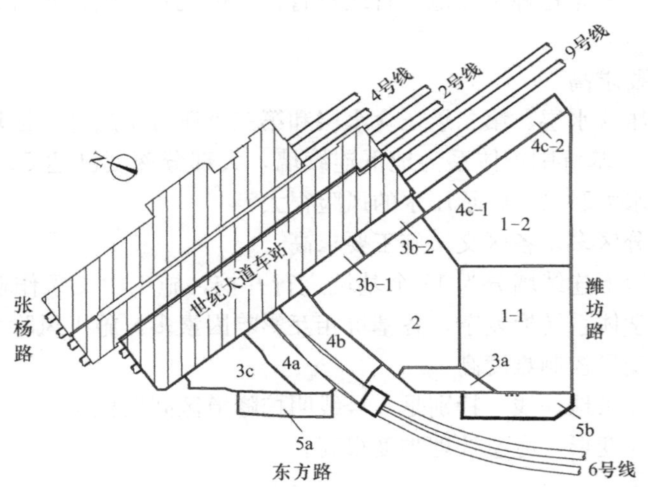

图 10-1　世纪汇广场基坑平面图（基坑用阿拉伯数字及字母表示）

该基坑地处市区地面交通枢纽，周边环境复杂，受道路、地下管线、施工场地等很多因素制约，对施工环境要求较高，工程具有以下一些难点：

（1）基坑面积大、深度大

基坑面积 39000m²，深度最大达 31m，属于软土区超深超大基坑。

（2）地上及地下周边环境极复杂

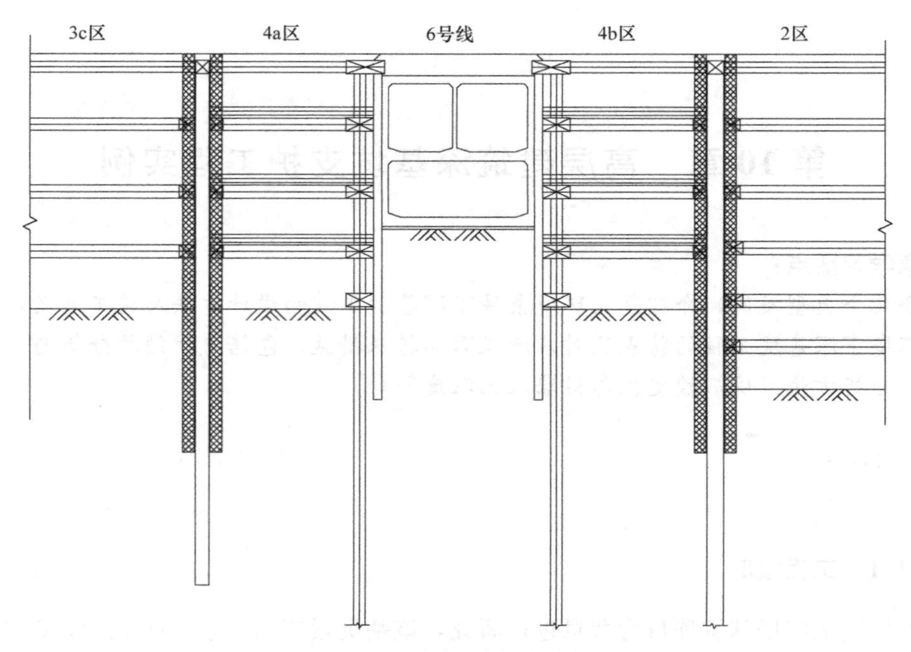

图 10-2　6 号线两侧基坑剖面图

紧临四线换乘运营地铁车站、区间线路、地下 110kV 高压主变电站。基坑工程位于上海陆家嘴世纪大道 2-4 地块，该地块东临世纪大道，西靠东方路，南接潍坊路。世纪大道侧有地铁的许多设施，如风井，电梯，冷却塔，地铁出入口等。东方路侧有紧临的高压电缆沟，周边道路下遍布各种市政地下管线及管井，燃气管、给排水管、电力管线、通信管线等。

(3) 基坑降水要求高

该区域第一承压含水层、第二承压含水层和第三承压含水层连通区域，承压含水层巨厚，达到 90m 以上；基坑围护体系为地下连续墙，大部分深度已达 52m，但仍然无法切断基坑内外承压水水力联系，降承压水的风险很大。

(4) 基坑设计分区多，各区交叉施工要求高

基坑设计采用地下连续墙分为 12 个基坑进行开挖，施工中交叉作业多，且施工过程中各基坑结构间力学体系转换复杂，各基坑相互影响因素多，施工风险大。

(5) 地铁结构变形控制难度高

基坑由于近接 4 条地铁线，特别是 6 号线明挖隧道区间段位于整个基坑中间，保护难度大，一旦出现过大变形，应急处理难度很高。

10.1.2　工程及水文地质条件

世纪汇广场场地位于上海典型地层分布区，地基土分布较稳定。在勘察深度 180m 范围内的地基土均属第四系河口、浅海、滨海、沼泽、湖泽相沉积层，主要由黏性土、粉性土、砂土组成。按其沉积时代、成因类型及其物理力学性质的差异可划分为 14 个主要层次，缺失上海市统编地层第⑧层土，第⑦层砂土与第⑨层砂土直接相接。世纪汇广场地层分布如表 10-1 所示，其典型地质剖面如图 10-3 所示。

地层分布表 **表 10-1**

地层编号	岩土名称	土层厚度(m)	层底标高(m)	岩性描述
①	填土	0.60 ∫ 5.70	4.53 ∫ −1.70	表层一般为厚15～40cm混凝土地坪,其下部夹较多量混凝土块、碎石等,含有机质植物根茎等,成分复杂,均匀性差
②	粉质黏土	0.30 ∫ 2.50	2.23 ∫ −0.43	含氧化铁条纹及铁锰质结核,无摇震反应,土面光滑有光泽,干强度中等,韧性中等
③	淤泥质粉质黏土夹砂质粉土	4.90 ∫ 7.20	−4.52 ∫ −6.43	含云母、有机质条纹,夹薄层及团块状粉性土,土质不均匀,摇震反应无～很慢,土面较光滑,干强度中等,韧性中等
④	淤泥质黏土	5.80 ∫ 9.30	−11.09 ∫ -14.92	含云母、有机质条纹及贝壳碎屑,偶夹薄层粉砂,无摇震反应,土面光滑有光泽,干强度高等,韧性高等
⑤1−1	黏土	2.10 ∫ 4.60	−14.44 ∫ −17.12	含云母、钙质结核、半腐殖质、有机质,局部夹黏土,无摇震反应,土面光滑无光泽,干强度中等,韧性中等
⑤1−2	粉质黏土	2.70 ∫ 6.00	−19.10 ∫ −21.24	含云母、钙质结核、半腐殖质、有机质,局部夹黏土,无摇震反应,土面光滑无光泽,干强度中等,韧性中等
⑥	粉质黏土	2.40 ∫ 5.60	−24.14 ∫ −25.91	含氧化铁条纹及铁锰质结核,土质较致密,无摇震反应,土面光滑无光泽,干强度中等,韧性中等
⑦-1	粉砂夹砂质粉土	8.40 ∫ 12.60	−34.25 ∫ −36.38	含云母、少量氧化铁条纹,一般上部夹黏质粉土,偶夹细砂
⑦-2	粉细砂	24.70 ∫ 28.00	−59.21 ∫ −62.04	颗粒成分以长石、石英为主,局部夹薄层粉性土
⑨-1	粉细砂	16.00 ∫ 24.30	−77.95 ∫ −84.75	颗粒成分以长石、石英为主,局部夹薄层粉性土、黏性土
⑨-2	含砾中粗砂	0.70 ∫ 9.50	−81.35 ∫ −91.36	颗粒成分以长石、石英为主,局部夹粉砂、细砂、粗砂及薄层黏性土、粉性土
⑩	粉质黏土	0.60 ∫ 8.00	−84.65 ∫ −92.50	含云母、有机质、钙质结核,夹少量薄层粉性土,该层在拟建场地局部缺失,无摇震反应,土面光滑无光泽,韧性中等,干强度中等
⑪	细砂	27.20 ∫ 34.00	−117.38 ∫ −122.08	颗粒成分以长石、石英为主,局部夹薄层黏性土、粉性土
⑫-1	粉质黏土	1.50 ∫ 6.40	−120.38 ∫ −125.30	含云母,夹薄层粉性土,偶夹粉砂,无摇震反应,土面光滑无光泽,韧性中等,干强度中等

续表

地层编号	岩土名称	土层厚度(m)	层底标高(m)	岩性描述
⑬-2	粉砂夹粉质黏土	4.00 ∫ 6.30	−126.90 ∫ −129.76	含云母,夹粉质黏土,土性不均匀
⑬	细砂	10.90 ∫ 14.50	−140.12 ∫ −141.16	颗粒成分以长石、石英为主,夹少量薄层粉性土
⑭	粉质黏土夹粘质粉土	26.20 ∫ 27.10	−166.80 ∫ −167.86	含云母、铁锰质结核及少量钙质结核,无摇震反应,土面光滑无光泽,韧性低等,干强度中~低等
⑮	粉质黏土	未钻穿	未钻穿	含云母,无摇震反应,土面光滑无光泽,韧性中等,干强度中等

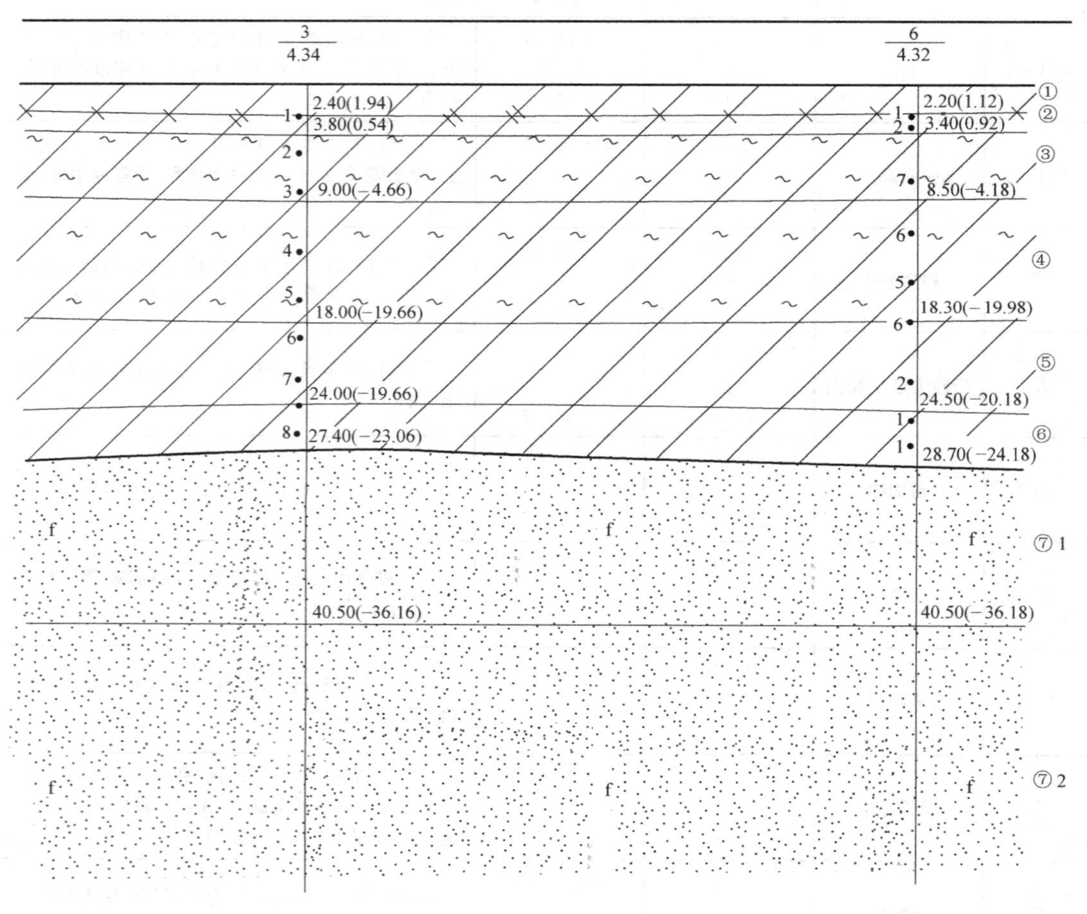

图 10-3 地质剖面图

拟建场地深部第⑦层属上海地区第一承压含水层，其承压水位埋深一般在 3～11m，承压水位一般呈周期性变化，随季节、气候、潮汐等因素变化。本区域承压水的初始水位变化规律，收集了陆家嘴及黄浦江两岸附近的工程降水资料，这些工程均涉及承压水，并且与本工程处于同一区域，工程特征比较类似，承压含水层的水位埋深受开采与回灌的影响而变化，近几年黄浦江两侧及陆家嘴地区承压水水位埋深比以前深，变化范围在9.7～10.6m之间，水位波动1.0m左右，每年的11月～4月水位较高，5月～10月水位较低，本项目承压水水头埋深10.0m作为减压降水设计计算。

本场区由于缺失第⑧层黏性土，第Ⅰ、第Ⅱ承压含水层（即第⑦层、第⑨层）相互连通；由于本场区第⑩层灰色粉质黏土分布不稳定、局部有缺失现象，至少在局部场区内，第Ⅰ、第Ⅱ、第Ⅲ承压含水层（即第⑦层、第⑨层、第⑪层）相互连通。因此，从工程安全角度出发，应将本场地的深层第Ⅰ、第Ⅱ、第Ⅲ承压含水层（即第⑦层、第⑨层、第⑪层）视为完全相互连通。在深层承压含水层的减压降水设计中，必须同时考虑第Ⅰ、第Ⅱ、第Ⅲ承压含水层的共同作用。

10.1.3 施工关键技术

1. 基坑群开挖顺序优化

对本工程的12个小基坑，设计单位给出的施工顺序如下（图10-4）：

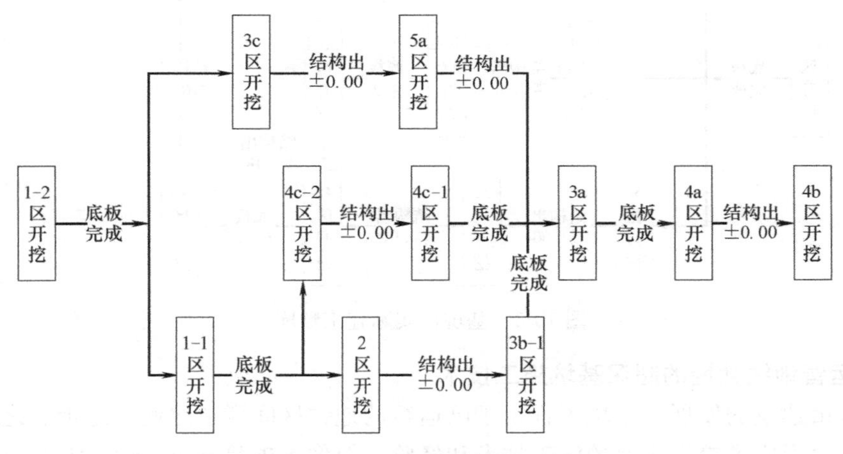

图10-4　基坑群设计施工顺序

（1）首先施工1-2区，待1-2区大底板完成浇筑并达到强度，回筑拆撑时可开挖施工1-1区（或1-2区施工出±0.00后再施工1-1区，具体视1-2区基坑变形情况另定）；

（2）待1-2区出±0.00，且1-1区大底板完成浇筑并达到强度，回筑拆撑时可开挖施工2区及4c-2区（或1-2区及1-1区均施工出±0.00后再开挖施工2区及4c-2区，具体视1-1区基坑变形情况另定）；

（3）待1-1区区出±0.00后，且2区大底板完成浇筑并达到强度，可开挖施工3a区及3c区（或1-1区及2区均施工出±0.00后再施工3a区及3c区，具体视2区基坑变形情况而定）；

（4）待4c-2区施工出±0.00后，可开挖施工4c-1区；

（5）待3c区出±0.00后，可开挖施工5a区；

（6）待2区出±0.00后，可开挖3b-1区；

（7）待3a区底板完成浇筑并达到强度后，可开挖施工5b区；

（8）2 区及 3c 区出±0.00，且 3a 区、3b-1 区及 5a 区底板完成浇筑并达到强度后，首先开挖施工 4a 区；

（9）4a 区结构回筑至±0.00 后，开挖施工 4b 区。

在工程过程中，现场对基坑开挖顺序进行了调整。调整后的施工路线如图 10-5 所示。三个大坑（1-2 区、1-1 区、2 区）开挖关系不变，在 2 区开挖前完成地铁 6 号线两侧 4a 区、4b 区基坑开挖及回筑。

从图 10-5 可知，开挖顺序的调整后基本遵循了先远后近、先深后浅的原则，但是局部根据现场施工组织的需要灵活调整。如 1-2 区到 4c-1 区和 4c-2 区以及 5a 区到 3c 区，都遵循了先远后近的原则。由于项目中期现场通行路线紧张，2 区的施工周期较长，4b 区和 3b-1 区的施工都先于 2 区。

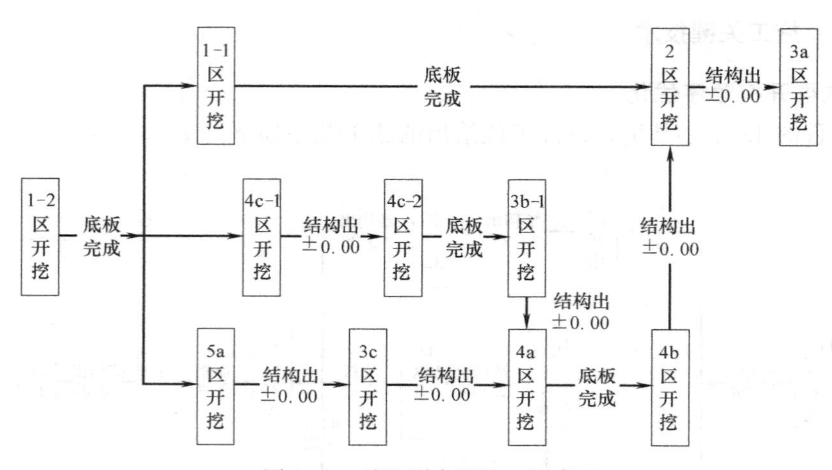

图 10-5　基坑群实际施工顺序

2. 与运营地铁共墙的超深基坑施工技术

随着城市建设的发展，基坑工程位于已运行的地铁区间隧道之侧、之上、之下的情况已不鲜见，也形成了较为成熟的施工技术和经验。但像本项目基坑 4a 与 4b 与已运营地铁 6 号线明挖段共用地下连续墙的情况十分罕见。为避免共墙两侧基坑开挖对于中部 6 号线明挖段的影响，采取了以下措施：

（1）针对申通地铁公司提出的“地铁隧道沉降控制在 8.5mm 内”的要求，确定施工方案：首先是土方开挖方案中的分区、分块和分层设置，以保护运营地铁安全；其次，在基坑 4a 与 4b 内设置与明挖段地墙通过冠梁相连的纵向变形控制桩，控制基坑开挖对运营地铁明挖区间隧道的上浮问题（图 10-6）。桩基于靠近地铁 6 号线明挖段的东、西侧分别设置 19 根及 21 根钻孔灌注桩，有效桩长 66.9m，进入⑨1 层。

（2）针对地铁隧道水平位移量、隧道变形曲线半径、相对弯曲的要求，基坑围护墙的水平位移需控制在 20mm 以内，用钢支撑轴力自动补偿系统实现对水平轴力的自动补偿，进而控制水平变形（图 10-8～图 10-10）。

钢支撑轴力自动补偿系统（图 10-11）是最近十年出现的在软土地区紧邻地铁基坑广泛采用的施工技术。由液压动力泵站系统、千斤顶轴力补偿装置、电气控制和监控系统等组成。

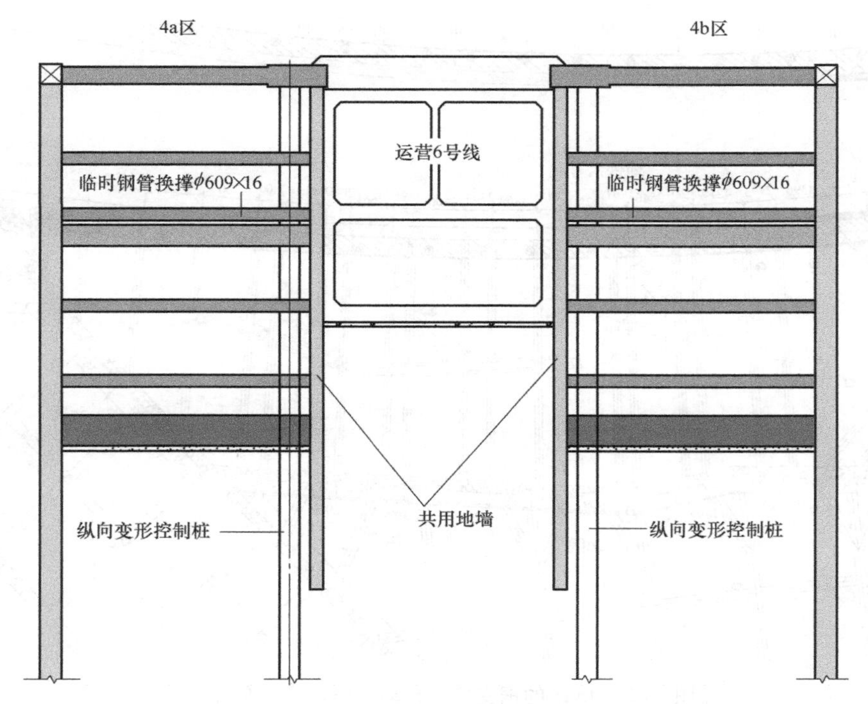

图 10-6　基坑 4a 与 4b 与 6 号线明挖段共墙

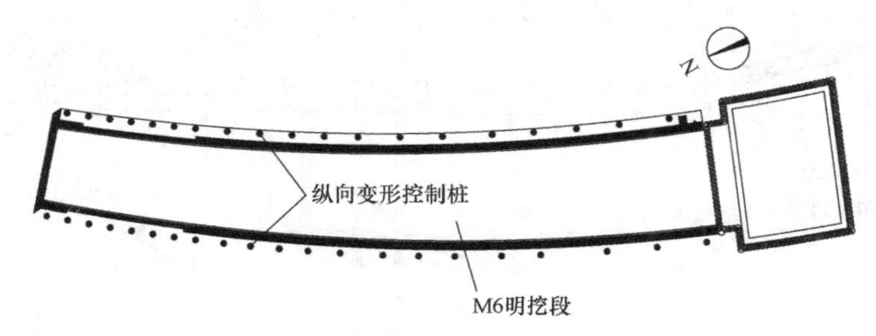

图 10-7　沉降变形控制桩平面布置

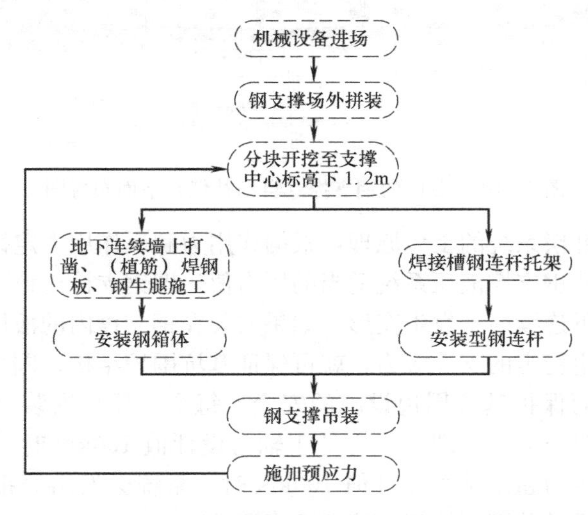

图 10-8　钢支撑轴力自动补偿系统施工流程

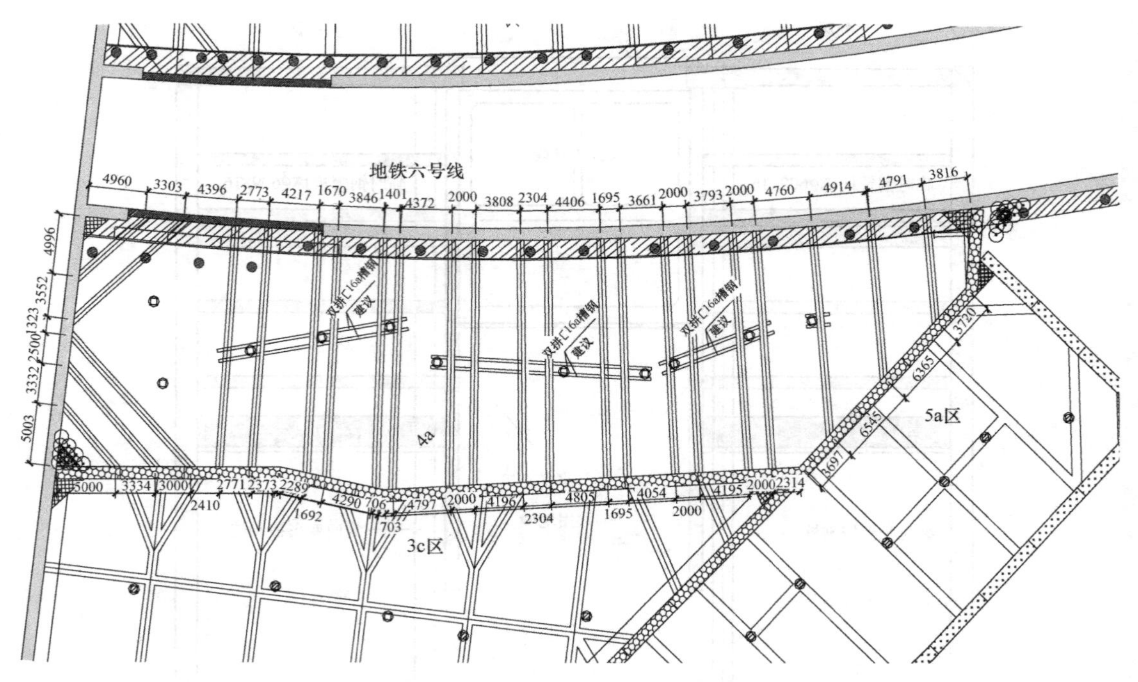

图 10-9　4a 区的钢支撑（自动补偿）平面布置图

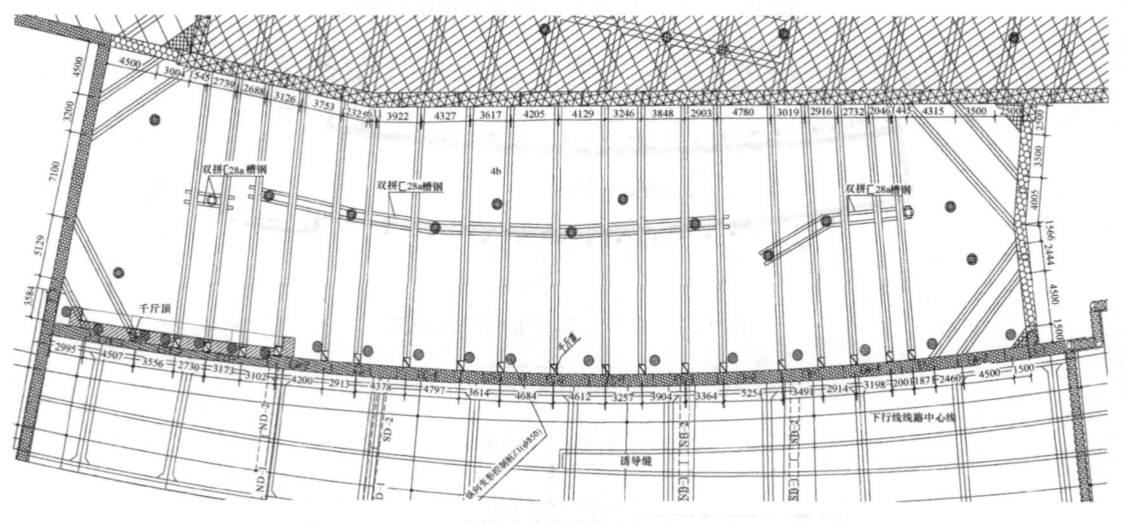

图 10-10　4b 区的钢支撑（自动补偿）平面布置图

钢支撑轴力自动补偿系统的工作原理：根据作用力和反作用力定律可知，钢支撑轴力自动补偿系统只要保持钢支撑液压系统适当的压力值，即钢支撑对地下连续墙有足够的支撑力，就可以保证地下连续墙不发生变形。如果安装在钢支撑内的液压千斤顶通过电控调节，对地下连续墙产生稳定的支撑应力，就可保证基坑围护结构、围护墙顶和地下连续墙墙体不发生变形，从而保护基坑周边设施的安全。每个千斤顶安装完成后，均可单独保压，可单独读取其即时压力。当即时压力低于轴力设计值 100kN 时，控制系统自动开启油泵，进行加压；当压力超出轴力设计值 100kN 时，系统会发出警报，现场工作人员将进行手动卸压。上述浮动范围可按现场情况适当调整。

图 10-11　自动补偿系统

10.2　北京

10.2.1　工程背景

拟建场地原为北京凯莱酒店，位于东二环建国门桥，地处繁华市区。场地自然地面基本平坦。拟建场地周边密集地分布有多种管线：上水、雨水、路灯线、供热、动力电缆、天然气等；东侧距离一楼房约 16.5m，距北京城区供电局开发办公楼约 23.30m；北侧有一柏油公路，与旅游大厦的距离大致为 22.50m；西侧距过街人行天桥约 6.35～6.90m；南侧为月河胡同，与市人大常委办公楼及地下车库的距离大致为 21.05m。基坑开挖深度 26.7m。有 4 层水分布在区域内，场地环境条件极其复杂。

拟建建筑地下室外边线的南侧、东侧均位于原凯莱酒店地下室范围以内，本工程中基坑的设计与施工收到了已存在建筑的结构支护和基础的很大影响。既有建筑原基坑开挖、护坡桩施工及降水等可能会对局部地下土体结构造成扰动，本次在进行基坑新护坡桩设计、施工时，需设计出合理的成孔、成桩工艺，并制定相应的应急预案，保证基础工程的施工质量及工期不受影响。

10.2.2　工程地质条件及水文地质条件

工程场地位于永定河冲积扇中部，地形相对平坦，地面高程约为 41～42m。根据现场勘查报告，基坑开挖场地内包含三类岩土层，分别为人工堆积层、新近沉积层、第四纪沉积层，又依据其物理力学性质及岩土工程特性细分为 12 层。浅层土以细砂和粉质黏土为主，深度 10～20m 范围内分布有卵石层、中砂、黏质粉土、粉质黏土等土层。20～30m 范围内分布有细砂、中砂、粉质黏土等土层。

拟建场地上层滞水分布不均匀，因受多种因素影响，水位水量变化较大，水位动态变化复杂。该层水主要靠地面降水进行补给，并通过蒸发耗散，其补给动态类型属于渗入—蒸发型。

层间水年水位相对较为稳定，其变化范围为 1～2m。该层水主要通过大气降水渗入以及径流等方式进行补给，并通过径流排出，故其补给动态类型属渗入—径流型。

承压水年水位变化范围为2～3m，其水位在冬季相对较高，夏季相对较低。该层水的补给和排出主要通过地下水径流等方式，故其补给动态类型也属于渗入—径流型。

10.2.3 支护体系分析与设计

对于超深基坑的支护，简单使用钻孔灌注桩、钢混挡土墙等常用于深基坑支护的方法，因其支护形式简单单一，已无法满足支护强度的需求，需采用内支撑、桩、锚索等多种形式的支护方式配合使用。本工程场地狭窄，施工条件恶劣，建设环境要求高，基坑开挖场地现场平面图如图 10-12 所示。因此本工程选择护坡桩＋预应力锚索＋止水帷幕＋降水综合支护的支护形式，以保证其耐久、经济和实用。

（1）桩身设计

原计划所有区域段的护坡桩均采用 1000mm 桩径、1500mm 间距布桩，但经过计算，此时水平位移和弯矩交大。后经过改进，采用 800mm 桩径、1200mm 间距布桩。

（2）预应力锚索设计

预应力锚索采用 1860 级钢绞线加工而成，入土倾角为 15°，局部为 10°和 20°，横向间距为 1500mm。垫板规格为 200mm×300mm×30mm。预应力锚索锚孔注浆水泥代号为 P. O 32.5 水泥。浆液水灰比为 0.45～0.55，养护 5 天后方可进行张拉，锁定拉应力值为设计值的 65％，施工锁定拉力值为设计值的 75％。

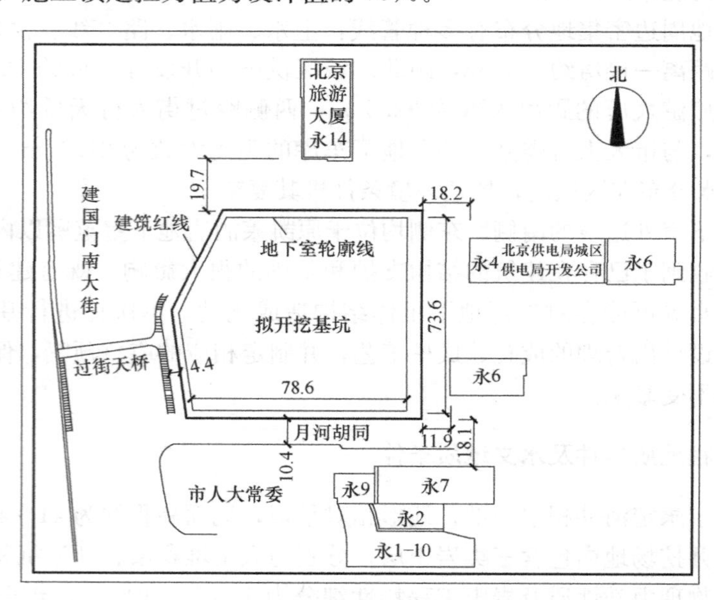

图 10-12 基坑开挖场地现场平面图

（3）桩锚支护结构内力分析

根据设计参数，采用杆件有限元方法，被动土压力遵照“m”法假定，对基坑支护体系进行验算。计算结果包括拉锚索拉力、桩体位移、桩身弯矩及剪力四种参数。如图10-13所示。

根据计算结果发现，位移最大值为 31.9mm，弯矩最大值约为 1300kN·m，剪力最大值为 760kN。位移满足基坑规范设计要求，桩身及锚索的受力情况也均小于设计值，满足要求。

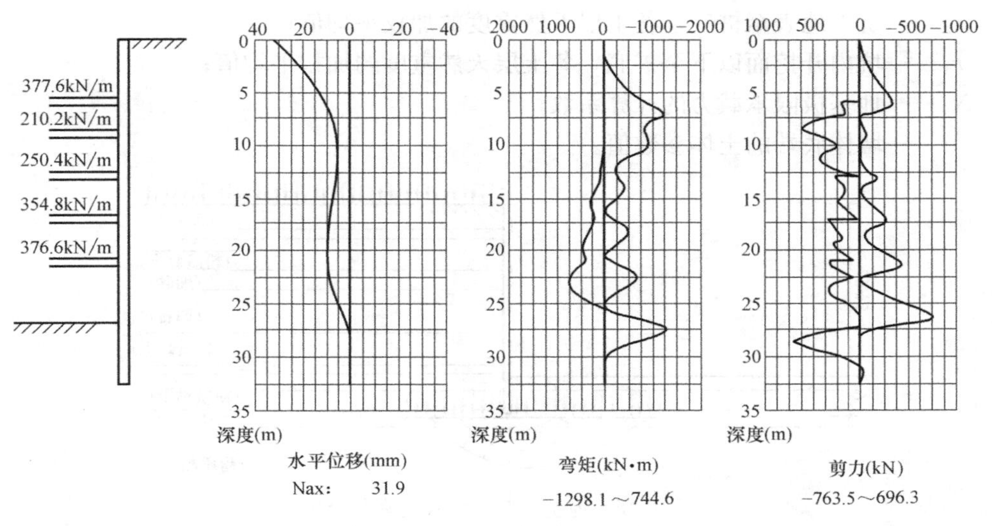

图 10-13 基坑围护体系内力图

（4）基坑稳定性分析

本工程根据《简明深基坑工程设计施工手册》采用圆弧滑动面验算支护结构和地基的整体抗滑动稳定性，利用同济启明星基坑设计软件对支护稳定性进行验算，其计算简图如图 10-14 所示。

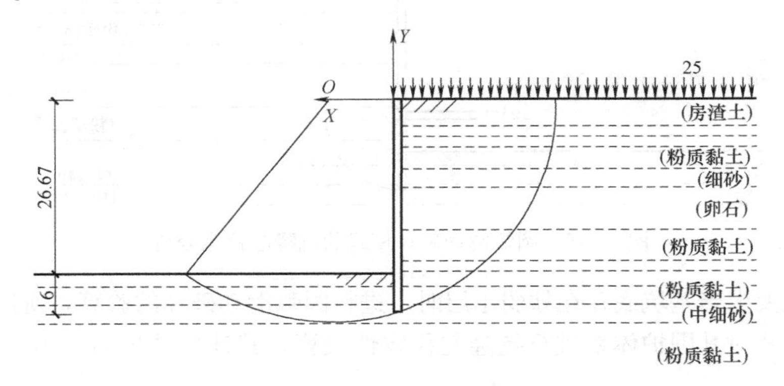

图 10-14 基坑稳定性计算简图

计算结果为整体抗滑移稳定性安全系数为 1.43，大于规范要求的 1.35，满足要求。

（5）基坑抗隆起稳定性验算

目前采用的基坑抗隆起稳定分析方法主要有地基承载力模式的抗隆起稳定分析法和圆弧滑动模式的抗隆起分析方法。地基承载力模式的抗隆起分析方法计算如图 10-15 所示，是以验算支护排桩底面的地基承载力作为抗隆起的分析依据。根据 Terzaghi 提出的地基极限承载力计算模式，基坑抗隆起稳定性应由式（10-1）来考虑：

$$K_s=\frac{r_2DN_q+cN_c}{r_1(h_0+D)+q} \tag{10-1}$$

式中 D——桩端嵌固深度；

h_0——基坑开挖深度；

q——地面超载；

r_2——坑外地表至桩底，各土层天然重度的加权平均值；

r_1——坑内开挖面以下至桩底，各土层天然重度的加权平均值；

N_q、N_c——地基极限承载力的计算系数；

c——墙体底端的土体参数值。

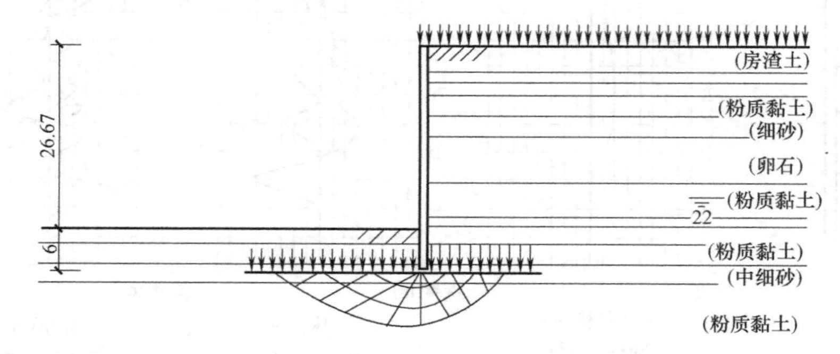

图 10-15 地基承载力模式抗隆起分析

圆弧滑动破坏模式的抗隆起稳定性分析见图 10-16。该计算模式以绕最下道支撑或基坑开挖底面的抗滑力矩与滑动力矩的比值定义抗隆起安全系数：

$$K_s = M_r / M_s$$

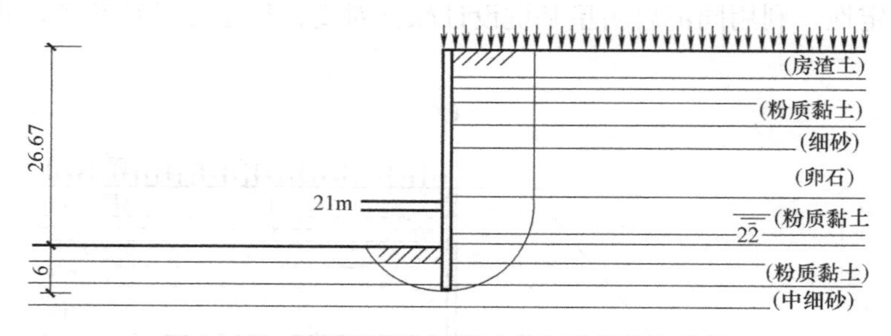

图 10-16 圆弧滑动破坏模式的抗隆起稳定分析

由于规范要求当基坑底存在软弱土层时，进行圆弧滑动破坏的验算，所以本工程采用地基承载力模式对其围护体系进行抗隆起稳定性验算，其计算结果为 4.13，大于规范要求的 1.6。

10.2.4 工程主要施工措施

（1）护坡桩施工措施

凯莱大酒店基坑工程场地上部杂填土较厚，含有许多生活垃圾和原工程废弃混凝土，因此通过人工引孔法施作上部桩，而对于下部桩孔及成桩，则选择比较普遍的“旋挖工艺”，即包括利用泥浆对孔壁进行处理，随后通过机械成孔并在孔内放置焊接好的钢筋笼，最后在孔内浇筑混凝土。由于桩间距比较小，为了预防出现串孔的现象，利用桩间跳打的方式施工。

（2）预应力锚索施工措施

根据土层地质不同可分别采用普通锚杆钻机和套管钻机两种机械设备成孔。

普通锚杆钻机：普通锚杆钻机适用于黏土层地质。

套管钻机：套管钻机俗称水钻，套管钻机采用“套管跟进、冲击回旋钻进、冲水反土”的施工工艺，本设备及工艺适合砂卵石土质的施工。

10.3 广州

10.3.1 工程概况

湛江万达广场项目位于广东省湛江市海滨大道以东，金融大道以西，潮东路以南。总建筑面积 73.65 万 m^2，其中地上 61.65 万 m^2，地下 12 万 m^2。本工程性质为住宅及公共建筑，本工程建设规模和主要设计特点见表 10-2。

本工程建设规模和主要设计特点表　　表 10-2

序号	工程(业态)	建筑面积(m^2)			备注
		各业态面积	地上	地下	
1	购物中心	178500	85000	93500	
2	酒店	39500	33000	6500	165m 高
3	甲级写字楼	119000	119000	0	165m 高
4	写字楼	245000	245000	0	165m 高
5	住宅	99000	79000	20000	100m 高
6	室外商业街	53000	53000		
7	合计	736500	616500	120000	

拟建场地分为东、西商业区、南面住宅区，东区占地面积 22000m^2，西区占地面积 46000m^2，南区占地面积 20700m^2。东区、西区、南区 ±0.000 分别相当于绝对高程 5.8m、6.7m、7.3m。现状地面高程为 6～9.5m，商业区设两层地下室，坑底高程 −4.35～−6.1m，基坑深度 9.95～13.85m，住宅区设一层地下室，坑底高程 0.55m，基坑深度 4.65～5.45m，为深基坑支护工程。

10.3.2 工程地质条件

(1) 地层

场地内分布有填土层（Q4ml）、第四系全新统海相沉积层（Q4m），下部为第四系下更新统湛江组海陆交互相沉积的（Q1mc）地层。各土层性质及分布特点分述如下：

1) 填土层（Q4ml）

第(1)1 层素填土：杂填土：褐黄色，湿，松散，由细中砂组成；平均标贯击数 3.7 击，渗透系数（室内）$K=3.79\times10^{-5}$cm/s；

第(1)2 冲填土：冲填土：灰色，饱和，松散，由细中砂组成，平均标贯击数 5.9 击。渗透系数（室内）为 $K=1.35\times10^{-3}$cm/s；

填土层在场地范围内均有分布。

2）第四系全新统海相沉积层（Q4m）

第（2）层淤泥质黏土：灰色，饱和，流塑，含有机质；平均标贯击数1.3击。渗透系数（室内）为$K=5.36\times10^{-2}$cm/s。该层仅在东区、西区基坑内局部钻孔有揭露，厚度较小，对基坑影响较小。

3）第四系冲洪积层（Q2al+pl）

第（3）层粉质黏土：棕红色，湿，可塑，含较多粉细砂，黏性较差，平均标贯击数6击，渗透系数（室内）为$K=5.25\times10^{-7}$cm/s；

4）第四系下更新统湛江组海陆交互相沉积层（Q1mc）

第（4）层粉质黏土：灰白色为主，混少许紫红色，湿，可塑，含少量粉细砂，黏性较好，平均标贯击数5.2击；

第（4）-1层中砂：浅黄色，饱和，稍密，级配一般，含少量砾砂，平均标贯击数9.3击，渗透系数（室内）为$K=1.62\times10^{-3}$cm/s；

第（5）层黏土：浅灰-灰色，很湿，软塑，含少量粉砂，黏性较好，平均标贯击数2.9击，渗透系数（室内）为$K=6\times10^{-5}$cm/s；

第（6）层黏土：灰色，湿，可塑，夹薄层粉砂，具水平层理，黏性较好，平均标贯击数5.5击，渗透系数（室内）为$K=3.36\times10^{-7}$cm/s；

根据勘察资料分析，场地内地质条件相对较均匀，基坑底主要位于第（5）层黏土内，第（4）-1层中砂位于坑底以上，在场地范围内均有分布。

第（6）-1层中砂、第（7）层中砂、第（8）层粉质黏土、第（9）层黏土、第（10）层中砂、第（11）层粉质黏土位于拟设计的支护桩桩底以下一定深度，对基坑稳定性影响较小，因此不再赘述。

（2）地下水

钻探揭露深度内，主要含水层为冲填土、砂土，此外，素填土及淤泥质黏土属于弱含水层，其余土层均为弱透水层或隔水层。钻探期间，测得钻孔内综合稳定地下水位埋深在0.30～3.20m（高程1.85～4.05m）之间，地下水位随季节及海潮涨退而变化，变幅约为0.50m。

10.3.3 基坑支护设计方案

（1）基坑支护设计原则

1）场地西侧为市政主干道路海滨大道，用地红线距离人行道边线约19m。人行道下方埋设有雨水管、电力管线线等市政管线，距离基坑边距离在20m左右，在施工前应掌握地下管线的平面位置及埋深，地面高程7.6～9.0m。

2）场地北侧为规划道路龙潮东路，还未建设。规划道路边线距离用地红线约25m。地面高程6.0～7.0m。

3）东侧为规划金融大道，尚未建设，现在为平地，地面标高5.7～6.0m。

4）商业区南侧为规划的龙基路，尚未建设，现在为平地，地面标高5.8～8.1m。

5）住宅区西南侧为规划道路，尚未建设，目前有民房，3～9层的钢筋混凝土结构，正在拆迁，拆迁后的建筑距离基坑边线约10m，目前地面标高5.8～6.2m。民房的基础多为条形基础，框架结构、砖混结构都有，在施工前做好对上述建筑物进行安全确认和鉴定工作。

6）基坑支护施工时，场地内西区南侧金街（二层建筑）PHC 管桩已经施工完毕，正在施工主体结构，南区的东侧首开区 PHC 管桩已经施工完毕，正在施工主体结构。以上部位基坑支护时应避免锚索钻孔施工破坏已经施工完成的 PHC 管桩。

7）场地内分布有原港务局的旧基础，有桩基础及条形基础等。建设单位不能提供原有旧基础的设计资料，因此在支护结构施工时可能会碰到原有旧基础。

8）基坑内拟建项目的基础形式，塔楼下面为钻孔灌注桩基础，其余部位均采用 PHC 管桩基础。

（2）基坑支护方案

由于广州地区软弱土层厚且分布广泛，地下水丰富，因此在本工程基坑支护体系中采用如下相应方案：

1）东区、西区（西南侧转角除外）采用灌注桩＋锚索支护，桩后设置截水帷幕（如图 10-17 所示）。

a. 灌注桩采用旋挖成孔，泥浆护壁、水下灌注混凝土的工艺，桩径 ϕ1000@1500（1400），桩长 18.45～24.05m，桩底进入坑底以下 8.5～10.5m，桩身混凝土强度等级 C30。土方分层开挖时，桩间挂 ϕ8@200×200 钢筋网、喷射 C20 混凝土。

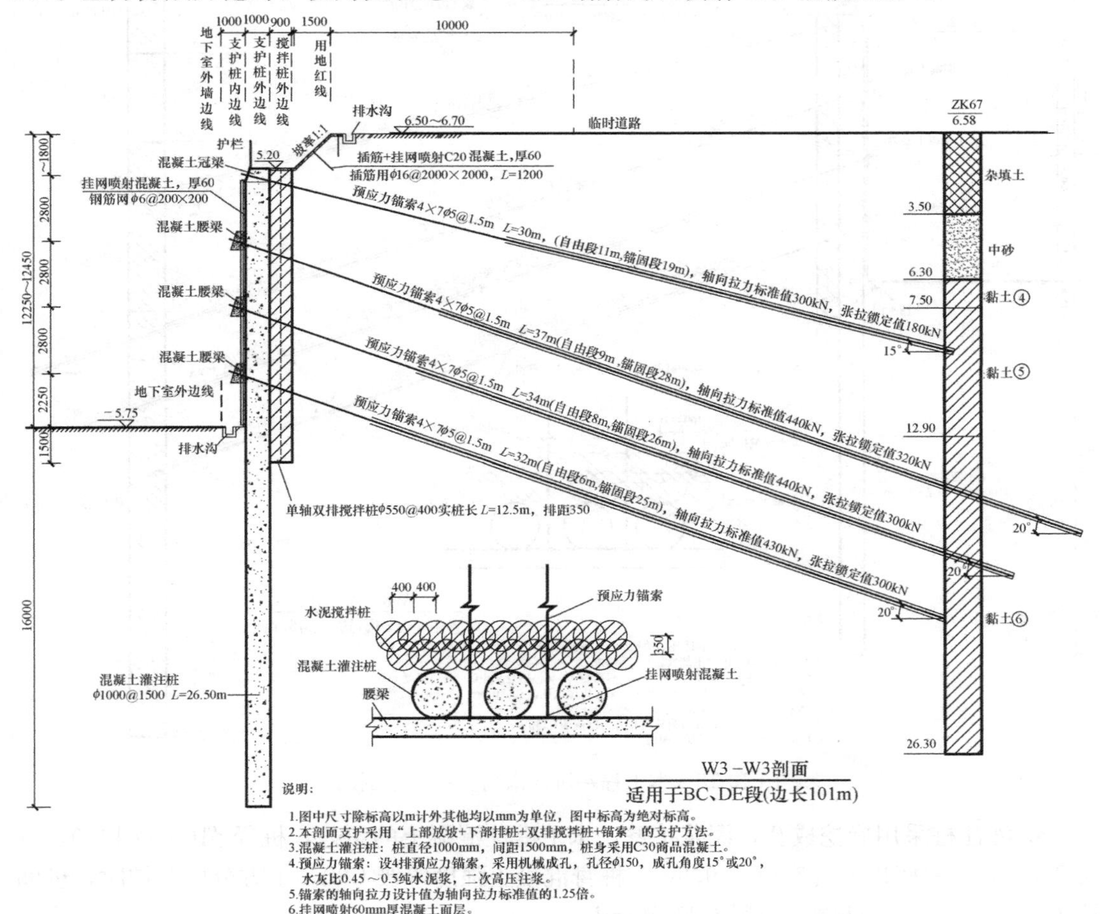

图 10-17　本工程东、西区基坑支护典型剖面

b. 预应力锚索竖向设置 4 层（3 层）、间距 3000（2500），水平间距 1500（1400），采用 4×7ϕ5 预应力锚索，自由段 5～8m，锚固段 17～22m，总长 22～30m，设计锚固力 450～550kN，锁定值 300kN。锚索成孔直径 150mm，成孔角度 15～20°。锚索采用二次注浆施工工艺，注浆材料采用普通硅酸盐纯水泥浆，水灰比为 0.45～0.50，浆体 28d 无侧限抗压强度不低于 30MPa。

c. 截水帷幕采用桩径 ϕ550@350 双排单轴水泥搅拌桩，排距 350，平均实桩长 11.5～14.5m，空桩长 1m，搅拌桩穿透砂层，进入坑底不透水层 1.5m。搅拌桩采用四喷四搅施工，水泥用量不小于 60 kg/m，水泥采用 P.C.32.5R 复合硅酸盐水泥，水灰比 0.55～0.65，水泥比重宜为 1.5，注浆压力为 1.5～2.5MPa，搅拌速度大于 30～50 转/min。

2）西区基坑西南侧转角处采用灌注桩＋内支撑支护，桩后设置截水帷幕（如图 10-18 所示）。

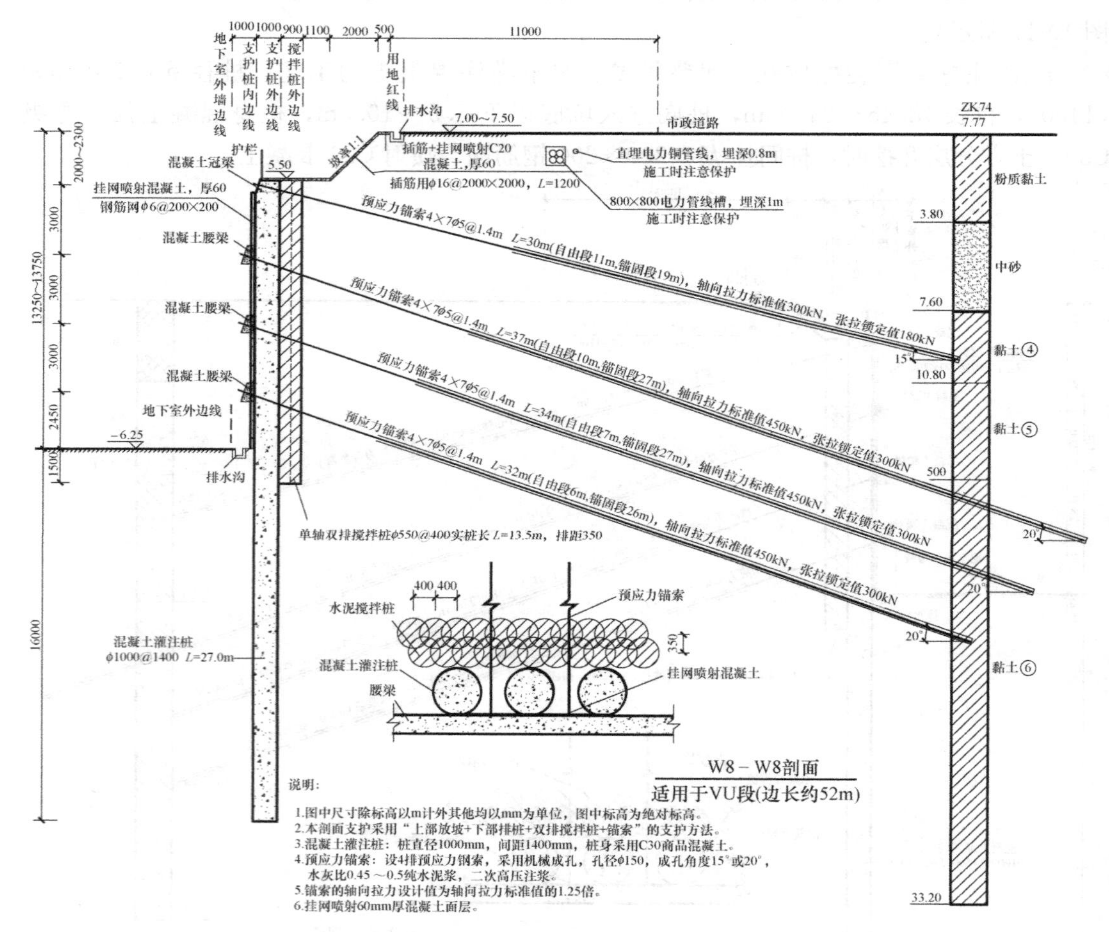

图 10-18　本工程基坑西南角支护典型剖面

a. 灌注桩采用旋挖成孔，泥浆护壁、水下灌注混凝土的工艺，桩径 ϕ1000@1400，桩长 23.35m，桩底进入坑底以下 9.5m。桩身混凝土强度等级 C30。土方分层开挖时，桩间挂 ϕ8@200×200 钢筋网、喷射 C20 混凝土。

b. 内支撑采用钢筋混凝土梁＋钢格构柱的方案，内支撑钢筋混凝土梁共设置两层，分别在 7.5m 高程、1.0m 高程。梁顶标高截面尺寸 1000mm×1000mm，连系梁 800mm×800mm。钢格构柱支撑截面 600mm×600mm，嵌固入坑底 ϕ1000 钻孔灌注桩内不小于 3m。

c. 截水帷幕采用桩径 ϕ550@350 双排单轴水泥搅拌桩，排距 350，平均实桩长 11.5～14.5m，空桩长 1m，搅拌桩穿透砂层，进入坑底不透水层 1.5m。搅拌桩采用四喷四搅施工，水泥用量不小于 60 kg/m，水泥采用 P.C.32.5R 复合硅酸盐水泥，水灰比 0.55～0.65，水泥比重宜为 1.5，注浆压力为 1.5～2.5MPa，搅拌速度大于 30～50 转/min。

3）南区基坑靠东面首开区一侧采用桩锚支护，桩后设置截水帷幕（如图 10-19 所示）。

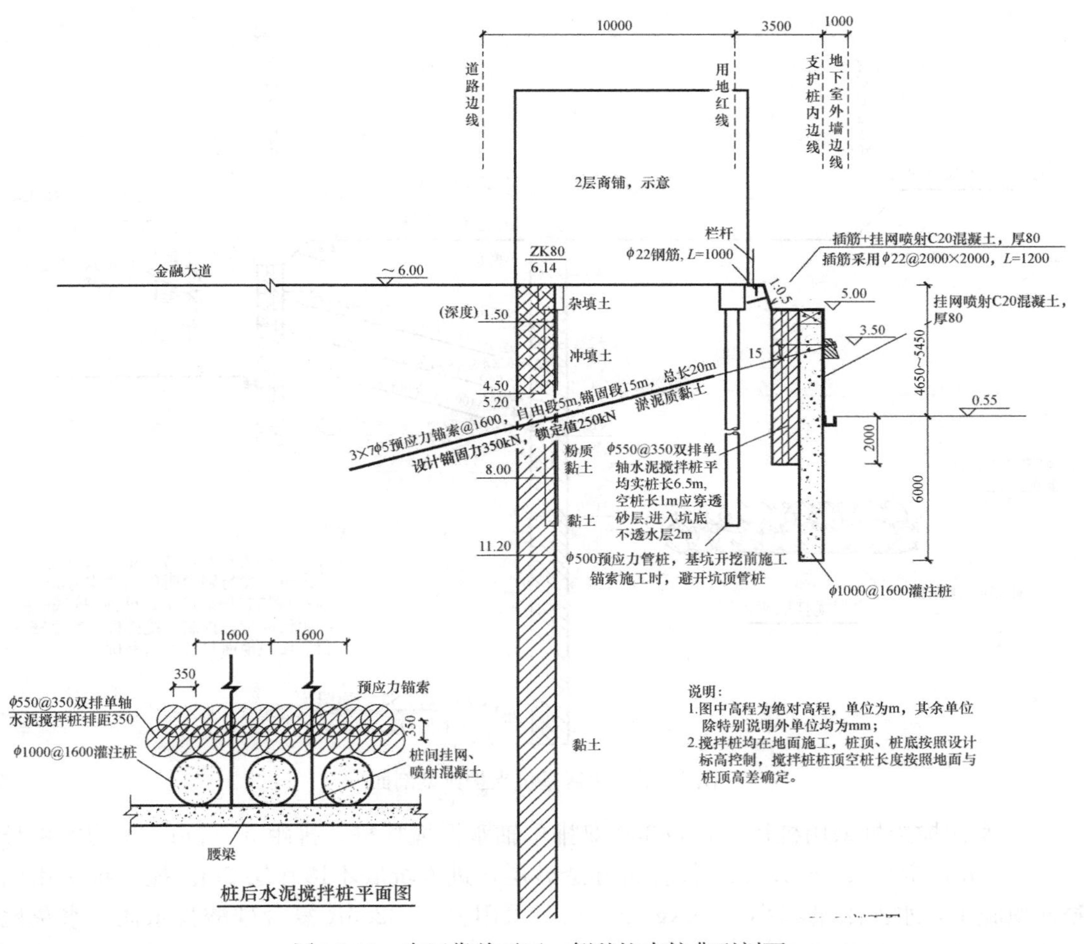

图 10-19　南区靠首开区一侧基坑支护典型剖面

a. 靠东面首开区一侧采用 ϕ1000@1600 灌注桩＋一道锚索支护，桩后设置截水帷幕。灌注桩采用旋挖成孔，泥浆护壁、水下灌注混凝土的工艺，桩长 8.45m，桩底进入坑底以下 4m。桩身混凝土强度等级 C30。土方分层开挖时，桩间挂 ϕ8@200×200 钢筋网、喷射 C20 混凝土。

b. 预应力锚索成孔直径 150mm，锚索成孔角度 15°。竖向在 4.0m 高程处设置 1 层锚索，水平间距 1600，采用 3×7ϕ5 预应力锚索，自由段 5m，锚固段 13m，总长 18m，设计锚固力 400kN，锁定值 300kN。锚索采用二次注浆施工工艺，注浆材料采用普通硅酸盐纯水泥浆，水灰比为 0.45～0.50，浆体 28d 无侧限抗压强度不低于 30MPa。

c. 截水帷幕采用桩径 Φ550@350 单排单轴水泥搅拌桩，平均实桩长 6.5，空桩长 1m，搅拌桩穿透砂层，进入坑底不透水层 2m。搅拌桩采用四喷四搅施工，水泥用量不小于 60 kg/m，水泥采用 P.C.32.5R 复合硅酸盐水泥，水灰比 0.55～0.65，水泥比重宜为 1.5，注浆压力为 1.5～2.5MPa，搅拌速度大于 30～50 转/min。

4）南区其余地方采用水泥搅拌桩＋钢筋土钉的复合土钉墙支护。搅拌桩同时作为截水帷幕使用（如图 10-20 所示）。

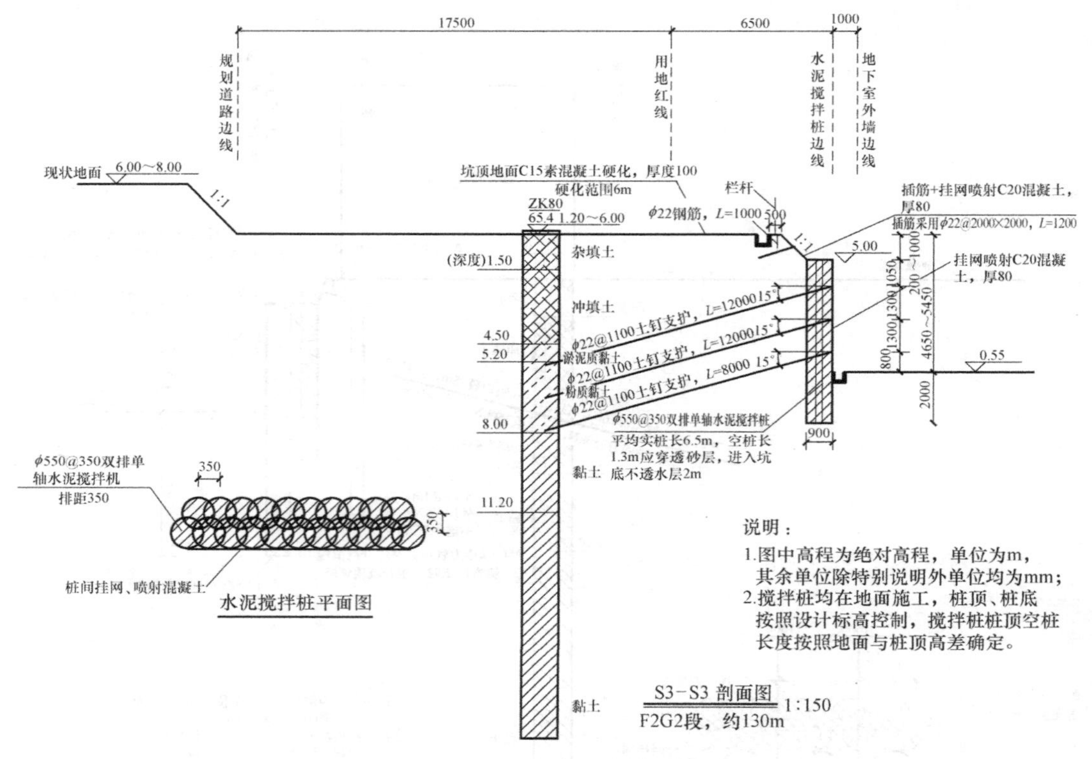

图 10-20　南区基坑支护典型剖面

a. 水泥搅拌桩采用桩径 ϕ550@350 双排单轴水泥搅拌桩，排距 350mm。平均实桩长 6.5～7.5m，空桩长 1～1.3m，搅拌桩穿透砂层，进入坑底不透水层 2m。搅拌桩采用四喷四搅施工，水泥用量不小于 60kg/m，水泥采用 P.C.32.5R 复合硅酸盐水泥，水灰比 0.55～0.65，水泥比重宜为 1.5，注浆压力为 1.5～2.5MPa，搅拌速度大于 30～50 转/min。土方分层开挖时，桩间挂 ϕ8@200×200 钢筋网、喷射 C20 混凝土。

b. 土钉 ϕ22，竖向设置 3 层，间距 1300mm，水平间距 1100mm。长度 8～12m，土钉成孔直径 110mm，土钉成孔角度 15°，采用二次注浆施工工艺，注浆材料采用普通硅酸盐纯水泥浆，水灰比为 0.45～0.50，浆体 28d 无侧限抗压强度不低于 30MPa。

10.3.4　截排水系统设计

（1）基坑截水设计。东区、西区在灌注桩背侧施工水泥搅拌桩截水，搅拌桩应穿透砂层并进入坑底不透水层 1.5m；南区采用搅拌桩止水，搅拌桩桩底进入基坑底以下不小于 2m。

（2）基坑降、排水设计。基坑顶、底四周设置排水沟，将雨水及地下渗水汇入集水井，经泵送排往地面、沉淀后排入市政地下水道。沿坑底排水沟每 50m 左右设一个集水井，基坑底面不得有凹坑，施工场区内临设、用水区作硬化地坪处理。沿基坑内侧按照 50～80m 的间距布置降水井，土方开挖之前，先通过抽水降低基坑内的地下水位然后开挖基坑土方。

思考题：

1. 对于与运营地铁共墙的基坑，可采取的技术措施有哪些？
2. 对于桩锚围护体系，设计需计算哪些内容？

第 11 章 未来深基坑支护与施工新技术

本章学习要点：

随着城市建设的不断发展，基坑工程向着更大、更深、周边环境更复杂的方向发展，传统的基坑工程面临着越来越多的挑战和绿色施工、环境保护的压力。本章主要介绍近几年最新发展形成的几项深基坑支护与施工技术，以激发大家对基坑工程未来新技术的思考。

11.1 基于 BIM 的深基坑设计

随着超高层建筑在国内的大规模兴建，城市地下空间的开发和利用也在不断扩展，开挖深度超过 20m 的深基坑工程不断出现，大多数深基坑集中在建筑物与人口密集的市区，施工场地狭小，施工条件复杂，因此，深基坑如何进行合理支护设计，减小基坑施工过程中对周围环境的影响，提高深基坑工程施工质量已经引起了人们高度的重视。

深基坑工程是一项重大的系统工程，其涉及专业面广，施工条件复杂多变，受地质条件、地下结构及施工场地影响大，因此需要科学的规划设计、合理的施工组织以及健全的监测系统。BIM 技术是一种应用于工程设计建造管理的数据化工具，通过参数模型整合与项目相关的各种信息，可用于项目设计、建造及管理，在深基坑建设过程中使用 BIM 技术，尤其是在设计阶段的方案设计、可视化表现、自动碰撞检查、施工图设计及成本控制等诸多方面发挥其优势，有利于设计系统校核、施工深化指导、控制施工进度和工程量，可以大大提高建筑工程的集成化程度，将设计甚至整个工程的质量和效率显著提高。

11.1.1 BIM 技术的特点

BIM 全称为 building information modeling，中文含义为“建筑信息模型”，是以三维数字技术为基础，创建并利用数字模型对项目进行设计、建造及运营管理的全过程，即利用计算机三维软件工具，创建包含建筑工程项目中完整数字模型，并能够在模型中包含详细的工程信息，同时将这些模型和信息贯穿于建筑工程的设计、施工管理及运营管理等建筑全生命周期中。BIM 的特点主要包括以下几个方面：

(1) 信息集成

BIM 技术的核心是通过数字信息组建一个三维模型数据库，设计师在进行方案设计的时候可直接从中提取相关设计信息，这种设计方法有别于传统的二维设计模式，设计人员可以通过数字信息快速便捷的模拟建筑物的真实信息，包括建筑内各构件的几何形状、空间关系、各设计要素（如梁、板、柱、管线、设备）的建筑信息和功能特性、以及各构件直接的连接方式、荷载情况等。另外，对于工程中各个复杂的建筑节点也可以进行三维深化设计，这也是二维图纸最大的弊端。

（2）工作协同性

BIM技术为建筑建造过程中各参与方搭建起一个可同步工作的新平台，该平台便于业主、设计方、施工方、监理以及后期运营管理者及时沟通信息，实时关注建筑建造过程中的各个环节，提高工程质量的同时又不影响工作效率。通过 BIM 技术建立的三维模型进行结构、管线及其他系统的碰撞检查，可以在满足各专业不同布设原则的基础上自动检查出各系统之间存在的冲突或影响，从而提高整个设计团队的工作效率，加强各专业之间的沟通。

（3）工作关联性

BIM的基本特性之一是建筑信息在模型建立、使用过程中随时保持相互关联，即当建筑中的任一内容发生改变时，使用BIM技术可以及时将变动反映到模型的平面、立面、剖面及三维模型中，方便工程人员及时查看更改，而不需要工程人员对图纸逐个进行处理。

这一特性使得建筑信息能够在最短的时间内传递至各专业相关技术人员，节省了人力，降低了成本，提高了工作效率。

目前，国内BIM技术的引入、应用及开发大都集中在建筑结构领域，地下工程中的应用也基本仅限于地铁车站等的设计建造过程中，主要是用于各专业协同工作、管线综合的碰撞检查和施工过程模拟。基于 BIM 技术自身的优势及国内的应用情况，研究如何将这一技术在深基坑工程前期勘察、方案设计、施工管理等方面进行深入应用，充分发挥其三维可视化、协同工作、深化设计及资源共享等方面的优点，对工程建设具有重大意义。

11.1.2 BIM技术在深基坑工程设计中的应用

（1）前期综合勘察

基坑工程前期勘察规划阶段，基于已有的地质勘察资料、建筑结构设计方案及周边环境信息对基坑设计体系及方案进行初步比选，建立与基坑设计相关的环境模型，该模型包括地质地形条件、周边特殊建构筑物、地下管线及建筑物地基基础等信息，基于这些模型信息进行基坑支护方案的初步选型和计算分析。

（2）支护方案三维可视化设计

基于前期计算分析的支护方案进行三维设计，在前期的环境模型上建立基坑支护体系的三维实体模型，综合考虑基坑周边的地形、道路、管线、建筑物等情况，合理布置基坑竖向及水平围护结构。由于三维模型的直观可视化，便于业主和各设计人员运用 BIM 模型相互沟通，及时发现设计中存在的问题，进行论证和优化。即使在后期的施工过程中，如果发现方案中存在某些不足之处，也可以使用 BIM 模型进行调整，这样有利于提高工作效率，将 BIM 的价值最大化。

（3）协同设计

基坑设计过程中，使用BIM技术可为工程中建筑、结构、基础、基坑等各专业设计人员提供一个良好的设计平台，通过设置项目中心文件集体共享来实现协同设计。不同专业的设计人员使用适合各专业的 BIM 建模软件建立本专业相关的 BIM 模型，并将其与中心文件链接同步后，各专业新添加或修改的信息将自动添加至中心文件，便于其他专业随时查看模型，从而实现信息共享，减少不必要的设计变更。

（4）深化设计

与普通的平面设计方法相比，BIM 技术在基坑设计中的优势除了表现在对常规构件（如桩、墙、支撑）的三维设计外，更突出的作用体现于对一些复杂节点或构件的设计过程中，例如格构柱、栈桥梁下加劲缀板、支撑加腋节点处钢筋等。这些复杂构件在 BIM 软件中可以通过参数化设计生成一种新的组件，这种组件类似于 CAD 中的块文件，不仅可以任意布置于模型中，还能通过调整参数进行快速修改并统计不同情况下所需的材料总量，大大节省了人力和物力，有利于施工管理及成本控制。

（5）碰撞检查

碰撞检查是目前 BIM 应用最成熟的一项技术，虽然基坑工程不像超高层建筑具有大量错综复杂的管线，需要解决管线与管线或梁、柱之间相互碰撞的问题，但是基坑竖向支撑结构中存在大量的立柱桩和格构柱，立柱桩与工程桩之间、格构柱与地下室结构之间的空间位置关系通过 BIM 模型可以更加直观的反馈给设计人员，加强各专业之间设计信息的传递，提高了设计与施工质量。

（6）施工过程模拟

基坑工程区别于其他建筑工程的最大之处在于土方施工，由于受周边环境、场地或竖向支撑体系的限制，土方开挖方案也是基坑设计时需要重视的问题，比如出土口的布置、土方开挖的先后顺序、车道的设计等。使用 BIM 技术进行 4D 施工过程模拟，能够将方案充分展现，从而达到增强沟通，提高工作效率的目的。

（7）展望

BIM 技术的出现带来了建筑行业的又一次革命，BIM 模型的三维可视化、协同设计、深化设计及施工过程模拟等方面存在的优势，决定了其在未来建筑行业的地位。虽然目前该技术在深基坑工程中的推广普及还有一些问题亟待解决，三维设计完全取代二维设计也还有很长的距离，但这种设计模式将带领设计行业从单纯几何表现转向建筑信息集成模型，从单个专业转向各专业协同设计，对未来建筑行业的发展具有重要的意义。

11.2 超深地下连续墙施工新工艺

11.2.1 地下连续墙简介

地下连续墙开挖技术起源于欧洲。它是根据打井和石油钻井使用泥浆和水下浇注混凝土的方法而发展起来的，1950 年在意大利米兰首先采用了护壁泥浆地下连续墙施工，20 世纪 50～60 年代该项技术在西方发达国家及苏联得到推广，成为地下工程和深基础施工中有效的技术。

地下连续墙是基础工程在地面上采用一种挖槽机械，沿着深开挖工程的周边轴线，在泥浆护壁条件下，开挖出一条狭长的深槽，清槽后，在槽内吊放钢筋笼，然后用导管法灌筑水下混凝土筑成一个单元槽段，如此逐段进行，在地下筑成一道连续的钢筋混凝土墙壁，作为截水、防渗、承重、挡水结构。本法特点是：施工振动小，墙体刚度大，整体性好，施工速度快，可省土石方，可用于密集建筑群中建造深基坑支护及进行逆作法施工，可用于各种地质条件下，包括砂性土层、粒径 50mm 以下的砂砾层中施工等。适用于建造建筑物的地下室、地下商场、停车场、地下油库、挡土墙、高层建筑的深基础、逆作法施工围护结构，工业建筑的深池、坑、竖井等。

经过几十年的发展，地下连续墙技术已经相当成熟，其中以日本在此技术上最为发达，已经累计建成了1500万平方米以上，目前地下连续墙的最大开挖深度为140m，最薄的地下连续墙厚度为20cm。

1958年，我国水电部门首先在青岛丹子口水库用此技术修建了水坝防渗墙，到目前为止，全国绝大多数省份都先后应用了此项技术，估计已建成地下连续墙120万～140万平方米。

地下连续墙已经并且正在代替很多传统的施工方法，而被用于基础工程的很多方面。在它的初期阶段，基本上都是用作防渗墙或临时挡土墙。通过开发使用许多新技术、新设备和新材料，现在已经越来越多地用作结构物的一部分或用作主体结构，最近十年更被用于大型的深基坑工程中。

11.2.2 传统地下连续墙施工工艺存在的问题

随着城镇化进程的不断加快，土地资源有限的情况下，为了更好对土地资源进行开发利用，基坑工程往深和大的趋势发展，越来越多的出现深基坑，甚至超深基坑的数量也在逐年增加。传统的地下连续墙的施工范围一般为30m以内，而超深基坑中需要的地下连续墙深度往往大于30m，甚至超过60m，这样在超深基坑中传统的地下连续墙的应用便会出现以下问题：

（1）成槽精度控制问题

地下连续墙超过一定的深度后，要求成槽垂直度偏差必须控制在3‰以内，垂直度较难保证。传统的液压抓斗成槽机，在地下连续墙超过一定的深度以后，其不利于槽壁稳定和垂直度的控制，尤其在遇到较为坚硬的土层时，成槽垂直度更难以保障。为此，需要在机械设备、施工工法及施工过程中加强控制才能保证垂直度，满足设计及规范要求。地下连续墙垂直度控制是围护结构施工的难点之一。

（2）成槽稳定性问题

当在地面下30～60m范围内土层主要为粉砂和细砂层，且标贯值大时。根据相关施工经验，在标贯值大于30的土层中，液压成槽机的成槽效率急剧下降，标贯值大于50就很难挖掘。在一些工程中试槽时，直接采用液压抓斗挖土的方式，成槽宽度5m约用时78h，而通过试槽情况来看，在采用旋挖钻引孔的情况下，在砂层液压，成槽机成槽进尺约1m/h左右，效率很低。而且由于一般粉砂和细砂含微承压水层，地下水丰富，孔壁稳定性差，可能发生流变，因此30m深度以下的砂土层易发生塌孔，对成槽垂直度影响很大。

由于在硬砂土层的成槽效率低，30m以上的杂填土、淤泥质黏土、粉土、粉质黏土层，成槽后长时间晾槽也容易出现塌孔。因此，在施工过程中防止塌孔是围护结构施工的难点之一。

（3）混凝土扰流

地下连续墙混凝土绕流的主要原因：槽内泥浆液面高度不够、泥浆性能指标不合格、地下连续墙钢筋笼平整度差、成槽垂直度不满足要求、成槽到灌注时间过长等引起的槽壁坍塌；地下连续墙工字钢板下端未插入槽底或插入深度不满足要求；地下连续墙工字钢板两侧与槽壁间未采取防绕流措施；接头箱未下放到槽底或起拔时间过早；接头箱背后回填料不密实等问题。

11.2.3 超深地下连续墙施工新工艺（双轮铣槽技术）

（1）双轮铣槽机组成

CBC33 型双轮铣槽机主要由 3 部分组成：主机、铣架、泥浆设备及筛分设备等。

双轮铣槽机铣轮上的刀具可根据地层的岩性和强度进行调换，主要的刀具形式有 3 种：平齿（适用于软土层）、锥齿（适用于岩层）和滚齿（用于硬岩层）。在双轮铣槽机的 2 个铣轮上，有个会活动的齿，主要是用来切割 2 个切割轮之间在开挖槽底部形成的脊状土。根据地勘报告均值，本岩层适合采用的刀具形式为锥齿。

（2）双轮铣槽机工作原理

CBC33 型双轮铣槽机为液压式操作机械，工作时 2 个液压马达带动铣轮低速转动（方向相反），切削下面的泥土及岩石，利用切割齿把它们破碎成小块并向上卷动，同时与槽中稳定的泥浆混合，然后由另外的一个液压马达带动离心泵不断把土、碎石和泥浆泵送到泥浆筛分系统，泵送到地表的泥浆经过筛分系统处理后，干净的泥浆再被送回到基坑里，废弃的泥浆、碎石则作抛弃处理。损失的泥浆由供浆系统补偿。筛分系统主要由 2 台除砂器 BE500 和 1 台砾石分机 GS500 组成。

（3）双轮铣槽机工艺

1）导墙设置。据设计图纸的分幅进行深入研究，针对转角异形槽段基本不满足一抓条件的，在转角处均双向预留 50cm 短头，确保施工中需变更施工流程的情况下，无论任何方向均可以满足一抓。根据原勘结合补勘点的分析，入中风化较浅区域位于南端头井东侧（考虑南端头井先施工）。根据地质勘察报告进行了导墙形式（“U”形加梁，深度 2m 进入原状土）的确定。

2）泥浆配制。为确保地下连续墙施工期间成槽的顺利进行及泥浆不必要的流失。施工前，根据管线图结合设计图，对地下管线进行了排摸，于南端头井南侧发现 1 根不明管线。导墙施工期间已进行了封堵措施处理，其余管线于前期施工准备中未发现。根据设计图纸进行了防空洞排摸，找出防空洞的具体位置，以便后续施工中进行处理。

泥浆应根据地质条件和地面沉降控制要求经试配确定。

3）铣槽施工。采用 SG-40A 成槽机先抓除一抓内的土层，直至成槽机无法正常掘进为止，改换双轮铣槽机对下部岩层进行铣削。铣槽时，2 个铣轮低速转动，方向相反，其铣齿将地层围岩铣削破碎，中间液压马达驱动泥浆泵，通过铣轮中间的吸砂口将钻掘出的岩渣与泥浆混合物排到地面泥浆站进行集中除砂处理，然后将净化后的泥浆返回槽段内，如此往复循环，直至终孔成槽。

4）成槽质量控制。成槽工序是地下连续墙施工的关键，既控制工期又影响质量，成槽质量控制工序为：铣槽机开槽定位控制→垂直度控制→成槽速度控制。以上质量控制工序主要有以下措施：

① 铣槽机开槽定位控制。在铣槽机放入导墙前，先将铣槽机的铣轮齿最外边对准导墙顶的槽段施工放样线，铣轮两侧平行连续墙导墙面，待铣轮垂直放入导墙槽中，再用液压固定架固定铣槽机导向架，固定架固定在导墙顶，确保铣刀架上部不产生偏移，保证铣

槽垂直。

② 垂直度控制及纠偏。通过操作室电脑控制成槽的垂直度，始终保证成槽的垂直度在设计及有关规范内，如有超出垂直度偏差的，通过拎紧钢丝绳，反复对槽段垂直度进行修正。

③ 成槽速度控制。为保证成槽的垂直度，在开槽及铣槽机导向架深度内，控制进尺稍慢，保证开槽的垂直度，在进入岩层时为防止同一铣刀范围内岩层高差较大，两边铣轮受力不同导致出现偏斜，更要控制好进尺，尽量控制进尺偏慢，保证成槽垂直度在设计及有关规范允许范围内。根据超声波仪器对槽段垂直度的检测结果分析，通过双轮铣槽机对槽壁铣削的垂直度均较好，基本控制在 1/500～1/800 间，满足设计及规范要求。

5）清槽。成槽过程中，为把沉积在槽底的沉渣清出，需对槽底进行清槽，以提高地下连续墙的承载力和抗渗能力，提高成墙质量。铣槽完毕后，用铣槽机的反循环系统清除槽底沉渣，并检查成槽情况。清槽过程中，应不断向槽内泵送优质泥浆，以保持液面高度，防止坍孔。清槽工作直至达标为止，主要进行槽深、槽底沉渣与泥浆性能（质量密度、黏度与含砂率）检查，即沉渣厚度不大于 10cm，泥浆质量密度 1.1～1.2g/cm^3，黏度 20～30s，含砂率小于 7%。

（4）双轮铣槽工艺与传统工艺对比

1）技术性

冲孔钻机冲孔垂直度较难控制，不具有可控性，一旦发生偏斜，很难纠偏，极易造成墙体接缝错位、开叉，产生渗漏。冲孔钻机冲击岩层时，扰动较大，对槽壁稳定性影响较大，易造成槽壁塌方、失衡，对行走于槽段边缘的大型设备产生威胁。

双轮铣槽机自带垂直纠偏装置，能有效地控制槽段垂直度在规范范围内，具有可控性，能做到随铣随纠，且由于自身的稳定性较好，不易对槽段的稳定性产生影响。

2）施工进度

双轮铣槽设备施工进度与传统的成槽配备冲孔钻施工工艺在岩层中，特别是较硬岩层中的优势十分明显，为传统工艺的 6～7 倍。

某工程施工期间由于部分区域岩层强度达 116MPa，施工中铣轮磨损较为严重，出现了故障。在铣槽机出现故障停滞过程中，为确保槽段的连续施工，采用了 2 台冲孔钻机进行槽段内冲孔，冲孔过程中，冲孔钻头磨损较为严重且多次出现卡锤现象，冲孔速度在中风化岩层约为 100mm/h，累计花费 11d 工期才完成了此幅槽段施工。

而双轮铣槽机在中风化岩层中（50MPa 以下）施工效率达 8m^3/h，在中风化岩层（50～100MPa）施工效率达 2m^3/h，58 幅地下连续墙共花费 90d 时间完成，平均每 1.5d 完成 1 幅槽段。

3）经济性

在某工程中由于场地的狭小性及土层的松散性，故场地内部不宜多台冲孔机架共同施工，综合各方面条件因素，最为合理的施工方案为 2 幅槽段同时施工，按每幅 11d，2 台铣槽机共同施工共需 10.6 个月工期，比双轮铣槽机工艺整整多出 7.6 个月，仅人工费就增加 450 万元人民币。

11.2.4 展望

随着地下连续墙使用范围越来越广，涉及的城市越来越多，地质条件越发复杂，也就意味着使用铣槽机的概率越来越大，在超深基坑围护结构施工中通常会遇到硬岩，双轮铣槽机成为施工可靠性的唯一选择。其更凭借自身具有高适应力、生产高效化、接头处理优越化、节能化及控制精确化等优点，将会在城市轨交建设、工民建桩基基础市场等更多的领域被加以应用。

11.3 绿色高效能可回收的基坑支护组合技术

11.3.1 技术背景

我国城市化进程越来越显著，城市空间容量供需矛盾日益突出，“十三五”规划大力提倡城市地下空间的开发利用是解决城市建设空间不足和提高城市综合功能的有效途径，而地下空间的开发不可避免地涉及基坑工程。

软土地区传统基坑支护技术大量采用钢筋混凝土结构，安装支撑造成施工空间狭小，挖土不便，导致工期延长，拆除支撑造成大量的建筑垃圾，切割或爆破产生噪声与扬尘更是对周围环境造成污染，如图 11-1 所示。

图 11-1　混凝土支撑拆除过程图

11.3.2 新技术简述

结合多年的水土认知和工程实践，提出了一种新的基坑支护技术——绿色高效能可回收基坑支护组合技术，该技术使用钢构件代替传统钢筋混凝土支撑，实现直立开挖和钢构件的回收重复利用，在保证基坑安全的同时，可有效降低工程造价，极大提高挖土效率，显著缩短工期，可广泛适用于挖深 12m 以内的基坑。

图 11-2 为绿色高效能可回收基坑支护组合技术的结构布置示意图，该技术具有以下特点：

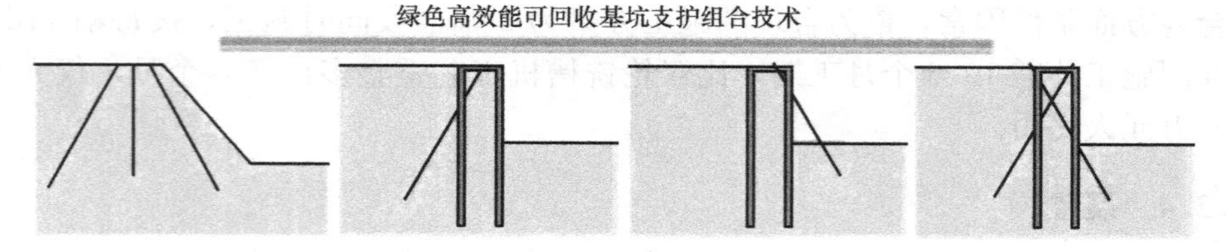

图 11-2　组合技术示意图

(1) 绿色：施工结束后，钢构件可回收，绿色环保；
(2) 高效能：无支撑施工，直立开挖，可显著节约材料，缩短工期；
(3) 组合技术：支护结构与斜桩组合使用，根据土层等因素组合多项技术。

11.3.3 新技术原理

(1) 抗水平位移

基坑开挖造成支护结构向坑内产生水平位移的趋势，斜向钢管与排桩通过压顶连成整体，后拉钢管在提供水平抗力的同时遮拦部分土压力，前撑钢管与坑底配筋垫层组合使用，控制排桩水平位移，如图 11-3 所示。

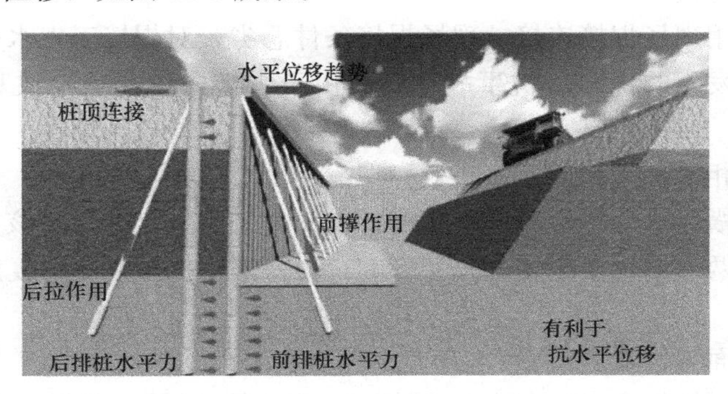

图 11-3 组合技术抗水平位移示意图

(2) 抗隆起

基坑开挖造成坑内土体向上隆起，前撑钢管和配筋垫层有效连接增强钢管压屈稳定，受压垫层反向受力抵抗土体隆起。

(3) 抗倾覆

基坑开挖造成支护结构发生向坑内转动的趋势，前撑作用形成抵抗力矩，且前排桩抗压、后排桩抗拔均提高了支护结构的整体稳定和抗倾覆稳定。

11.3.4 新技术优势

相比较传统的灌注桩+两道混凝土支撑支护结构，新技术节省造价 25%，节约工期 43%，降低能耗 20%，具备便捷、安全、经济、高效、环保等优点。

在这样的优势条件下，相信在未来 12m 范围内的深基坑工程中，该项新技术将能发挥很重要的作用。

11.4 新型拼装式 H 型钢结构内支撑技术

随着城市地下空间的开发规模不断扩大，每年全国基坑施工的面积和数量亦不断增加。而在我国南方软土地区，基坑往往采用混凝土内支撑体系，而混凝土支撑体系在地下空间结构完成过程中需进行拆除，产生大量的废弃混凝土。这些废弃混凝土虽然部分可以作为一些再生建筑材料的原料，绝大多数作为建筑垃圾废弃，对环境造成破坏。

相比混凝土内支撑体系，钢结构内支撑可反复使用，使用过程中不产生废弃物，具有绿色环保的特点。但在我国，钢结构内支撑往往只在狭长形基坑，诸如地下通道、下立交、地下车站基坑中使用。工程界急需一种能应用于民用大型基坑的新型钢支撑解决方案。

11.4.1 我国钢支撑发展历史

从20世纪90年代，随着深大基坑的出现，建筑基坑开始采用钢结构内支撑体系。代表有上海浦东由由大厦基坑、上海华侨大厦基坑、北京国贸二期基坑等。当时的钢结构内支撑体系有以下特点：

（1）支撑现场焊接

钢支撑大多采用现场焊接连接，现场焊接条件恶劣，对焊接工人水平要求很高，一般工程难以做到。已发生的许多基坑事故主要是由于焊接质量问题导致基坑节点破坏而引发的。

（2）双向支撑相交处采用固定接头

大多数钢支撑横纵方向均位于同一高度，交叉处采用固定连接。该方法虽能增强支撑体系整体刚度，但两方向钢支撑受力相互影响，使得钢支撑体系受力复杂，计算分析难以模拟。

（3）钢支撑截面规格众多

当时钢支撑截面规格众多，有ϕ609圆钢管、H型钢以及一些组合截面。每个基坑支撑、围檩等构件截面都不尽相同，造成支撑件的无法重复利用。

（4）忽视预加轴力

由于当时国内钢支撑体系刚刚引入，设计及施工经验缺乏，很多基坑钢支撑都不施加预加轴力，造成采用钢支撑的基坑变形普遍较大，对周边环境影响很大，也给人钢支撑体系对周边环境保护不力的错觉（图11-4、图11-5）。

图11-4 早期钢支撑体系

图11-5 地下通道基坑钢管支撑

经过20多年的发展，现阶段我国钢支撑体系在地下通道、下立交及地铁车站等狭长形基坑得到广发应用，其特点有：

（1）支撑采用拼装式

钢支撑大多采用现场螺栓连接，安装方便，保证安装质量。

（2）支撑单向设置

钢支撑仅在狭长形基坑短向设置，支撑长度一般不超过 40m。

（3）采用 ϕ609 圆管支撑

现阶段钢支撑基本为 ϕ609 圆管支撑，规格统一。

（4）采用活络头装置预加轴力结合轴力自动补偿系统

经过多年的经验积累，对于钢支撑预加轴力施工已经形成了较为一致的认识：一般条件周边环境下，钢支撑采用活络头装置预加轴力以控制基坑变形，随着施工过程需对损失的预加轴力需进行复加。基坑周边环境（如地铁、历史保护建筑或者重要管线等）对于变形较为敏感，则可采用钢支撑轴力自动补偿系统对钢支撑轴力进行控制。

由最早应用于民用大基坑退步到今天的狭长基坑，我国钢支撑技术主要有两大缺陷限制了其进一步发展：

（1）预加轴力系统不完善造成预加轴力损失大，无法对周边环境进行较好的保护。我国钢支撑现阶段预加轴力系统是在支撑与钢围檩连接处采用活络头加临时千斤顶装置。预加轴力时采用临时千斤顶预加轴力，当达到设计要求后在活络头中打入钢楔，然后千斤顶卸载、拆除。这就造成所有预加力最终由钢楔承担的局面，而钢楔刚度小，变形大，造成预加轴力损失大（图 11-6）。

图 11-6　预加轴力施加装置

（2）我国钢支撑主要采用 ϕ609 钢管支撑，支撑只能单根设置，无法形成体系，整体性差。纵观钢管支撑基坑事故，很大一部分垮塌事故是因为局部钢支撑破坏后形成多米诺骨牌效应，造成整个支撑体系破坏。

11.4.2　新型拼装式 H 型钢结构内支撑体系

结合欧美、日本钢支撑最新技术及我国钢支撑现状，未来我国新型钢支撑体系的发展趋势为：

（1）拼装式

钢支撑采用现场螺栓连接，安装方便，保证安装质量。

（2）双向支撑上下脱离，接头处可滑动

根据相关力学分析，钢支撑双向支撑应上下脱离，在接头位置采用可滑动构造，保证一个方向支撑受力对于另一方向无影响。通过如此构造设置，可以明确支撑传力体系，便于分析支撑受力。

（3）采用 H 型钢支撑

根据国外经验，采取 H 型钢作为钢支撑构件，在构件连接、组合及安装方面均较 ϕ609 钢管拥有较多的便利性。

（4）可靠的预加轴力系统

实践经验表明，预加力对于基坑及周边环境变形的控制是十分有效的，可以解决钢支撑自身刚度较小的问题。但我国现阶段普遍采用活络头＋临时千斤顶的预加力施工工艺，该工艺施加预加力损失大，效果不理想，应采用合理可靠的预加力施工装置和工艺，减小预应力损失。对于周边敏感环境条件，新兴的轴力自动补偿系统证明是较为有效的手段，是未来预加轴力技术的发展方向。

（5）自动实时的基坑健康监测

钢支撑体系对于温度、应力、变形等因素十分敏感，这些因素的变化均会造成钢支撑受力状态的变化，甚至对钢支撑体系的稳定和安全造成影响。传统的监测手段一天监测一到两次，采用人工采集，这种传统的监测手段不管是采集方式或是监测频率都难以满足钢支撑体系的监测要求。因此需要开发能自动、实时进行数据采集、传输的基坑健康监测系统。

根据以上发展趋势，可以形成我国新型拼装式H型钢结构内支撑体系。该体系由三部分组成：双向超长H型钢支撑体系、超长钢支撑预加轴力系统（手动预加与自动补偿）及基坑智能全自动监测系统。其中双向超长H型钢支撑体系具有组装方便、施工快速、可反复使用的特点，可形成组合桁架体系，可双向设置。未来可取代在基坑中居支配地位的混凝土支撑体系，完全符合绿色、低碳的施工要求。超长钢支撑预加轴力系统（手动预加与自动补偿），为新型钢支撑预加轴力装置，分为手动预加和自动补偿两种。对于一般环境条件下，可采用手动预加装置（图11-7），该装置不同于传统的活络头装置，千斤顶永久设置。对于特殊周边环境下（如周边有保护建筑，地铁车站等），采用自动补偿装置，该装置在手动预加系统基础上增加电脑控制系统，可实现支撑实时补偿、卸载轴力。基坑智能全自动监测系统全可实时、自动进行基坑监测，使得项目管理人员实时掌握支撑体系的内力和变形性状，保证体系安全。

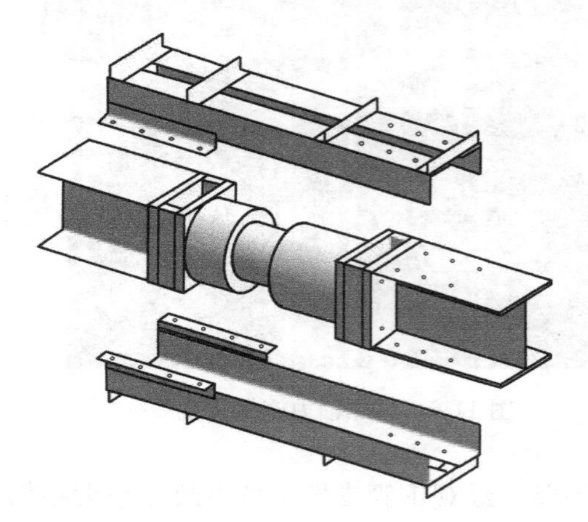

图11-7　手动预加轴力系统

该内支撑体系解决了我国钢支撑技术的主要缺陷：

（1）轴力补偿装置采用永久液压千斤顶，千斤顶作为钢支撑体系的组成部分。该技术无需打入钢楔，可大大减少预应力损失。

（2）采用拼装式H型钢支撑，支撑可以任意组合、拼装。钢支撑可采用八字撑（图11-8）、双拼甚至三拼等形式进行组合，形成组合钢支撑体系，增强支撑整体性。

图11-8　双拼八字撑

11.4.3　新型拼装式H型钢结构内支撑设计

（1）设计荷载

根据《建筑基坑支护技术规程》JGJ 120，基坑内支撑需考虑以下荷载及作用。

1）温度应力：长度超过40m的支撑宜考虑

10％～20％支撑内力影响 。

2）施工误差对承载力计算的影响：对钢支撑，考虑误差造成的偏心距不小于支撑计算长度的 1/1000，且不小于 40mm。

（2）支撑构件计算

1）钢支撑设计

需分别计算钢支撑强度及稳定性。

a. 支撑稳定性按以下公式计算：

$$\frac{N}{\rho_x A}+\frac{\beta_{mx}M_x}{\gamma_x W_x\left(1-0.8\frac{N}{N'_{Ex}}\right)}\leqslant f$$

（弯矩作用平面内稳定）

$$\frac{N}{\rho_y A}+\eta\frac{\beta_{tx}M_x}{\rho_b W_x}\leqslant f$$

（弯矩作用平面外稳定）

对于双拼、三拼组合桁架支撑，尚应计算组合截面的弯矩作用平面外稳定性，按以下公式：

$$\frac{N}{\rho_{y组合}A_{组合}}+\eta\frac{\beta_{tx}M_{x组合}}{W_{x组合}}\leqslant f$$

b. 支撑强度按以下公式计算：

$$\frac{N}{A_n}+\frac{M_x}{\gamma_x W_{nx}}\leqslant f$$

2）钢围檩设计

围檩稳定性、强度计算同钢支撑，尚应补充计算抗剪强度。

$$\frac{VS}{It_w}\leqslant f_v$$

（3）支撑体系计算

钢支撑体系设计宜采用平面框架模型分析，得到单根构件的轴力、弯矩及剪力。计算前，需要获取作用于围檩的每延米支撑反力。该过程可通过启明星、理正等深基坑计算软件对基坑剖面进行计算后得到。之后，通过有限元程序建立支撑体系的平面框架模型，再将之前得到的支撑反力作用于框架模型，最终得到各个构件的轴力、弯矩及剪力。

11.4.4 新型拼装式 H 型钢结构内支撑体系施工

（1）钢支撑施工流程

钢支撑施工流程为施工准备->测量防线->钢围檩拼装->细石砼填充围檩空隙->钢支撑及千斤顶拼装->预加轴力->复紧螺栓->检查及轴力复加

（2）钢支撑施工工艺要点

1）开挖前需备齐检验合格的型钢支撑、支撑配件、施加支撑预应力的油泵装置（带有观测预应力值的仪表）等安装支撑所必需的器材。在地面按数量及质量要求配置支撑，地面上有专人负责检查和及时提供开挖面上所需的支撑及其配件，试装配支撑，以保证支撑长度适当，每根支撑弯曲不超过 20mm，并保证支撑及接头的承载能力符合设计要求的安全度。严禁出现某一块土方开挖完毕却不能提供合格支撑的现象。

2）钢支撑安装按图纸设计要求，所有支撑拼接必须顺直，每次安装前先抄水平标高，以支撑的轴线拉线检验支撑的位置。斜撑支撑轴线要确保与钢垫箱端面垂直。

3）每道支撑安装后，及时按设计要求施加预应力。支撑下方的土在支撑未加预应力前不得开挖。对施加预应力的油泵装置要经常检查，使之运行正常，所量出预应力值准确。每根支撑施加的预应力值要记录备查。施加预应力时，要及时检查每个接点的连接情况，并做好施加预应力的记录；严禁支撑在施加预应力后由于和预埋件不能均匀接触而导致偏心受压；在支撑受力后，必须严格检查并杜绝因支撑和受压面不垂直而发生徐变，从而导致基坑挡墙水平位移持续增大乃至支撑失稳等现象发生。

4）钢支撑安装应确保支撑端头同圈梁或围檩均匀接触，并防止钢支撑移动的构造措施，支撑的安装应符合以下规定：

a. 支撑轴线竖向偏差：±2cm。

b. 支撑轴线水平向偏差：±2cm。

c. 支撑两端的标高差以及水平面偏差：不大于2cm和支撑长度的1/600。

d. 支撑的挠曲度：不大于1/1000。支撑与立柱的偏差：±5cm。

e. 支撑与立柱的偏差：±5cm。

5）所有的螺栓连接点，必须保证螺栓拧紧，数量满足设计要求。如需要焊接的地方，焊缝必须满焊表面要求焊波均匀，焊缝高度不得小于8mm，不准有汽孔、夹渣、裂纹、肉瘤等现象，防止虚假焊。

6）支撑预拼时，每个连接处用高强螺栓相邻交错串眼接拼钢支撑旋紧，螺栓外露不得少于二牙。施加预应力后，对所有螺栓进行二次紧固。每次安装好支撑后应对上道支撑进行检查，并复紧连接螺栓。

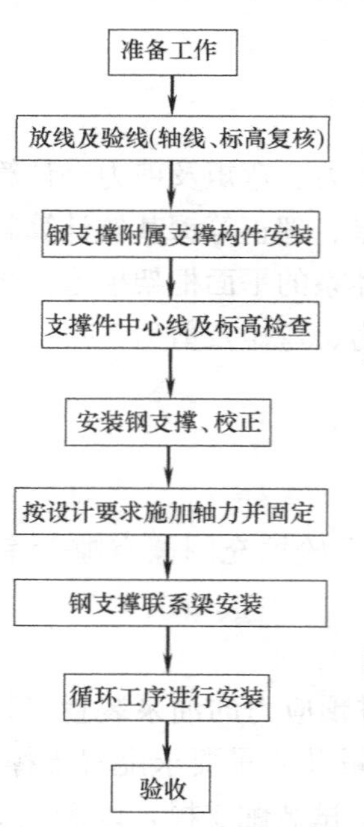

图11-9　钢支撑拼装流程

7）由于地连墙表面平整度问题，围檩与围护桩之间往往不能密贴，故围檩安装时应及时用C20细石混凝土填塞空隙，确保支撑体系安装稳固。

（3）钢支撑主要施工方法

1）材料运输

工程现场可利用塔吊作为钢支撑材料的垂直运输。并在基坑底配备履带式叉车（或挖机改造），用于钢支撑构件的水平运输。

2）钢支撑拼装流程

拼装流程见图11-9。

3）安装工艺

a. 钢支撑的校正

钢支撑调整：有的钢支撑直接与预埋件焊接连接。根据钢支撑实际长度，埋件平整度，托架顶部距钢支撑底部距离，重点要保证钢托架顶部标高值，以此来控制钢支撑找平标高。

平面位置校正：在起重机不脱钩的情况下将钢支撑底定位线与基础定位轴线对准缓慢落至标高位置。

二层以下支撑的安装校正：因上部支撑构件的影响，不能一次就位时，先就位一端，另一端临时放置于钢围檩等构件上，然后将钢丝绳移至另一端，在拆解移动钢丝绳之前应检查钢支撑放置稳妥才可进行。将两根钢丝绳分别穿过上层支撑两侧吊挂在主副钩上，主钩进行吊装就位，当接近安装位置时，用副钩进行调整就位。

校正：优先采用垫板校正（同时钢支撑脚底板与基础间间隙垫上垫铁）。

b. 钢围檩的校正

钢围檩的校正包括标高调整、纵横轴线和垂直度的调整。注意钢围檩的校正必须在结构形成刚度单元以后才能进行。

用全站仪将钢支撑子轴线投到围檩托架面等高处，据图纸计算出围檩中心线到该轴线的理论长度 $L_{理}$。

每根围檩测出两点用钢尺校核这两点到钢支撑子轴线的距离 $L_{实}$，看 $L_{实}$ 是否等于 $L_{理}$ 以此对围檩纵轴进行校正。

当围檩纵横轴线误差符合要求后，复查围檩钢支撑底座间距。

围檩的标高和垂直度的校正可通过对钢垫板的调整来实现。

注意围檩的垂直度的校正应和围檩轴线的校正同时进行。

（4）预加轴力

预加力注意事项如下：

1）检查钢支撑弯曲度、两端位置及螺栓是否上紧。

2）检查液压泵站和液压顶连接完好，电器和液压开关控制灵活、可靠。

3）第一次加力到设计值 50%后观察钢支撑变化五分钟，第二次加力到设计值 80%后观察钢支撑变化五分钟，第三次加力到设计值后观察钢支撑变化五分钟。

11.4.5 新型钢支撑体系工程方案研究

（1）工程概况

苏州某基坑北侧紧邻地铁车站，基坑面积约 6500m^2，东西长约 90m，南北宽约 70m；裙房基坑开挖深度 14.65m。塔楼区基坑开挖深度 16.1m。

原设计基坑内支撑体系采用三道混凝土支撑。由于混凝土支撑在基坑开挖后需经支模，绑扎钢筋，浇筑养护达到设计强度后才能形成支撑刚度，在此期间基坑变形将不断增加，可能对地铁车站运营造成影响。因此将原设计方案的三道混凝土支撑体系改为一道混凝土支撑＋两道拼装式钢支撑体系。采用两道钢支撑替代原第二、三道混凝土支撑，缩短了支撑刚度的形成时间，同时在垂直地铁车站方向钢支撑上采用轴力自动补偿系统可以显著减小基坑变形，保证地铁车站的安全。

（2）钢支撑体系布置

1）支撑平面布置

第二、三道支撑采用钢支撑，平面布置图见图 11-10。

钢围檩采用双拼 500×500×25×25H 型钢。钢角撑采用 500×500×25×25H 型钢。钢对撑采用 400×400×13×21H 型钢，双拼设置，间距 1500～1800mm，型钢间采用系杆连接。钢对撑端部八字撑采用 400×400×13×21H 型钢。钢支撑间距 7.5～9m。

横纵向支撑相交位置上下脱离（图 11-11)，图中水平方向支撑在上，竖直方向支撑下。支撑采用 U 形卡箍相互连接，该连接可保证钢支撑在轴向可动，垂直方向约束。

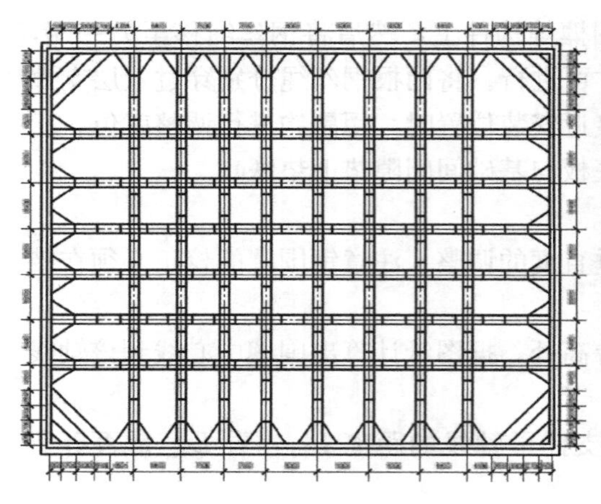

图 11-10　第二、三道支撑布置（钢支撑）

图 11-11　支撑相交节点

2）支撑竖向布置

由于紧邻地铁车站，第一道混凝土支撑不宜下压过低，因此第一道混凝土支撑中心设置于相对标高－1.40m 处。第二、三道钢支撑各分上下两部分，图 11-12 中水平方向支撑在上，竖直方向支撑下。第二道水平方向支撑中心标高为－6.20m，竖直方向支撑中心标高为－6.70m。第三道水平方向支撑中心标高为－10.70m，竖直方向支撑中心标高为－10.20m。

3）支撑预加轴力系统

根据本项目基坑的周边环境特点，基坑第二、三道钢支撑拟在垂直地铁方向支撑采用轴力自动补偿系统，在平行地铁方向采用手动千斤顶系统。具体布置见图 11-13。

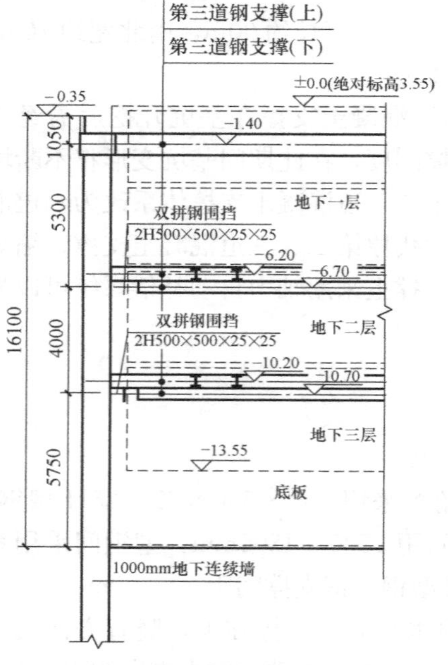

图 11-12　支撑竖向布置

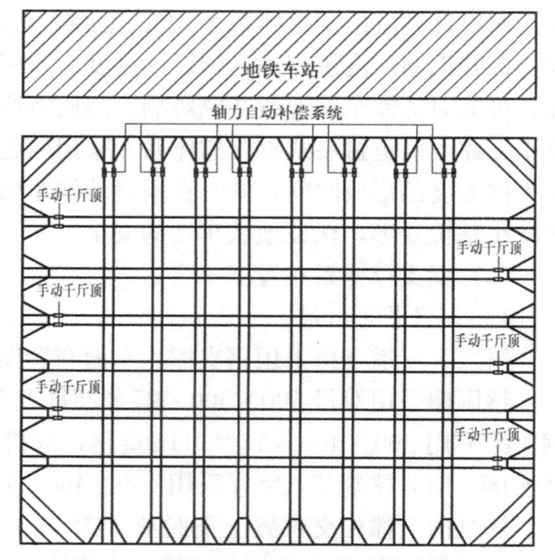

图 11-13　支撑预加轴力千斤顶布置

（3）钢支撑体系施工

基坑分区图见图 11-14。基坑开挖按（1-1）->（2-1）->（2-2）->（2-3）->（3-1）->（3-2）->（4-1）->（4-2）分块顺序进行。随挖随撑，钢支撑及相应围檩架设完毕后可施加预加力（图 11-15）。

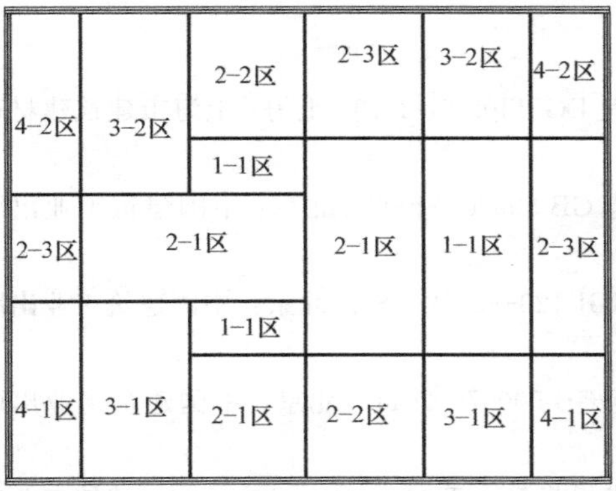

<table>
<tr><td rowspan="2">4-2区</td><td rowspan="2">3-2区</td><td>2-2区</td><td>2-3区</td><td>3-2区</td><td>4-2区</td></tr>
<tr><td>1-1区</td><td rowspan="3">2-1区</td><td rowspan="3">1-1区</td><td rowspan="3">2-3区</td></tr>
<tr><td>2-3区</td><td colspan="2">2-1区</td></tr>
<tr><td rowspan="2">4-1区</td><td rowspan="2">3-1区</td><td>1-1区</td></tr>
<tr><td>2-1区</td><td>2-2区</td><td>3-1区</td><td>4-1区</td></tr>
</table>

图 11-14　施工分区图

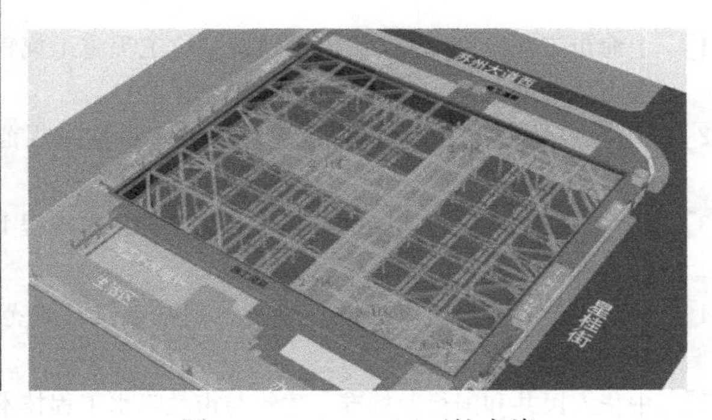

图 11-15　（4-2）区开挖完毕

11.4.6　新型钢支撑技术小结

新型拼装式 H 型钢结构内支撑技术所具有的新型预加轴力系统、组合桁架支撑体系，较好地解决了现阶段我国钢支撑对周边环境控制能力弱，支撑平面整体性差的弱点。可取代混凝土支撑，应用于民用深大基坑。该技术具有减少建筑垃圾、提升项目绿色施工技术水平、减轻工人劳动强度、加快施工工期、减少施工成本等优势，贯彻了绿色环保的建筑理念，与未来建筑业发展的方向相契合。

思考题：

1. 钢支撑相对于混凝土支撑的优点是什么？
2. 收集资料或文献，列举出三项未来的基坑新技术。
3. 发散思维，结合本校研究情况，提出你认为可在本校进行研究的原创新技术，并简要说明研究路线和方法。

参 考 文 献

[1] 上海市工程建设规范，上海市地铁基坑工程施工规程 DG TJ08-61-2010. 上海：上海市建筑建材行业市场管理总站，2010.

[2] 中华人民共和国国家标准. 建筑边坡工程技术规范 GB 50330—2002. 北京：中国建筑工业出版社，2002.

[3] 中华人民共和国行业标准. 建筑基坑支护技术规程 JGJ 120—2012 [S]. 北京：中国建筑工业出版社，2012.

[4] 中华人民共和国国家标准. 建筑地基基础设计规范 GB 50007—2011. 北京：中国建筑工业出版社，2011.

[5] 中华人民共和国行业标准. 建筑与市政降水工程技术规范 JGJ/T 111—98. 北京：中国建筑工业出版社，1998.

[6] 中国工程建设标准化协会标准. 基坑土钉支护技术规程 CECS 96：97.

[7] 陈仲颐，周景星，王洪瑾. 土力学 [M]. 北京：清华大学出版社，1994.

[8] 张克恭，刘松玉. 土力学（第三版）[M]. 北京：中国建筑工业出版社，2010.

[9] 汤康民. 岩土工程 [M]. 武汉：武汉工业大学出版社，2001.

[10] 赵明华. 基础工程（第二版）[M]. 北京：高等教育出版社，2010.

[11] 陈忠汉，程丽萍. 深基坑工程 [M]. 北京：机械工业出版社，1999.

[12] 林宗元. 岩土工程治理手册 [M]. 北京：中国建筑工业出版社，2005.

[13] 陈肇元，崔京浩. 土钉支护在基坑工程中的应用（第二版） [M]. 北京：中国建筑工业出版社，2000.

[14] 刘国彬，王卫东. 基坑工程的手册 [M]. 中国建筑工业出版社，2009.

[15] 龚晓南，高有潮. 深基坑工程设计施工手册 [M]. 北京：中国建筑工业出版社，1998.

[16] 龚晓南，宋二祥，郭红仙. 基坑工程实例 1 [M]. 北京：中国建筑工业出版社，2006.

[17] 刘建航，候学渊主编. 基坑工程手册 [M]. 北京：中国建筑工业出版社，1997.

[18] 余志成，施文华. 深基坑支护设计与施工 [M]. 北京：中国建筑工业出版社，1997.

[19] 朱彦鹏，罗晓辉，周勇编. 支挡结构设计 [M]. 北京：高等教育出版社，2008.

[20] 熊智彪，陈振富，段仲沅. 建筑基坑支护 [M]. 北京：中国建筑工业出版社，2008.

[21] 尉希成，周美玲. 支挡结构设计手册（第三版）[M]. 北京：中国建筑工业出版社，2015.

[22] 曾宪明，黄久松，王作民，等. 土钉支护设计与施工手册 [M]. 北京：中国建筑工业出版社，2000.

[23] 熊智彪，陈振富，段仲沅. 建筑基坑支护（第二版）[M]. 北京：中国建筑工业出版社，2013.

[24] 谢新宇，周建，胡敏云，应宏伟，等译（Potts D M & Zdravkovic L 著）. 岩土工程有限元分析：理论和应用 [M]. 北京：科学出版社，2010.

[25] 谭云亮，刘传孝. 巷道围岩稳定性预测与控制 [M]. 徐州：中国矿业大学出版社，1999.

[26] 杨嗣信. 高层建筑施工手册 [M]. 北京：中国建筑工业出版社，2001.

[27] 彭振斌. 锚固工程设计计算与施工 [M]. 武汉：中国地质大学出版社，1997.

[28] 王曦平. 深基坑双排桩支护结构的计算方法与工程应用研究 [M]. 长沙：湖南大学，2012.

[29] 李鸿翼. 锚杆支护技术在深基坑工程中的应用研究 [M]. [中国质地大学硕士学位论文]. 北京：中国质地大学，2013.
[30] 龙照. 锚杆抗拔承载机理及其在基桩自锚测试技术中的应用 [M]. [湖南大学硕士学位论文]. 湖南：湖南大学，2007.
[31] 龚医军. 新型可回收式锚杆抗拔试验及数值模拟研究 [M]. [河海大学硕士学位论文]. 江苏：河海大学，2007.
[32] 田力. 双排桩复合预应力锚杆支护结构在绿地中央广场深基坑中的应用 [M]. 河南：郑州大学，2012.
[33] 陈怀伟. 杭州地区地下连续墙施工工艺研究 [D]. 同济大学，2008.
[34] 单宝学. 凯莱大酒店深基坑工程设计与施工关键技术研究 [D]. 中国矿业大学（北京），2015.
[35] 张飞. 双排桩基坑支护结构变形机理与简化计算方法 [D]. 西安：长安大学硕士论文，2014.
[36] 唐仁华. 锚杆（索）挡土墙系统可靠性分析 [D]. 湖南大学博士学位论文. 湖南：湖南大学，2013.
[37] 程良奎. 深基坑锚杆支护的新进展《岩土锚固新技术》[A]. 北京：人民交通出版社，1998.
[38] 程良奎，范景伦，韩军，等. 岩土锚固 [A]. 北京：中国建筑工业出版社，2003.
[39] 闫莫明，徐祯祥. 岩土锚固技术手册 [A]. 北京：人民交通出版社，2004.
[40] 赵长海等. 预应力锚固技术 [A]. 北京：中国水利水电出版社，2001：1-8.
[41] 程良奎. 岩土锚固的现状与发展 [J]. 土木工程学报，2001，34（3）：7-12.
[42] 张明聚. 土钉支护工作性能的研究 [J]. 北京：清华大学，2000.
[43] 李钟. 深基坑支护技术现状及发展趋势（一）[J]. 岩土工程界，2001（01）：42-45.
[44] 李钟. 深基坑支护技术现状及发展趋势（二）[J]. 岩土工程界，2001（02）：45-47.
[45] 贺瑞霞. 深基坑工程支护结构的现状及发展 [J]. 铁道建筑，2005（12）：49-51.
[46] 杨志银，张俊. 深圳地区深基坑支护技术的发展和应用 [J]. 岩石力学与工程学报，2006，S2：3377-3383.
[47] 陈建国，胡文发. 深基坑支护技术的现状及其应用前景 [J]. 城市道桥与防洪，2011（01）：91-94.
[48] 韩秋石，黄涛. 国内深基坑支护技术发展综述 [J]. 华东公路，2014（01）：89-92.
[49] 李象范，尹骥，许峻峰，等. 基坑工程中复合土钉支护（墙）受力机理及发展 [J]. 工业建筑增刊，2004：45-52.
[50] Hollenbeck E, Marloth R, Es-Said O S. Case study-seams in anchor studs. Engineering Failure Analysis，2003，10（2）：209-213.
[51] Serrano A, Olalla C. Tensile resistance of rock anchors. International Journal of Rock Mechanics and Mining Sciences，1999，36（4）：449-474.
[52] 康红普. 煤矿预应力锚杆支护技术的发展与应用 [J]. 煤矿开采，2011，16（3）：25-30.
[53] 康红普. 高强度锚杆支护技术的发展与应用 [J]. 煤炭科学技术，2000，28（2）：1-4.
[54] 孙立宝. 超深地下连续墙施工中若干问题探讨 [J]. 探矿工程（岩土钻掘工程），2010，02：51-55.
[55] 吴小将，刘国彬，李志高，卢礼顺. 地铁车站深基坑地下连续墙优化设计研究 [J]. 工业建筑，2005，11：53-55.
[56] 付军，杜峰. 地下连续墙接头形式及其在上海四号线修复工程中的应用 [J]. 隧道建设，2010，06：678-682+705.
[57] 万利民，付梓，蔡宝华，等. 某工程地下连续墙逆作法施工技术 [J]. 施工技术，2013，01：76-79.
[58] 丁勇春，李光辉，程泽坤，等. 地下连续墙成槽施工槽壁稳定机制分析 [J]. 岩石力学与工程学

报，2013，S1：2704-2709.

[59] 杨宝珠，张淑朝．天津地区超深地下连续墙成槽施工技术 [J]．施工技术，2013，02：89-91.

[60] 徐中华，王建华，王卫东．上海地区深基坑工程中地下连续墙的变形性状 [J]．土木工程学报，2008，08：81-86.

[61] 李耀良，王建华，丁勇春．上海地铁明珠线二期西藏南路站地下连续墙施工技术 [J]．岩土工程学报，2006，S1：1664-1672.

[62] 彭芳乐，孙德新，袁大军，等．日本地下连续墙技术的最新进展 [J]．施工技术，2003，08：51-53.

[63] 彭曙光．BIM 技术在基坑工程设计中的应用 [J]．重庆科技学院学报（自然科学版），2012，05：129-131.

[64] 高海波．超大超深地下连续墙施工技术 [J]．天津建设科技，2016，01：45-47.

[65] 刘加峰．双轮铣槽机在坚硬花岗岩地质条件下的地下连续墙施工应用 [J]．建筑施工，2016，02：193-195.